U0023437

創業家的初心

超越新創神話的工作與人生

大衛・賽克斯
（David Sax）

獻給媽媽和爸爸，法蘭、丹尼爾和蘿倫——

我生命中不忘初心的創業家

目錄

賜人一魚，飽人一日。
教人釣魚，飽人一世。

——出處不詳

你要是丟了工作，現在非得創業不可，讀馬斯克的傳記一點狗屁幫助也沒有。

——麥可・賽克斯（Michael Sax）

前言

幾年前我目睹了兩件事，從此對自己的人生改觀。我第一個意外的啟示出現在蒙特婁機場的哈德森新聞書局（Hudson News），當時我經過他們的雜誌架，在一堆運動、新聞和烹飪雜誌間瞥見一本《美信》雜誌（*Maxim*），不禁停下腳步。那期封面大大印著海蒂・克隆（Heidi Klum）的黑白照，這位四十五歲的德國超級名模上半身全裸，垂眸媚視，挺著一對完美的雙峰，不過她披散的金髮有幾縷位置恰到好處，所以沒有露點。雖然這麼做很像怪叔叔，不過我之所以被吸引了目光又掏出手機拍照留念，並不是因為克隆的胴體，而是照片上的文字。鮮紅色的當期頭條橫過她的胸部：

海蒂・克隆
無與倫比的創業家

過了幾天我回到多倫多以後，載我太太蘿倫（Lauren）去墓園紀念她父親霍華（Howard）的八週年忌日。我在霍華墓前佇足了一會兒，無意間瞥見有個叫費曼（Freeman）的葬在他後面那一排。費曼的墓碑上刻著尋常會有的文字：生卒年日期，他是個愛家的丈夫、父親和祖父，世界因為有了他而更美好。不過在這些細節下面，有句話也被銘刻在黑色花崗岩上。我一看又忍不住掏出手機：

鞠躬盡瘁，傑出的業務員和創業家。

我這輩子活到現在，有一半時間都為自己工作。寫書寫報導，有人付錢我就去演講。穿短褲或鬆垮的運動長褲在家上班，除非要見人，否則一星期只刮一次鬍子。我從不知道下一筆酬勞何時進帳，今年會賺多少錢，寫完手頭這本書又有什麼打算。我只在一九九九年夏天到報社當過一陣子打雜小弟，這份上班族工作令我痛苦萬分，從此以後我再也沒有固定收入，也沒有老闆。我履歷上別的工作只有滑雪教練和露營場輔導員，都是短期打工（這下我可有資格在八〇年代的喜劇軋上一角了，但也就這點好處）。我很確定這輩子除了為我自己，再也不會為任何人賣命。

這就是我的生活現實。我是自己的老闆。自由業者。自雇人士。

我是個創業家。

要是時間拉回幾年前，我不確定會這麼自稱。我手下一個員工也沒有，從沒發明過什麼，更毫無真正創新之舉。不過那個星期，當我在克隆的胸部和費曼的墓碑上都看到這個詞，我的想法變了。

我開始注意到，在歷史上此時此刻，創業家這個身分正在起重大的變化，從這兩種天差地遠的觀點就可以見得。一廂是誘人的公眾形象：演藝名人八面玲瓏，將她在伸展臺、廣告和電視節目的成就轉化為多家服飾品牌，從童裝到高級女性內衣，讓她從百萬富翁再晉身好幾百萬富翁。另一廂是八旬老商人的墳墓，除了親友沒人記得他有何建樹。在我住的城市和這個世界有無數像費曼這樣的創業家，他們是如此認同這個頭銜，還得把它帶進墳墓長相左右。於是我們有了這個不為人知的創業家之墓。

我向來對創業家深感興趣，多年來，我寫的文章幾乎全聚焦於為自己工作的人。例如在金融危機期間群起出走、自立門戶的銀行從業青年（開瑜珈教室、機器人玩具公司、太陽能金融事務所），或是布魯克林那些每天早上到咖啡店報到，插上筆電插頭就開工的自由業者。我寫的書全以創業家為主題。《搶救熟食店》（*Save the Deli*）記敘了猶太熟食店的興衰，不過燻牛肉三明治還在其次，開店賣三明治的人才是重點。《味蕾職人的杯子蛋糕經濟學》（*The Tastemakers*）以飲食趨勢為主題，我透過這本書記記述了一群夢想家的視野，他們熱切相信自己的杯子蛋糕店、行動餐車、新品種蘋果能改變世人的飲食方式。《老派科技的逆襲》（*The Revenge of Analog*）裡面滿是做類比商品生意的創業家，例如開實體書店與亞馬遜對決的勇者老闆，還有一對頭殼壞去一半的義大利人，竟然重啟塵封已久的底片工廠。

我很少報導大組織、大企業，凡寫過總是後悔。那些地方冷冰冰又沒人味，員工老是提心吊膽怕失言。創業家一再吸引我的目光，他們滿懷個人熱情和拚勁，職業生活與自我密不可分，所做的每件事好像都饒富意義。

這值得驚訝嗎？我想過以後覺得沒什麼好驚訝的。說到底，我自己就是創業家的後代。我的先人是移民，一世紀前在蒙特婁的成衣業找到一隅容身之處，後來我爺爺跟外公都創了業。我爺爺山姆·賽克斯（Sam Sax）開過一連串不太賺錢的廉價成衣公司，至於我外公史丹利·戴維斯（Stanley Davis）跟兄弟合夥開了五金商行，向加拿大全國批發螺絲起子和鉗子等各類工具。我父親自法學院畢業後一直擔任獨立律師和投資人，就連我母親都跟死黨寶拉(Paula)聯手經營副業，在將近二十年間，每年兩次，在我們家地下室賣批發女裝。

我太太蘿倫家也相去不遠。她父親出身波蘭移民家族，家裡開卡車零件經銷公司。她的外公外婆是納粹大屠殺倖存者，來到北美時一文不名，從開文具店到蒐集羽毛，什麼活都幹。我的好岳母法蘭(Fran)可能是加拿大頭幾個拿到工商管理碩士的女性，不過她這輩子都在醫院和跳蚤市場拿折疊桌擺攤，什麼都賣：結繩花器、藤編家具，或是中國血汗工廠量產的廉價女用首飾，當季工廠出什麼貨她就賣什麼。

每個月我都有朋友放下原本的職涯和穩定工作，創立品牌顧問工作室、法律事務所、軟體新創公司、地毯店、小餐館、單車行、瑜珈教室……還有人開了一家賣猶太肝泥的公司。我弟弟丹尼爾(Daniel)最近辭去房貸經紀公司的工作，針對加拿大興旺的大麻產業創立了不動產投資公司，為大麻業者處理房地產業務。蘿倫則在當了十年的企業獵頭專員後獨立開業，當起職涯教練。

在我個人生活圈之外，創業家還在發生一種更重大的轉變，令我好奇不已。其實到處都有人在討論創業家了，你想不聽都不行：滿腦子夢想的人占滿擁擠的咖啡店，埋首於筆電實踐創業靈感。共同工作空間一家接一家地開，歡迎各行各業的自由業者和新公司進駐。鐵飯碗日漸稀少，諸如千禧世代的年輕人等不及要自立門戶。當然還有擋不住的新創公司熱潮，而且早已遠播矽谷之外，在全球各地啟發無數世人創業。這番景象前所未有。

小小創業家：一個推崇創業家的時代

社會大眾顯然對創業家刮目相看，我們說起這群人的口吻也不同以往。創業家很酷，創業家天才洋溢，創業家炙手可熱。創業躋身時代精神的核心，走出商務和經濟圈，闖進更寬廣的大眾文化。

報章雜誌頻頻以創業家為封面人物，大談他們顛覆創新的事業和令人叫絕的生活風格，並推出無止盡的名單，昭告哪些頂尖創業家值得關注：最快速崛起的創業家、最啟迪人心的創業家、即將改變世界的創業家、二十歲以下的二十大創業家、三十歲以下的三十大創業家，不勝枚舉。新聞頭條宣稱創業家取代了搖滾明星，即使沒真正上空擺拍也性感到不行。

暢銷書榜單被大名鼎鼎的創業家攻占，本本都在講述他們的英勇事蹟，例如他們的傳記——馬斯克、理察．布蘭森（Richard Branson）、史蒂夫．賈伯斯（Steve Jobs）、彼得．提爾（Peter Thiel）、傑夫．貝佐斯（Jeff Bezos），耐吉創辦人菲爾．奈特（Phil Knight）等等。機場書店也一再主打創業教戰書，例如蓋瑞．范納洽（Gary Vaynerchuk）原本是推廣品酒起家的網紅，後來成了創業勵志大師，寫了《衝了！》（*Crush It!*）和《我是GaryVee》（*Crushing It!*）。還有比較小眾的米姬．阿格拉瓦（Miki Agrawal），她在紐約新創界是媒體寵兒，開了一家披薩店、女性內衣公司、免治馬桶墊公司，又帶動破曉舞會的風潮，還寫了《敢做酷工作：甩掉朝九晚五的正職，創業吧！》（*Do Cool Sh*t: Quit Your Day Job, Start Your Own Business*）、《幸福快樂到永遠》（*Live Happily Ever After*），對所有人大聲推銷創業夢。

誰不想做酷工作？更別提有阿格拉瓦這等網紅創業家給你加油打氣，在Instagram上猛貼勵志引言和寫之不盡的建議，在領英（Linkedin）上發表建議清單（「這就是你需要的五大成長駭客祕技！」），在

Snapchat貼出隨手錄的車上影片，還有一連串愈來愈多的標籤，從#startuplife（新創人生）、#founder（創辦人）到#entrepreneur（創業家），還有比較細分的#solopreneur（一人創業家）、#serialentrepreneur（連續創業家）、#mompreneur（媽媽創業家），或是鼓勵創業家克服萬難向前的那些：#wontstop（絕不罷休）、#beyourownboss（當自己的老闆），還有大家用個沒完的#hustle（拚事業，或是稍微半調子一點的#sidehustle〔拚副業〕）。

那Podcast節目呢？有沒有聽過《新創大小事》（Starup）、《創業基地》（The Foundation）、《內向型創業家》（The Introvert Entrepreneur）、《終成百萬富翁》（Eventual Millionaire）、《創業撩落去》（All In）、《雄心創業家秀》（Ambitious Entrepreneur Show）、《火力全開玩創業》（Entrepreneur on Fire）？這裡只舉幾個例子，同類型節目還有好幾千個。打開電視，你整晚都能看別人怎麼靠烤蛋糕或當媒人創業，還有人憑著出租儲物櫃、當賞金獵人闖出一片天。美國真人實境秀《鴨子王朝》（Duck Dynasty）的明星威利・羅伯森（Willie Robertson）還寫了一本《美國創業家》（*American Entrepreneur*），講述美國創業史，就以他們家族企業的明星商品鴨司令（Duck Commander）鴨鳴器的開發過程為主軸。至於凱莉・珍娜（Kylie Jenner）藉著《與卡戴珊一家同行》（Keeping Up with the Kardashians）節目竄紅，後來因為開了一家很賺錢的化妝品公司，二十一歲時被《富比士》雜誌（*Forbes*）譽為最年輕的「白手起家」億萬女富翁。

然後還有《創智贏家》（Shark Tank），這是英國真人實境秀《龍穴》（Dragons' Den，在全球三十多國播出）授權翻拍的美國版。主辦單位找來創業新手，讓他們向一群咄咄逼人的投資人做商業提案，但求獲得夢寐以求的資金。《創智贏家》的情節相當誇張，但要是有人請傑夫・福斯沃西（Jeff Foxworthy）[1]擔任投資評審，還讓人對他猛推銷一種受黑手黨啟發、取名叫「花椰菜捲」（Broccoli Wad）的鈔票夾，誇張也是剛好而已。不過這檔節目大受歡迎，在裡面現身的投資大咖諸如芭芭拉・柯克蘭（Barbara Corcoran）、克里斯・薩卡（Chris Sacca），都成了家喻戶曉的名人，與喬治・克隆尼（George Clooney）、潔西卡・艾芭（Jessica Alba）平起平坐，至於後面這些好萊塢巨星也各自做起龍舌蘭酒和尿布生意。還有歌星德雷克（Drake），他不只創立服飾品牌OVO，也與加拿大最大的銀行聯手舉辦他自己的創業研討會（全世界每年也是有幾千場這種大會）。

在社會大眾心目中，創業家崛起為一股力量，對這個世界肯定有益而無害。他們帶來必要的顛覆和創新，促進經濟競爭力、刺激成長、創造工作機會，催生了他們周遭整個新創公司「生態系」。大家都稱讚創業家既有創意又靈活，能跳出框架思考，即使現今商場上本錢最雄厚、經驗最老道的大亨，解決問題都不如創業家那麼有效又果決。霍華・史蒂文森（Howard Stevenson）是哈佛大學的創業學教授，近年也親眼見證這種文化轉向。當我請他說說這種現象的特點，他開玩笑說：「我們不知道問題出在哪裡，但創業就是解答。」他說得不無道理。創業家已然化身為我們人類當中最崇高的天使。

社經不平等、勞資關係、飢餓、遊民、大眾運輸、頑疾重症、氣候變遷、教育問題、槍枝暴力……這些難題長年糾纏頂尖的政治領袖和組織機關，突然間都由年輕進取的創業家做了最高明的處理，世人也報以他們應得的喝采。幾年前我走進一間會議中心的大廳，看到那裡掛著許多勵志領袖的裱框肖像和名言，沒想到除了愛因斯坦、邱吉爾、泰瑞莎修女和金恩博士，並列其中的還有祖

1 譯註：美國知名喜劇演員。

克伯、貝佐斯、馬斯克和提爾。之前我還沒留心，這下總算領會這種轉變大到什麼程度。我們愈是鼓勵、接納、討論創業家，經濟就會愈好。也不只經濟，舉凡社會、政治，以及最重要的——我們自己都會變得更好。

創業研究已然大大改變了教育界，君不見大專院校搶著成立與擴張創業學系所，衍生出日漸龐大的研究資料庫，相關主題應有盡有，在鼓勵學生開公司之餘也為他們備好創投基金，因為學校也內建創業投資家的人脈網，更有新落成的孵化器、加速器和新創園區讓這些公司進駐。為了幫孩子為這樣的未來做好準備，現在中小學也有創業課了，要是這些課程還不足以激發孩子的企圖心，你也能送他們去「小小創業家」(Young Entrepreneur)進修實驗室，學著創一門比擺攤賣檸檬水更顛覆業界的生意。然後再送他們去上「企業夏令營」(Camp Inc.)，在那裡不只能就著營火烤棉花糖，還可以寫商業計畫書呢！

從非營利組織、藝文團體到政府機關，大家都說是成是敗，端視你有沒有像個創業家一樣行動、思考和工作。領英執行長暨創辦人雷德·霍夫曼(Reid Hoffman)說，不論從事哪一行，都該想成在經營新創公司。從前大企業好像和創業家與其代表的一切恰相對立，如今也忙不迭接納了創業思維之重要。上一回他們興致如此高昂，是發現辦公室可以改成開放式那時候的事了。突然之間，諸如通用汽車(General Motors)和勤業會計事務所(Deloitte)這類績優股公司，紛紛開出正式的創業型職缺(駐村創業家、總顛覆長〔Disruptor in Chief〕)以及相應的科室、團隊和主管級薪水。

我能了解這種文化轉向有其道理。從雲端運算和智慧型手機，到共同工作空間、群眾募資、海外製造、社群媒體……多虧這種種創新資源，現在是有史以來最容易創業的時候。因為科技發達，擴大營業規模的工具人人唾手可得，任何一家公司要進入市場，時間和成本也大幅減少。反觀朝九晚五領死薪水的吸引力正快速消散，尤其在經濟大衰退（Great Recession）的後續十年間[2]。穩定工作已是前塵往事，不論就階級流動、福利和員工向心力，這年頭的工作都掉到最低。所以說，輿論廣為預測千禧世代將成為史上最多創業家的一代，有什麼好奇怪的？

艾瑞克・萊斯（Eric Ries）在他的暢銷書《精實創業》（*Lean Starup*）[3]寫道：「我們這個年代出現的創業家，比歷史上任何一個年代出現的都多。」克里斯・古利博（Chris Guillebeau）在《你可以不只是上班族》（*Side Hustle*）[4]寫道：「複業是這年頭的工作保障。」范納洽在《衝了！》寫道：「你很幸運，因為在你生的這個年代，只要有足夠的衝勁、耐性和遠大夢想，誰都有前所未有的機會。」又在下一本書《我是GaryVee》裡向讀者鼓吹，為了贏得「成年人的頭彩」（他說的是創業），「如果有必要，過著非人的日子也沒關係」，因為現在是史無前例的大好年代……（老師請下鼓聲）……衝──了──！自由業者公會（Freelancers Union）是美國近年新成立的組織，為自雇者提供福利保險。他們預測到了二〇二七年，美國將有過半勞工從事一定程度的自由接案工作。我們活在一個創業家的黃金年代，我也想把這番盛況記錄下來。

2 譯註：此指二〇〇七年起因金融風暴引發的多年經濟衰退。
3 編註：繁體中文版由行人文化實驗室出版。
4 編註：繁體中文版由大塊文化出版。

創業家的黃金年代？事實真相是……

不過當我著手研究創業的數據資料、訪談研究創業的學者，我的實際發現與我的想像大相徑庭。與二、三十年前相較，在今天自立門戶的人其實比較少。雷根總統主政時期，每十個美國人有兩個在一定程度上為自己工作，到了今天，每十人裡只有一個。這項統計計入了未成立公司的工作者、自雇人士（像我這種），以及正式為公司立案的人。

可是千禧世代呢？結果顯示，這個獻給世人祖克伯的族群，在近一百年的人口統計中最少創業或為自己工作，美國小企業管理署（Small Business Administration）的報告稱這種現象是「缺席的千禧世代」。一項研究指出，與一九九二年擁有高等學位的大專畢業生相較，在二〇一七年有同等學歷的人，創辦公司並雇用至少十人的可能性只有一半。其實，美國各地新創公司的分布密度（在一定時間內，跟每一千家既存的公司行號相比的新公司數量）比一九七七年下降超過一半；一九七七年是首次做此統計的年分。這些數據充斥著不完整的資訊，相關研究結果往往也互相矛盾，不過就算最樂觀看待，創業活動在美國和很多已開發國家都在趨緩。創業的趨勢並未興起，實際上反倒在衰退，而且已經衰退多年了。

我原本想記錄創業家的黃金年代，豈料實情遠更為複雜。為什麼擴大從經濟、政治和文化層面來看，創業都比以往更獲推崇重視，形象也更浪漫，然而用實在的數據衡量（有多少人為自己開業）卻顯示一片蕭條，很多領域看起來還沒人要創業了？我們怎會如此大力推崇創業，卻又大大誤解了業界實況？

我開始四處請教，從研究創業的學者問起，不過我剛開始做幾場訪問，有件事馬上讓我更加好奇。受訪人開頭沒講兩句就會問我：「你說的『創業家』是什麼意思？」原來這個詞竟然沒有普世皆通的單一定義。你可以寬鬆地說，只要為自己工作的人都是創業家，又或者精確定義：要根據親自發明的某類型創新技術成立公司，且至少雇用X名員工，符合特定的成長率，公司具備某種財務結構。有人認為創業家跟自雇者是兩回事，卻又列舉一連串不管做什麼工作都會有的行為，就連受薪階級也不例外。另一些人則認為這個詞專指當代資本主義的英雄人物、尼采所謂的超人（Übermensch），其志向不亞於透過經商拯救世界。

你怎麼定義創業家？

我們對創業家的觀感雖然極其美好，更為複雜的現實卻顯示他們正在減少，兩者間似乎頗有落差。我很快發現，要釐清這種落差，這個問題就是關鍵——何謂創業家？

從我得到的答案，我也發現創業圈反應出經濟大環境的財富和機會不均。最具代表性的就是創業圈風靡世人、激發大量「創業家精神A片」的那種形象，這個絕妙好詞出自《哈佛商業評論》（*Harvard Business Review*）二〇一四年一篇文章，作者用這來形容媒體如何力捧創業家的生活風格，將其美化到遠遠超出實情。這也就是矽谷打造出來的新創公司神話。矽谷是個運轉自如的創業家製造機，想創業的人該扮演怎樣角色、遵守哪些法則，資金來源和成功途徑又是如何，他們都早有一套規矩。這則神話屢屢登上新聞頭條，教社會大眾醉心不已，其中的代表人物也家喻戶曉。

新創公司神話主導了媒體、組織機關、政府和學界對創業家的討論，也逐漸界定了創業家的樣貌舉止以及他們從事的工作。久而久之，大家便覺得所謂創業家就是年紀輕輕又才智過人，大多為白人男性，是受過高等教育且獨來獨往的天才，而且很多大學讀一讀就輟學了，因為他們是那麼專注於一種會翻轉產業、甚至翻轉世界的創新神作，最後透過外部創投基金加持，藉由公司的高速成長顛覆業界。一般認為這種創業家最難能可貴，因為他們最有可能速成最大的經濟效益——就業機會、投資回報、開拓新的商業領域。

然而，就像海蒂．克隆那張修得夢幻美的封面照，與我認識的大多數創業家相較，矽谷那種創業也跟現實差太多了。就我自己的定義，創業家是開業做生意的人，而且規模可以天差地遠，你想得到的任何產業都可以，本質上也非常個人。我說的是我父親、祖父母、鄰居朋友創的那種業。他們多半自掏腰包，生意成長有快有慢，而且會長期持守同一份事業，有時還傳承好幾代，也沒有漂亮的口號或井字標籤（hashtag）可用。

這些都不符合矽谷對創業家的狹隘定義。矽谷說的公司不是由婦女、少數族群、移民或銀髮族主持，也不是由出身貧困鄰里或偏鄉的人親力親為、提供有益在地市場的服務，更不是只想做一門小生意就好的人，這樣才能每天下午接孩子放學，養家活口，實踐個人理念，或是滿足想按個人意願做想做的事的渴望。這就成問題了，因為在現實世界裡自立門戶的人，絕大多數就是這群組成更多元的創業家。他們補我家的屋頂，烤我吃的麵包，設計我的網站，換我的車胎，剪我的頭髮。費曼先生和世界各地千千萬萬跟他一樣的人，雖然相形不為人知依然在各行各業賣力營生，卻也自視為創業家，至死不渝，而且他們這麼想是對的。對這些人來說，創業有種更深刻也更有意義的真相，大行其道的新創神話卻略而不談。

我後來發現，你怎麼定義創業家是很重要的。根據我們對創業家的定義，我們也告訴自己經濟機會該帶來怎樣的指望，並建立一套衡量成功的標準。要是那個定義日漸狹隘且嚴苛，把世上大多數自己當老闆的人都排除在外，後果就是一種「創業不平等」，創業變得更難以企及且不切實際，也害人比較不想創業。這個圈子變得扭曲又排外，創業的好處和光環逐漸往頂層階級集中，至於在這群人下頭，危險的怨恨逐漸滋長。對經濟機會的想像破滅，只剩下對現實的無望。所謂的創業黃金年代成了粉飾太平的說法。

在我開始找人訪談的那最初幾個月，我自己對創業家的想法開始成形。那陣子我太太蘿倫終於踏上職涯教練之路，也是她這輩子第一次完全獨立工作。這下我親眼見證，一個輕鬆領取六位數美元年薪的員工變成一切從零開始的創業家，而且她開始在家工作的第一個星期得有人叮嚀她，她再也不必對著電腦囫圇吞下沙丁魚罐頭了（自雇者基本守則：午餐是神聖的一餐）。同一時間，我弟弟丹尼爾也在籌組公司，而且他冒的財務風險要高得多，所在的產業也充滿變數。我就這麼看著他們雙雙挺過草創期的步步心驚。

然後還有我自己。我雖然當自己的老闆將近二十年了，還是很有得摸索。我到現在都不確定下一個難關會打哪冒出來，也還是會心煩意亂，不是害怕案子接得不夠，就是案子接得太多而倍感壓力。一路走來我不免一再庸人自擾：「搞什麼鬼啊，我怎麼會把人生過成這樣？」現在又多了這個問題：「我真的是創業家嗎？如果不是，那我是什麼？」

從拆解矽谷新創公司神話開始

這本書記錄了我對創業家的初心的追尋，以及這種精神在今日的樣貌。如果你是創業家，家裡有人是創業家，又或者純粹對創業感興趣，我希望這本書都能幫你了解什麼是創業家的初心，它可能以什麼形式呈現，還有，為何我們在各式各樣的創業活動中都該培養這種精神，而且這在今日至關重要。原因是，不論你是哪種創業家，或許經營一份小副業，或許身為你那一行最有雄心的領袖，創業都是個不斷探索內心深處的過程。

與大多數談創業的書相較，本書不同之處在於，我關注的完全不是「如何創業」（怎麼成為創業家、開公司或是賺大錢），而是「為何創業」。

為什麼有人要創業？他們為什麼堅持如此，即使情勢極為不利，日日都得自我犧牲，也可能說賠錢就賠錢，為什麼創業家很重要，為什麼世界上有各式各樣的創業家很重要，我們要是不了解他們的重要性又有什麼損失？

我對創業家初心的追尋，引領我讀了大量的書籍、報導和學術論文，可謂涵蓋了創業活動所有的面向，此外我也訪問了世界各地無數的學者專家。不過最關鍵的是我這兩年與兩百多位創業家的訪談，有時透過電話，有時在他們的公司或住家進行。有時他們的事業正風生水起，也有時正處於谷底。我之所以採訪這些創業家，是因為他們的生活和歷練涵蓋了極其多元的出身背景、行業和經濟景況。這本書就是這些訪談和他們心路歷程的結晶。

創業家自然各有各的故事，我也發現每個人對創業的看法和身分認同密切相關。隨著我為這本書做的研究調查持續推進，我個人對創業家的定義也不斷演變，而我也試著在字裡行間重現這段歷程。本書所述的第一類創業家是剛翻開人生新頁的人：一個在他鄉展開新生活的移民；一名根據理想生活打造事業，而不是讓生活屈就工作的女性；還有一位創業家飛黃騰達，又利用事業造福她出身的社群。第二類是走過成長痛的創業家：一位老闆在經營公司多年後才發掘自己的理念；一個設法面對跨世代傳承挑戰的家庭；還有一個人苦於自己與親友為創業付出的代價。最後我找到一名受訪對象，請他反思一輩子不斷實踐各種創業靈感的人生，最終這於世界各地的創業家又有何意義。

然而我也發現，要是不去拆解那個有違常態的敘事——矽谷新創公司神話，我們就無法了解前面那些創業故事蘊含的道理。這則神話至今仍主宰社會對創業的集體崇拜，嚴重扭曲了我們對創業家及其工作的認知，以至於我們已經看不清它的真義。在我走出矽谷、更深入探索創業家的初心之前，我得先直面新創公司神話。我想了解這究竟是怎樣一番神話，又為何變得這麼主流。它帶來怎樣的不良影響，而它與創業更重大的真相如此脫節，又為何需要世人正視。所以我這趟旅程的起點就是那個獨特的谷地、城市和校園。「創業」在那裡有特定的說法和意義，限定於他們自己的典範和英雄，至於那個讓人搖身變為創業家的動作，在那裡就叫「新創」（starting up）。

第一部

神話降世

第一章　新創就是王道

「阿娘喂，我們最好動作快點。」尼基・阿格瓦（Nikhil Aggarwal）對死黨安德魯・齊澤威（Andrew Chizewer）說。他們兩人走向史丹佛大學的輝達會堂（NVIDIA Auditorium），看見入口附近停了幾百輛腳踏車。「希望有位子坐。」不過他們晚了一步。會堂的三百四十二個座位已經坐滿，還好場外的門廳有個大電視螢幕直播演講，我們三個趕緊占了一張面向螢幕的桌子。不到五分鐘，我又被一百名學生團團圍繞，他們席地而坐，還有一些人倚牆而立。

阿格瓦和齊澤威是新創公司Scheme的合夥人，這是他們新開發的軟體平台，媒合學生到各類型公司實習，主要是矽谷科技業的新創公司。每週他們盡量抽空來聽這個「創業思想領袖講座」（Entrepreneurial Thought Leaders），史丹佛透過它邀請矽谷頂尖的創業家來演講，歷時已有二十年。為今晚講座開場的是工程學院創業學教授湯姆・拜爾斯（Tom Byers），他說：「心態很重要，全世界這麼多人在創業和創新，現在該有人來說說心態有什麼好處了！」

今天主講的創業家是樊蘊明（Maureen Fan），年紀四十出頭的她是史丹佛校友，與人共同創辦了虛擬實境動畫公司「猴麵包樹工作室」（Boabab Studios）。她穿著黑色皮夾克，站上講台說起她的職業生涯，輕鬆吸引了全場注意。她說：「接下來我要分享我是怎麼走上創業這條路的。我從沒想過自己會成為創業家。」

樊蘊明表面謙虛，實則不掩得意地帶過她一路走來的經歷。從前她不情不願地主修計算機科學，後來愛上了動畫——她不顧華裔「虎爸虎媽」抗議她「追隨夢想會窮途潦倒」，到社區大學上夜間動畫課。雖然她想去好萊塢發展，不過父母說服她到eBay上班，後來她又拿到哈佛商學院的商管碩士學位，從而到皮克斯工作室任職，卻推掉了為《玩具總動員3》（Toy Story 3）管理財務的機會。

樊蘊明說：「重點是，永遠都要開口說你想要什麼，一般人都會希望別人過得快樂，也樂意幫忙。」聽到這個建議，阿格瓦和齊澤威翻了個白眼，再度埋首於筆電。他們一半心思放在聽講，另一半在Excel表格（經濟學功課）和Google文件間切換（撰寫一封通告信，對象是可能會想在Scheme初創時就採用的公司）。

樊蘊明從哈佛畢業後加入社群遊戲公司星佳（Zynga），負責營運大受歡迎的《農場鄉村》（Farmville）遊戲，後來升任副總裁，每天只睡四小時。她說：「那不是人過的日子，不過身為創業家代表什麼意思、要怎樣才能開公司，我學到了很多。因為商學院教你當的是特定某種領導人，可是那跟領導新創公司很不一樣。」

樊蘊明與幾個皮克斯的同事利用週末創作了一部短片，贏得一座奧斯卡獎，但她一直在想，她對動畫和虛擬實境的熱愛能不能化為一門可行的生意？她與夢工廠動畫公司（Dreamworks）一位共同創辦人的太太交上朋友，因此請到那位創辦人當業師。後來她又向皮克斯一位共同創辦人演示虛擬實境有多厲害，說動對方當她的顧問，地點不過是一家可麗餅店。「所以重點全在堅持不懈、不斷開口請人幫忙。」說完她把話題轉到投資人身上，她是如何在彷彿漫無止盡的四週內籌募創業基金，還好後來有條人脈為她的A輪募資帶來六百萬美元，又有另外幾條人脈（史丹佛、哈佛、她在星佳的老闆，以及舊金山灣區的台灣移民圈）幫她得到知名創業投資家提爾的加持。

她在面對可能投資她的金主時，為了搏得對方支持，刻意採用自信爆棚的語氣，現場她就模仿給台下觀眾聽：「光是我跟你講話，你就該覺得榮幸了。把錢交給我，你應該與有榮焉才對！」

齊澤威聽了大笑出聲。「媽呀，」他對我說，「要是我跟尼基這個調調，會被他們笑出辦公室。」

樊蘊明開玩笑說她的公司「很窮」，只募得區區三千一百萬美元。

「最好是，我們才窮咧。」阿格瓦頭也不抬地對齊澤威說。在此同時，樊蘊明繼續大談堅持不懈、人脈、善用史丹佛這塊金字招牌。說著說著她暫時打住，為她用了「混蛋」這個詞道歉，隨即又說罵髒話沒關係，因為有研究顯示成功的創業家比較常罵髒話。

「我們公司最大的使命，是讓你們重返內心深處那個五歲大的自己，喚醒你們驚奇的感受、重啟你們夢想的能力。」樊蘊明邊說邊播放她公司製作的虛擬實境動畫，我們從電視螢幕看不到，但還是能聽見場內觀眾發出「喔——」、「哇——」的聲音。「因為這麼一來，你們全都會出發追尋自己的夢想，醒悟你有多大的潛能並真正發揮，而不是害怕夢想無法成真。要是每個人都出發追夢，世界會變成一個多美妙的地方……謝謝大家。」

觀眾配合地響起如雷的掌聲。

「換湯不換藥啦，誰來講都差不多。」阿格瓦對我說，一邊跟齊澤威拉上背包拉鍊。「聽成功的故事是很勵志，要是能知道他們怎麼想通別人創業也要闖的難關，會更有幫助。」在Scheme順利啟運之前，他們倆還有很多難關要闖。接著他們前往星巴克，在那裡為公司埋頭工作了幾個小時——一如那天在矽谷誕生的許許多多新創公司。

每逢聊到創業家，我們大多很容易就想到矽谷。矽谷是某個產業的金字招牌，而這個產業的基礎是電腦，那個幾乎全面影響當代經濟和個人生活的東西。矽谷也是這個產業運作方式的簡稱，代表一套完整的思維模式，從根本催生了這門產業的公司與科技，並奠定評估標準。矽谷也代表一整套組織、融資和運作這些公司的作法，在今天拓展到全球各地，成為不分產業紛紛看齊的典範。矽谷也是北加州一片區域，涵蓋舊金山到聖荷西，包括一連串大城小鎮和遠郊地帶，有高速公路、辦公園區，還有自然美景點綴其中。矽谷的地理、金融和精神中心是帕羅奧圖（Palo Alto），一座倚傍著史丹佛大學開闊的校園建立的城市。

矽谷就是史丹佛，史丹佛就是矽谷。這座校園以及圍繞著它生成的世界，大大底定了今天我們討論創業家時會有的想法。史丹佛孕育出一套獨特的創業典範，富含這座大學自己的歷史和英雄、思想和規則，還有它的各種優缺點。這一切形成矽谷新創公司神話的核心，一套繞著特定創業活動打轉的敘事，即使遠在此地千里之外，依然主導了我們對「創業」的想法。為了了解這則神話的起源和演進、它固有的商業模式，以及它對創業家和這個圈子以外的世界帶來什麼問題，我研究創業家的初心的第一站就是史丹佛，見證在這片神話的精華沃土上如何新創一家公司。

神話怎麼來的？——始於十六世紀的創業神話

齊澤威和阿格瓦在二〇一七年末萌生創辦Scheme的念頭，當時他們念大二，住同一棟兄弟會之家。他們都不是那種念計算機科學的創業家典型（齊澤威主修政治，阿格瓦主修經濟），兩人進史丹佛時對創業也沒別特別感興趣。他們成績都不錯(但不是特優),有社交生活和課外興趣(齊澤威是辯論校隊的幹部),將來入社會的前景也相當看好。套句齊澤威的話,他們都不想在我書裡被寫成「科技業邪惡男人幫」,而這也不難,因為兩個男孩子都深思熟慮,也對自己身處的世界抱持強烈的懷疑。「創業家」一詞在這裡別具意義,他們是不得不然才冠上這個頭銜。

齊澤威說:「我不想當那種在念史丹佛期間開公司的人,現在還是不想!」他在芝加哥的猶太家庭長大,白晰的臉龐上灑了幾許雀斑。

阿格瓦說:「我們還在中學就對史丹佛有刻板印象,覺得這裡每個人都想開公司。」他出身印第安納州韋恩堡(Fort Wayne)的印度家庭,長得比齊澤威略高一點。「我不想因為大家都在開公司,就跟風開公司。」

Scheme就像很多新創公司,始於創辦人親身經歷的難題:競爭激烈的暑期實習。「你們明年暑假有什麼打算?」升大二那年暑假剛過完,同學在返校頭一個星期就這麼問。明年暑假?現在才九月欸。齊澤威剛在一家避險基金公司做完實習,阿格瓦則是在帕羅奧圖一家軟體開發公司。不過在史丹佛,很多學生已經為隔年暑假拿到頂尖的實習職位——齊澤威和阿格瓦就連有那種實習都不知道,遑論申請了。

在這場競賽中領先的學生,似乎家裡不是跟史丹佛有深厚淵源,就是跟那些公司交情匪淺。「競爭激烈到不行,」阿格瓦說。「每個有人脈的學生都已經不愁沒地方實習。」這感覺既不公平,也錯失良機。學生需要寶貴的工作經驗,公司行號(尤其是小型新創公司)則需要青年才俊協助他們成長。很多公司已經開出實習缺,或有意這麼做,卻沒那個資源吸引史丹佛的高材生。如果阿格瓦和齊澤威能為情投意合的學生和公司牽線，不是皆大歡喜嗎？

「這是個解決實習問題的機會。」阿格瓦說。他們開始狂聊創業靈感到深夜，對學生和公司做調查，草擬商業計畫書，也為公司想到了名字（「Scheme」是俚語中跟人搭訕的意思，他們用來形容釣上工作機會）。齊澤威和阿格瓦很快從學生搖身一變，成了「創辦人」（founder）。在矽谷，這個詞專門用來指稱開新創公司的人。

在我們繼續深談新創神話之前，得先了解這則神話是怎麼來的。創業家並非新鮮事，在古蘇美的巴比倫尼亞地區就有商販、貿易商、地產投機客和民間企業家，古代其他商業社會也不例外，為現代文明打下基礎。英文的「entrepreneur」源於法國，來自十三世紀一個意思是「從事」的法文動詞。這個詞廣泛用於各行各業的百姓，從殯葬業者、戰地指揮官，到音樂指揮都適用。一般公認，法國暨愛爾蘭籍經濟學家理察．坎蒂隆（Richard Cantillon）率先為「創業家」下了明確定義，時間是一七三〇年代。坎蒂隆說的創業家涵蓋三百六十行，從製造業者、商販，到小本經營的農民和麵包師都算。而坎蒂隆所謂的創業家有個最重要的共通點，就是他們不分職業都承擔了個人財務風險，不知何時會得到多少報酬，也無法預料是賺是賠。「其他人只要工作就有固定薪資，創業家沒有固定薪資。」坎蒂隆在身後出版的《一般商業本質論》（*Essai sur la Nature du Commerce en Général*）第十三章如此寫道。

在美國，創業家進入了奠定社會基本特色的神話。美國的特色在於，這是個沒有貴族制的商業國家。不論出身優渥的倫敦佬或一窮二白的荷蘭漁夫，每個來墾荒的人在出發橫越大西洋時，都接受了此行會有何報酬的風險和希望，也就是當時坎蒂隆寫的那種。美國建國諸賢（其中好幾人本身就是創業家，例如富蘭克林和漢考克）還把創業的重要性寫進美國法律。

美國的創業神話隨這個國家一同成長，典型代表是新英格蘭勤勉的商販，還有抱著發財夢西進的拓荒先民。到了十九世紀下半葉，創業家已然成為美國大眾文化的要角，從馬戲團團長P．T．巴納姆（P. T. Barnum）到穿破衣的迪克（Ragged Dick）都是例子。巴納姆是善於自我推銷的生意人，還寫過一本《生財之道》（*The Art of Money-Getting*）。擦鞋童迪克則是一八六七年霍瑞修．愛爾傑（Horatio Alger）出版的同名小說主角，不過這本小說大抵已被世人遺忘。書中的迪克是個惹人憐愛的角色，在紐約街頭當擦鞋童為生，但他努力不懈，後來結交了一名富家青年，總算有機會過上安適的生活。

這位資助迪克的青年帶他離開街頭、買了一身新行頭送他之後說：「迪克，很多男孩子都像你一樣出身寒微，長大以後還是成為體面又受尊敬的人，不過他們都下了苦工。」

迪克說：「我願意吃苦。」然後他憑著鋼鐵般的意志，很快從一芥貧民躋身體面的中產階級。迪克真是太棒了！

愛爾傑筆下自立自強、快速致富的美國夢當然是神話。在那個貧富不均的「鍍金時代」，像迪克這樣的街頭貧童很可能到死都是個街頭貧童，但諸如安德魯．卡內基（Andrew Carnegie）、康內留斯．范德堡（Cornelius Vanderbilt）、約翰．洛克斐勒（John D. Rockefeller），這些出身寒微的「強盜男爵」（robber baron）[1]還是奠定了美式童話的基調：只要創業就有享之不盡的機會。

耶魯大學歷史學家娜歐蜜．拉莫侯（Naomi Lamoreaux）寫道：「對那個時期的美國青年來說，沒有比成為『白手起家的男人』更高尚的目標。」透過經商晉身上流的案例如此打動人心，不創業簡直浪費生命。靠著認真打拚功成名就，最能證明男人的品德。拉莫侯寫道：「十九世紀末的人認為，受雇於人（即使是文雅的白領雇員）是在浪費人生、追求『仰人鼻息』的處境，這種行為本身就有道德瑕疵。」創業成了美國夢的核心。

這個夢想到了二十世紀受到挑戰。金融危機引發勞工抗爭，並加劇了社會不平等與貧窮問題。社會集體為第一次世界大戰犧牲，在經濟大蕭條後面臨不堪負荷的貧困生活，之後全國又應第二次世界大戰總動員，在在使得美國的創業神話搖搖欲墜。那幾十年間還是出了不少知名的創業家，不過這則神話感覺愈來愈空洞不實。集體的成就與犧牲反倒更引起共鳴，例如爭取婦女投票權的政治運動，軍工複合體也在那段期間問世，從氫彈到菓珍（Tang）飲料沖調劑，為世人帶來許多糟糕和美好的發明。這是企業集團當道的時代，例如福特汽車、國際商業機器公司（IBM）、奇異公司、西屋電氣、貝爾實驗室。這些企業由專業經理人團隊經營，他們個個西裝筆挺，深諳改善效率和業績的科學方法。創新發明落入大專院校和企業園區的負責範圍，創業家成了不合時宜的孤狼。

矽谷邪教：創業家就該這個模樣

我們這年代的創業神話就源於那些大學校園，其中又以史丹佛為最。一九三九年，史丹佛工程學院院長法雷迪・特曼（Frederick Terman）鼓勵他的學生比爾・惠烈（Bill Hewlett）和大衛・普克（David Packard）創業，兩人在校園附近一間車庫裡成立了一家電子公司，就是惠普（HP），這也是矽谷第一家

1　譯註：十九世紀指稱暴發戶的用詞，帶有貶意，因為他們之所以致富往往是不擇手段。

新創公司。到了一九五一年，特曼又協助開闢史丹佛工業園區（Stanford Industrial Park）[2]，將校方的地產租給新興的高科技公司。這些公司往往由國防部資助成立，許多投入研發雷達和航太等冷戰時期科技，運作這些設備所需的電腦與半導體也包含在內。因為半導體的英文是silicon semiconductor，當地從而有了「矽谷」這個知名的暱稱。

矽谷的文化原本以團隊工作、研究和承包政府計畫為導向，不過到了一九七〇年代末，焦點逐漸轉移到個別的創業家身上，矽谷的新創公司神話也隨之萌生。這則神話的中心承諾是英雄不論出身，人人都能開創未來並獲得酬賞，只要他們發明了對的東西、有對的想法，並具備貫徹研發過程的韌性。

這則神話的主角各有各的名字，但都有相同的特質。他聰穎過人，有本事（憑一己之力）創新發明並啟迪他人，具備化不可能為可能的意志力，還有點不善社交。他是孤獨的天才，既創造發明也創辦公司，是天下所有創業家的典範。他是男的，年紀輕輕又與社會格格不入。他念史丹佛或其他頂尖的大專院校，但沒念畢業。他對規矩不屑一顧，一心想證明自己，無論是誰擋他去路他絕不屈服。

記者亞當．費雪（Adam Fisher）寫了《天才谷》（*Valley of Genius*）一書，根據大量口述紀錄爬梳矽谷的歷史。依照費雪的看法，矽谷創業家的原型是諾蘭．布許聶爾（Nolan Bushnell），電玩公司雅達利（Atari）的共同創辦人。費雪說：「他是大眾文化的創業家。在出身矽谷的創業家當中，他是第一個真正影響了文化，也有心影響文化的人。在他之前，矽谷是個為戰爭機器製造零件的地方，裡面滿是在胸前口袋放筆袋、穿短袖襯衫理平頭，在美國太空總署園區工作的男人。」布許聶爾扭轉了矽谷的形象，靠的不是研發最強大的科技、賺最多錢或成為商業戰最後贏家，而是開發出《乓》(Pong)和《小精靈》(Pac-Man)遊戲。這下世人終於有了正眼看待電腦的好理由。

布許聶爾進入公眾視野後的四十年間，很多創業家都是與他同類型的英雄人物。這些商場巨擘有微軟的比爾・蓋茲、甲骨文(Oracle)的賴瑞・艾利森(Larry Ellison)、亞馬遜的貝佐斯等人，他們的財富和發明，以及對科技、商業與日常生活的影響，都大到難以估量。然而在今天的矽谷創業家聖殿，眾人膜拜的主要是賈伯斯、馬斯克和祖克伯的聖三位一體。

賈伯斯：「創作型創業家火爆性格的化身，憑藉追求完美的熱情和生猛的幹勁，革新了六門產業：個人電腦、動畫電影、音樂、電話、平板電腦和數位出版。」華特・艾薩克森(Walter Isaacson)在他長銷又暢銷的《賈伯斯傳》(*Steve Jobs*)裡這麼寫。賈伯斯是土生土長的矽谷人，年輕時獲布許聶爾提攜，後來戒除迷幻藥並遵循嚴苛的飲食法，結合反文化的嬉皮態度和日式美學，將電腦改造成更個人化的產品。賈伯斯渾身散發「現實扭曲力場」，藉此說服旁人達成不可能的目標。他成為矽谷第一個真正的名人，人生四度被改拍成電影。他曾被自己創辦的公司開除，後來回鍋為我們帶來iPhone，而根據艾薩克森，他死後又在世人心目中化身「我們這時代最偉大的商業主管」。黑色高領衫，寬管牛仔褲，圓框眼鏡，灰色New Balance球鞋。史帝夫・賈伯斯：創業家的救世主。

2　譯註：現更名為史丹佛研究園區(Stanford Research Park)。

馬斯克：「我們這個時代最冒險犯難的創業家」，這是暢銷書《鋼鐵人馬斯克》(*Elon Musk*)[3]作者艾胥黎・范思(Ashlee Vance)的說法。「他是瘋魔的天才，執意追求人能想像最壯闊的目標。」馬斯克是無人能及的天才發明家，親手催生電子商務(PayPal)、復興電動車(特斯拉)，重啟太空競賽(太空探索技術公司，即SpaceX)。馬斯克想帶我們上火星，帶我們坐進地下高迴路列車，拯救人類免於滅亡。這個媒體寵兒啟發了小勞勃・道尼(Robert Downey Jr.)主演的《鋼鐵人》(Iron Man)系列電影。他善用每分每秒，睡在辦公桌底下，每次尿尿只花恰好三秒鐘。馬斯克的狂粉(他們自稱「火槍手」)會在網路上親自攻擊批評他的人，把他的臉龐圖樣刺在身上。黑色T恤，緊身牛仔褲，奇蹟般長回來的頭髮。馬斯克是連續創業家的主保聖人。

祖克伯：率領「閃電行動、砍掉重練」軍團的宿舍駭客。祖克伯出身軟體工程師，帶來社群媒體年代和追逐此一潮流的大批新創公司。他不善交際，過著幾近隱居的生活，二十多歲就成了億萬富翁，企圖翻轉慈善事業、教育、通訊和整個世界。祖克伯是電影《社群網戰》(Social Network)裡的反英雄，教一整個世代的人相信十億美元真的比一百萬美元更酷。他曾說：「在高速變遷的世界，保證失敗的策略只有一個，就是不冒險。」祖克伯串連起全世界，代價是我們的隱私和民主體制。牛仔褲，球鞋，連帽運動服。馬克・祖克伯，顛覆創新的預言家。

多少胸懷大志的創業家曾提及以上至少一人，說那是他們的偶像？多少人在藏書零零落落的書架上供著這三人的傳記？又有多少人模仿他們的風格，從古怪的癖性和嚴苛的飲食法，到穿著舉止、痛斥員工和違反常規(和法律)的行徑，硬想擠進那聖三位一體的模子，因為他們認為自己非如此不可？

「在矽谷，要說有誰最常被拿來當成違法亂紀的擋箭牌，非賈伯斯莫屬。」肯特・林斯壯(Kent Lindstrom)說。他曾是社群網站Friendster的執行長，目前主持矽谷Podcast節目《創業這檔事》(Something Ventured)。「『我對別人大吼大叫、穿黑色高領，因為賈伯斯也是這樣』，希望賈伯斯上身的人根本瘋了。我見過賈伯斯，你絕不會是賈伯斯。」

萊絲莉・柏霖(Leslie Berlin)是主持史丹佛大學矽谷文獻計畫(Silicon Valley Archives)的歷史學家，她指出，孤狼創業天才的神話是刻意打造出來的。數位科技公司和它們的發明大多是跨國、跨產業，靠團隊努力的成果。不過精明的公關公司、記者和社會大眾發現，科技既複雜又有距離感，還是找個人的臉孔和性格當代表比較簡單。柏霖在帕羅奧圖跟我吃午餐時說：「艾爾傑寫的那個套路是關鍵。個人發憤圖強、功成名就的概念，跟矽谷一拍即合。」

從矽谷谷底竄升到大眾想像頂端的創業家，往往有類似的特質：他們似乎不難親近也容易同理，儘管他們實際上智力超凡又不善社交。他們都很年輕，畢竟青春俊美外加一點花邊新聞是最吸睛的組合，而且富可敵國、名滿天下。柏霖說：「這跟過去很不一樣，從前矽谷的創業家是很會賺錢的『生意人』，賈伯斯首度離開蘋果之前也屬於這種人。可是他在二〇一一年過世時已經成了明星。這是前所未有的現象，從前沒人會把高登・摩爾(Gordon Moore，英特爾創辦人)的海報貼在自家牆

3　繁體中文版由天下文化出版。

上。」我馬上想起從前的室友亞當，他就把賈伯斯的肖像大海報貼在床邊，還有馬斯克是如何跟一連串女演員和搖滾歌星交往，祖克伯也曾客串電視節目《週六夜現場》（Saturday Night Live）。

矽谷最擅長的不是打造科技，而是杜撰神話，餵給我們一個又一個商業和科學的故事。在那裡工作的人不只是工程師和執行長，也是高瞻遠矚的夢想家和思想領袖——你也可以當那種人，只要創業就對了。創業投資家提姆・德雷珀（Tim Draper）在舊金山南郊成立私人學院傳授創業之道，當他把那間學校命名為「德雷珀英雄大學」（Draper University of Heroes），沒人覺得這有什麼好大驚小怪。但就像大多數動聽的故事，矽谷的創業寓言大抵也是虛構出來的。

「賈伯斯／馬斯克典範被拿來代表全體創業家，但他們其實只是個非常小眾的子類別。」知名創業投資家、經濟學家和劍橋大學教授比爾・簡威（Bill Janeway）說。「發出現實扭曲力場的人多半跟現實大為脫節，把自己捧得鼻青臉腫。」

話雖如此，矽谷的新創神話歷久彌新，因為那實在教人難以抗拒。我們就愛聽青年才俊窩在宿舍裡發明未來的故事。創投家提爾用自己的名字創立獎學金，而在《眾神之谷》（*Valley of the Gods*）一書中，作者雅麗珊卓・吳爾夫（Alexandra Wolfe）記述了這個獎學金第一堂課的情景。受獎人年紀必須在二十歲以下，而且這群小天才得強制從大學輟學，搬到矽谷成立一家公司，成為下一個「男孩執行長」。提爾獎學金捧紅的第一個名人是詹姆斯・普勞德（James Proud），一個白白淨淨的英國小夥子，他向投資人提出小行星採礦計畫，後來海灑超過四千萬美元開發出一具睡眠追蹤儀，但從未真正上市，然而他公司的估價最高曾超過二・五億美元。「這些年輕有抱負的創業家受到那種生活方式吸引，矽谷的一切又是那麼奇特。」吳爾夫如此描寫矽谷的新創公司界。「他們是新一代的日落大道

（Sunset Boulevard）餐廳服務生，想進軍好萊塢拿奧斯卡獎。」

結果往往是一種你學我、我學你，令人發噱的同質文化，HBO電視網的影集《矽谷群瞎傳》（Silicon Valley）就詮釋得很傳神。喜劇演員麥特．魯比（Matt Ruby）說：「那裡有種集體跟風的心態。」他曾與人共同創辦軟體平台Basecamp，現在透過虛構的新創公司「胡砸」（Vooza）創作短片，調侃矽谷的新創神話。魯比覺得舊金山灣區有種非得泡在「新創生態系」裡思考、行動和生活的風氣，簡直像邪教，還傳到了別的地方。科技公司的年輕創辦人打扮得一模一樣（Allbirds球鞋，緊身牛仔褲配T恤，外搭連帽衫或印有自家商標的巴塔哥尼亞牌〔Patagonia〕拉鍊外套），遵循同一套古怪的飲食法（喝Soylent牌代餐飲料，服用多種營養補充劑調成的「大腦駭客」配方，並吸食微量迷幻藥），跟其他創辦人同住，一起參加火人祭（Burning Man）[4]，再混搭同一套術語、向同一批創投家推銷相似的公司，其產品和服務也結合同樣的科技和市場，細節稍異而已（「這是由大數據驅動、靠人工智慧運作的電動滑板車區塊鏈解決方案」）。他們會這麼做，是因為新創神話規定創業家就該這個模樣，然而一切加總起來如此了無新意，魯比認為這與真正的創業家精神背道而馳。他說：「只要有一大群人對每件事的看法彼此完全一致，那就不是創新或打破常識了。」

4　譯註：一年一度在美國內華達州黑石沙漠舉辦，以藝術展演和社群互動活動為主，強調利他、去商品化和自由創作，活動高潮為焚燒火人的節目，故得名。火人祭受到許多矽谷巨頭推崇，是矽谷創業圈的熱門活動。

是創業？還是創造英雄神話？

如同一百五十年前的強盜男爵傳奇，矽谷新創神話大多也跟暴富不脫關係。賈伯斯在蘋果創紀錄的首次公開募股後變得家喻戶曉，馬斯克也是因為Paypal股票大賺一戰成名，後來又出了個身價暴漲的祖克伯。費雪說：「看到一個二十三歲的年輕人成為億萬富翁，整個社會為之瘋狂。這種鹹魚翻身的故事太不可思議了。」然而一夕暴富的故事年復一年上演：優步（Uber）的崔維斯・卡蘭尼克（Travis Kalanick），創立Instagram和Snapchat的史丹佛校友，不勝枚舉，結果就是一批飛速晉身全球財富前〇・一%之列的人物，他們成為童話主角，教人佩服得五體投地。

矽谷新創神話傾倒眾生的威力，從伊莉莎白・霍姆斯（Elizabeth Holmes）的故事最可見一斑。她成立血液檢測公司Theranos，在詐騙行徑被踢爆之前從投資人手中募得超過七億美元。如今霍姆斯跌落神壇，從這則警世寓言可以見得，我們亟欲相信的創業神話與其背後的現實有極大落差。只不過，當我在帕羅奧圖的愛彼迎（Airbnb）客房讀記者約翰・凱瑞魯（John Carreyrou）寫的《惡血》（*Bad Blood*）[5]，我印象最深刻的是霍姆斯的手腕實在高明。她十九歲從史丹佛輟學，隨即開始向世人推銷子虛烏有的驗血科技，仗恃的只有那則人人愛聽的創業神話。

霍姆斯小小年紀就對賈伯斯崇拜不已，生活也處處以偶像為借鏡。凱瑞魯說，Theranos的員工能根據霍姆斯在模仿賈伯斯生涯哪個時期，準確指出她讀到艾薩克森那本傳記的哪一章。例如她也穿黑色高領，成立「迷你實驗室」，雇用蘋果偏好的廣告公司Chiat\Day，行綠色果汁飲食法，並無情痛批「辜負」她的人。是有人看穿了霍姆斯的面具，不過諸如創投家德雷珀和商業大亨勞勃・克拉夫特(Robert Kraft)、卡洛斯・史林(Carlos Slim)、魯柏・梅鐸(Rupert Murdoch)等一眾富有的投資人，還有與Theranos合作的克利夫蘭醫學中心(Cleveland Clinic)和沃爾格林連鎖藥局(Walgreens)等多家企業，以及全球幾乎每一家把霍姆斯的臉龐印上雜誌封面的媒體，他們在霍姆斯身上看到的，只有矽谷新創神話教大家看的那些。就連歐巴馬當美國總統時，都欽點她擔任美國創業家全球大使。

等到Theranos騙局被人拆穿，世人一片錯愕。怎麼會這樣呢？那麼多事業有成的精明人怎麼會栽在這上頭？但你要是仔細想想，霍姆斯確實履行了她的承諾：她端出的產品不是針扎血液測驗，而是人見人愛的英雄創業家。年輕創新，大膽迷人，逐夢無悔。就這點來說，霍姆斯的成就比她最有野心的想像還更偉大。這起事件正在改拍成電影，由珍妮佛・勞倫斯(Jennifer Lawrence)飾演霍姆斯。對了，霍姆斯還得過霍瑞修・愛爾傑獎(Horatio Alger Prize)[6]呢，穿破衣的迪克應該會覺得與有榮焉。

「每個人都認識一個在史丹佛創業的誰誰誰。」阿格瓦對我說。樊蘊明演講隔天，我又約阿格瓦和齊澤威見面，我們在學生會大樓外碰頭，一起去參觀附近舉行的一場就業園遊會。在校園書店一帶，大大小小的公司沿著小路架起攤位和帳棚，齊澤威和阿格瓦打算去繞一圈，打聽各家公司有沒有開實習缺，評估他們使用Scheme的興趣。

5　編註：繁體中文版由商業週刊出版。
6　譯註：主要獎勵年度傑出白手起家的企業家。

阿格瓦說：「我們分頭行動吧，把要跟進聯絡的名字記下來。」

齊澤威走向Robby的帳棚，這家公司生產自動送貨小型機器人，創辦人是獲得Y Combinator（以下簡稱YC）資助的史丹佛畢業生。YC是矽谷最早成立的新創公司孵化器，提供創業青年辦公空間、工作建議，並有經驗老到的投資人指導，交換條件是那些新創公司的部分股權。一開始，齊澤威問Robby的創辦人是怎麼招收實習生的。「面試怎麼進行？你們從哪找學生來面試？你們公司有多少人？」那位創辦人反問齊澤威為什麼想知道這些，於是齊澤威解釋，他跟朋友想為公司行號解決徵才問題。

「怎樣的徵才問題？」

「招收實習生的問題。」齊澤威回答，一臉充滿希望的笑容。

「你的公司叫什麼名字？」

「Scheme。」

那個男人說，喔，我們為了招收實習生跟另一家公司合作了。齊澤威吊住笑容說：「酷哦！那你有別家公司可以介紹給我嗎？」

Scheme不是第一家想解決校園實習問題的公司了。今天他們來園遊會的原因之一，是要看看Scheme還能從哪裡卡位市場，然而這並不容易。且不說齊澤威和阿格瓦還沒有名片（他們是印了幾件T恤），一旦大家發現他們真正的目的（再加上他們念的不是工科博士），不是把他們打發走就是當場奚落。

「太好了！」一個在南加州開晶片公司的先生對阿格瓦說。「我正想找人顛覆創新招募實習生的流程呢，哈哈哈！」他說實習生根本太貴，美其名曰實習，說公司在當保母還差不多。

「我們就把重點放在非技術性的專案型實習囉，」齊澤威說。「我們的想法是，實習生還是能為小公司帶來很大貢獻。」

之後我們回到星巴克，他們倆開始討論心得。「我覺得這驗證了我們工作流程的幾個地方，」阿格瓦說。「可是我們或許得專心想之後要怎麼軸轉。」

齊澤威說：「老實說，或許我們該往矽谷之外找。除了新創公司和史丹佛，也要接洽別種公司，甚至是社區大學，而不是菁英型的工作。」各行各業的公司都有機會受益於暑期實習生。一個會計系的學生可以幫小餐廳老闆理清多少帳目？光是想想這個例子就好。Scheme可以讓實習制度普及到頂尖的學校和公司之外，這麼一來，每個學生都有機會獲得實務經驗，每家公司也都能獲得所需的援手。

熊彼得的「創造性破壞」

換做齊澤威和阿格瓦想為Scheme找援手，他們有無窮盡的資源可以運用。史丹佛開了數十門創業課程，從暑期認證班到碩博士學位，從新聞、環境、工程、法律到醫學領域，應有盡有。校園內設有孵化器和加速器，學生能進駐辦公，聽取創業老手的建議，校方並有多項創投基金願意投資他們的公司，有個單位還自稱「孵化器的孵化器」。學生不論想摸索對創業哪方面課題的興趣，都能在有增無減的創業社團找個相關的加入，結識志同道合的同學、教授和校外人士，有個社團還只限創立市值一百萬美元或以上的公司、並成功轉賣的學生加入。他們也可以入住以創業為主題的網路虛擬宿舍，這間宿舍在二〇一二年開張，學生能定期聽演講，並幫助舍友經營新創公司。其他學生更進一步與教授合開公司，這些教授有很多在校外也是卓然有成的創業家。史丹佛的學生能把在學時間全用來上創業課、聽創業演講、參加創業聚會，校方提供的選項絕不會有你用完的一天。要是他們還意猶未盡，也能休學個幾年全職投入新創事業，校方不會有任何懲處。

令人驚訝的是，這種致力培養創業家的現象其實很晚近才出現，而且不只史丹佛，世界各地的大專院校皆是如此。學校幾乎可說是推廣新創神話最不遺餘力的機構，也為學術界和學術界以外的地方帶來很實際的後果。

在美國，針對創業活動的正式研究始於一九四七年，當時哈佛商學院教授麥爾斯・梅司（Myles Mace）想協助從海外戰場返鄉的大兵開公司，於是開了一門「初創企業管理」課。哈佛商學院榮譽教授史蒂文森轉述：「梅司說：『我們得教這些人自立更生。』」史蒂文森本人也是該學院率先推出現代創業學程的功臣。

當時的人對創業家有種不良印象，史蒂文森說：「那個年代的風氣是盡量在公司裡往上爬，然後在你能爬到的最高位做到退休。」從前哈佛商學院的課程重點也是為企業培訓專業經理人。商學院與大企業往來密切，企業主慷慨捐獻，協助校方作研究，給畢業生工作，所以研究小公司經營之道根本沒搞頭。創業家被說成是跑單幫的，既擾亂市場又不老實，不合時宜、騙吃騙喝，只是無名小卒……想想舞台名劇《推銷員之死》（Death of a Salesman）的主角威利・羅曼（Willy Loman），他就是個庸才，沒本事打進體面的企業界。也有人說創業沒辦法教，會創業的人只是生來恰好有那副性子。

「我在一九七〇年代末開始研究創業的時候，同事跟我講：『你研究的這幫人都是穿化纖西裝的貨色，研究創業會斷送你的學術生涯。他們沒錢啦，沒什麼好研究的。』」巴布森學院（Babson College）的教授威廉・加特納（William Gartner）說。這間學校位於波士頓城郊，專門研究與傳授創業之道。

到了大約一九八〇年代中期，風水輪流轉。美國的經濟歷經幾輪衰退，加上通貨膨脹，來自日本的競爭以及經濟停滯感，企業集團承受種種衝擊，不再屹立不搖，對社會文化的影響力逐漸流失。此時恰逢個人電腦帶動的第一波科技新創公司熱潮，新世代創辦人也帶動微軟和蘋果等公司快速崛起。在一九八三年的國情咨文演講中，雷根總統把矽谷的數位創業家譽為美國的「明日先鋒」。大專院校猛然醒悟，口袋滿滿的創業家有的是錢，或許他們也願意資助未來創業家的教育。

隨著資源增加，創業學界逐漸接受矽谷新創神話，將它融入教學研究的核心。其中一個關鍵轉變是學術界對「創業家」的定義，從坎蒂隆寬鬆的「為未來可能的報酬承擔風險者」（可以涵蓋所有小公司或自雇者），變成一種比較狹隘的指涉。創業學界從約瑟夫・熊彼得（Joseph Schumpeter）的著作找到理論錨點，他是奧地利政治經濟學家與不得志的銀行家，後來到哈佛任教，直到一九五〇年逝世。熊彼得的核心思想是，創業家是資本體系中推動改變的關鍵，一個「行動者」而非「靜態人」，以高昂的活力打破平衡，催生概念和發明的「新組合」，將經濟發展推向新高。但要說熊彼得有哪項理論永遠改變了創業學和創業家的形象，那就是他晚年提出的「創造性破壞」（Creative Destruction）。

「創造性破壞是資本主義不可或缺的過程，」熊彼得在他一九四二年的扛鼎巨著《資本主義、社會主義和民主》（*Capitalism, Socialism and Democracy*）如此寫道。創業家扮演的角色是「運用創新發明或新型態商品，改良生產模式或加以革新。或以新式方法製造既有產品，例如另闢原物料的供應源，找到新的銷售管道，重整產業等等。」推動創造性破壞的力量是創新。創新帶來顛覆現狀的改變，造就新的市場贏家和輸家，但最終將帶動全體進步。創業家的想法並不重要，重要的是行動，又或者套句熊彼得與貓王有志一同的說法：「把事情搞定。」

這個定義的轉變造成深遠的影響。創業原本的典範是掌握主導權和承擔風險，現在改以過程為重。因為創業的重點變成顛覆和創新，所以只要有人這麼做就是創業家，在大企業領薪水上班的一眾經理人和研發人員也算，他們承擔輕微的個人風險，但報酬照拿不誤。這下只有高瞻遠矚的奇才才能當創業家，從前自視為創業家的人則大半被排除在外。

約翰霍普金斯大學的商業歷史學者路易斯．蓋藍博（Louis Galambos）解釋，「熊彼得帶來的是英雄。我們想要勵志的英雄和領袖，不只專業表現傑出，對公眾也有強大影響力。」熊彼得的思想直到一九八〇和九〇年代才真正贏得廣泛關注，與經濟學的新保守主義思想一拍即合。蓋藍博說：「柴契爾、雷根、整個芝加哥學派……熊彼得引起強烈的共鳴。」熊彼得的理論很快有了大批信徒，因為想解釋和定義創業家的重要性，這是絕佳方式，只不過……只有某些創業家適用。值得研究的創業家不是平庸的小店店長或地方上的大水泥公司老闆。創業家得有超凡的遠見，是資本主義體系中最傑出、最睿智的人物，他們的冒險犯難造成深遠的影響，最終提升了全人類的福祉。因為熊彼得，新創神話就此屹立不搖。

早就樣板化的新創公司

從此以後，創業學在全球各地的大專院校蓬勃興起。一九八五年，美國各大學總共有大約兩百五十門創業相關課程，到了二〇〇八年，相關課程超過五千門。這個數字到了今天更是爆炸成長，還沒計入全球的一片榮景。創業學從被鄙夷的異數成長為一大學門，生出源源不絕的研究成果（根據Google學術搜尋引擎〔Google Scholar〕，每年有超過一萬五千篇論文發表），我們想得到跟創業有關的方方面面都有人研究。有論文探討伊朗某個城市要有怎樣的理想條件，才能刺激創業家出面興建水上樂園。另一篇廣為流傳的論文出自科羅拉多大學，根據這篇論文，遭弓形蟲（toxoplasma）感染者比未感染者更有可能創業，這種會影響心智的寄生蟲通常存在於貓糞中。我真的沒騙你。

在你轉向貓砂盆尋求勵志的滋味之前，最好要知道，創業學如此蓬勃發展也不是沒人批評。這門領域是如此新穎，很多創業教育其實相當空洞；麻省理工學院教授比爾・奧萊特（Bill Aulet）曾在《彭博商業周刊》（*Bloomberg Businessweek*）撰文說這類課程是「拍手拿學分」：學生坐在教室裡，聽有錢有成就的創業家講自己的人生故事，聽完只能自行摸索有用的教訓，看能怎麼應用於自己的事業。很多創業教學有既定的套路，把重點放在如何按部就班開公司並繁榮成長，並有五花八門的方法學，例如「精實創業」源於萊斯寫的同名暢銷書（萊斯自耶魯輟學，開了一家很像Scheme的公司）。結果往往不脫步驟幫你寫得一清二楚的創業公式，身為創業家的意義也規定得好好的。

這令阿格瓦和齊澤威感到非常無力。「創業有太多難以捉摸的地方了。」在那場就業園遊會隔天晚上，阿格瓦對我這麼說，那時我們在帕羅奧圖市中心一家人聲鼎沸的印度餐廳吃飯。

「你在大學學到的只有：做提案報告、寫商業計畫書、堅持不懈，諸如此類的。」齊澤威這麼說他目前在史丹佛上創業課的經驗。「每個人說的都一樣：努力打拚，失敗在所難免但對你有好處，最後都會水到渠成。我想在與現實隔絕的環境裡，這些建議是很好，可是光叫人失敗也要撐下去，實在沒多大幫助。」

阿格瓦說：「我想聽創業失敗的人演講，我想聽他們說自己怎樣開了公司又搞到倒閉，原因又在哪裡。我們面對面訪問別人的時候有聽到這種故事，在課堂上卻聽不到。」幾週前，YC孵化器辦的「新創學院」(Startup School)接受了Scheme的創業提案，結果他們在那裡的經驗也一樣。那天早上，他們兩個去YC在舊金山的辦公處聽派翠克・柯林森(Patrick Collinson)演講，那是行動支付公司Stripe的執行長。「他都沒提到運氣，」阿格瓦說，「或是在他掌控之外但幫助他成功的因素。他只講了怎麼花兩年時間成立Stripe，然後就說：『喔，可是你們應該盡快讓公司正式營運。』這種話對我們沒幫助啊。」

阿格瓦說：「怎樣算是一家成功的新創公司，YC和史丹佛自有一套說法，這些講者全想符合那套標準。」

齊澤威說：「創業的路徑在這裡已經標準化了。」

新創公司的樣板遠播到史丹佛和矽谷之外，哪些創業家值得研究、哪種創業模式值得傳授、財務資源又該投注於哪些創業家，標準都根據這套樣板訂定。新興的創業學院和智庫眼裡幾乎只有這種模式。大專院校和政府紛紛成立孵化器和創新園區，空間都採用同樣的開放式裝潢和配色，還有你在灣區新創公司會看到的外露式梁柱，而且會傾全機構之力，確保一切準備好在媒體發表會

（Demo Day）上大放異彩——這是新創界的選美大會，創業家在場中一個接一個走上舞台，傾全力說服滿屋子的投資人和記者：他們的創業靈感將在五分鐘內翻轉世界。

矽谷新創神話最推崇的就是草創期的作為，在那以後的事都沒那麼重要。學校課程將創業視為開公司的一連串程序，靠外部投資籌措營運資本，並盡可能迅速擴張到最大規模。至於其他類型的創業活動，諸如享活企業（lifestyle business）或成長緩慢且由老闆自行出資的公司，這類課程就算沒有絕口不提，也鮮少討論。爾夫・果斯貝克（Irv Grousebeck）在一九八五年為史丹佛成立了商學研究院創業研究中心（Graduate School of Business Center for Entrepreneurial Studies），本身也經商有成，是波士頓職籃塞爾提克隊的老闆。我請教他，對於科技業以外的創業活動來說，新創公司這種典範是不是太狹隘了？

「絕對是，」他說。「但那不是我們造成的後果，不是我們該負責的事。」史丹佛商學研究院栽培全球頂尖的商管碩士，儘管該校財大勢大，教學資源和時間還是有其極限。他們非設限不可，指導對象也不包括「接手媽媽開的服飾店」的人，果斯貝克不以為然地說。史丹佛不是在向來學創業的人推銷特定某樣東西，既不是某種典範，也不是某路思想或某種配方。他們的校友在三百六十五行創業，從熊彼得那種創新顛覆科技業的神人到冰淇淋公司都有。他說：「我又不是在印第安納州教成本會計，我是在矽谷教創業。你在這裡隨便施展兩下身手都會成為英雄豪傑！處在這個環境必然如此。」

那個星期我都在採訪史丹佛師生，很多人鄭重強調，還在學就積極開公司的學生其實很少，可能不到五％。不過這類學生光環耀眼，加上校方的渲染和吹捧，讓人有種創業的在學學生多得不得了的錯覺。齊澤威說：「對啦，盲目崇拜應該是很大一個因素，不過矽谷產學界在這裡根本就如膠似漆了啊。」他們的教授經常吹噓自己開公司的豐功偉業，儘管聽來總是過分誇大，彷彿在辯解自己為何有資格來教書。齊澤威說：「這裡有些科系聞名世界（例如全球排名第一的史丹佛心理系），本校學生卻看不起，還會嘲笑。」史丹佛人文與科學學院院長黛柏拉．薩茲（Debra Satz）也有同感，她向我提到人文科系的入學人數逐年下滑，「因為這些科系跟創業沾不上邊」，不像商學、工程或計算機科學。

在史丹佛，學校、工作和師生間的界限早已模糊難辨。學生經常與教授合資開公司，聘請老師擔任支薪的董事會顧問。許多帕羅奧圖的創投公司會派學生「探子」在校園辦免費吃吃喝喝的活動，有時還請崔佛．諾亞（Trevor Noah）這類知名喜劇演員表演助興，就為了嗅出哪個同學是投資潛力股。創投家要是覺得哪個學生創業家前景可期，有時還會出錢請他們週末搭飛機到拉斯維加斯狂歡。齊澤威和阿格瓦盡量不混淆Scheme的工作和創業以外的校園生活，但在所難免。阿格瓦說：「創業有種上癮的感覺，有人就靠這過日子。有時這種感覺是你唯一的社交動力。」

我去史丹佛採訪他們的幾個月前，阿格瓦和齊澤威已經在討論怎麼為Scheme募資。首先，他們要從天使投資人募得種子基金建立公司平台，爭取初期顧客的肯定，再憑這向創投家爭取下一輪資金。他們不乏朋友、教授和業師（目前他們已找到兩名共同創辦人，一個住在史丹佛附近，另一個在中國）將他們引薦給創投家，不過他們還是想慢慢來，穩扎穩打。我指出Scheme還不算真正的公司，既沒有顧客或用戶，也還沒有營收。其實，該收客戶多少錢又要從何時開始收錢，他們一點頭緒也沒有。最重要的是有創業靈感，然後為它募資。

我們過了一個月再度訪談時，齊澤威和阿格瓦為了正式啟運公司在設法募集五萬美元。又過了一個月，他們已經在向創投家提案，還找了個資深創投家當顧問，而他給的建議很典型：他們得說明如何獲得客戶，並證明自己的推想無誤，更重要的是他們得把格局放大——不只盯著史丹佛和新創公司的實習機會，更要放眼一個可能價值數十億的市場。所以他們告訴投資人，美國有數以百萬計的公司願意付錢簡化實習生招聘流程，而且這事關幾百萬名學生，所以這門生意有年收一億美元的潛力。這一切都是基於最樂觀的可能情況做的假設。他們大三開學幾週後，我又在帕羅奧圖與他們碰面，那時Scheme還是只為一名學生媒合到實習工作。

創投家與創業家的遊戲：推高估值或是騙局一場？

創業資本和創業投資家是新創公司神話的核心，也是這則神話最有問題的地方之一。在科技業，靠創投家資助的創業模式變得如此主流，其他產業（食品、零售、消費性商品）也有愈來愈多人起而仿效，創業所用的語言、方法和衡量標準也向創投家想看到的狹隘模版靠攏，逐漸變得整齊劃一。對創投家來說，募資就是一切。這是產出經濟成果的手段，也是衡量成功的標準。募資就是業界、媒體、競爭對手和顧客想看到的肯定。在矽谷和仿效矽谷的世界裡，比起創業真正要做的生意或科技，更多人討論的是募資（「我們在募資，你也是嗎？你要募多少？已經募到多少？跟誰募？你們公司估值多少？」）對踏上這條路的創業家來說，他們花在募資的時間往往遠高於實際建立那家公司的時間，也就是他們募資的初衷。

布萊斯．羅伯茲（Bryce Roberts）說：「靠金主投資的創業模式是創業最完美的極樂點（bliss point）：大筆資金湧入，有個展演抱負的舞台，自尊心也獲得肯定，加上我們對特定一種創業家的英雄崇拜——一切都在這個極樂點集大成。」這也是最後一輪募資估值的意義所在。羅伯茲是創業投資家，鹽湖城獨立創投基金公司（Indie VC）和歐萊禮阿爾發科技創投公司（O'Reilly AlphaTech）的老闆。「這就像高糖效應，募資是創業圈的垃圾食物，快感很快就會消退。」

羅伯茲認為，問題在於新公司是否會成功，募資金額其實是很差勁的指標，科技業內逐漸滋長的懷疑聲浪（含許多現任和前任創投家在內）也有同感。公司是否運作良好又會帶來多少收入和盈利，跟募資金額並沒有關係。募資只關乎創辦人有多大本事說服別人掏腰包，有種龐氏騙局的味道。創業家募得愈多資金，公司估值愈高，從而幫創投公司從他們自己的投資人募得更多款項，回過頭來刺激創業家再募更多資金來推高公司估值，以期增加創投資本的回報。Theranos既沒生出任何可行產品也沒賺到一塊錢，就募得了七億美元，公司估值還高達一百億美元。不過大家不只覺得理所當然，還讚嘆Theranos募資真是太成功了，直到後來被踢爆是騙局一場。二〇一九年預計將有十幾家頂級獨角獸公司（即估值超過十億美元）公開上市募股，不過其中只有一家賺了錢。那既不是優步或Lyft，也不是WeWork、Spotify、Snap或Dropbox。這些公司的虧損一家比一家嚴重，卻被捧為一整個世代最成功的商業楷模。這就是我們推崇的創業神話，也是創投家在其中舉足輕重造成的根本問題。

提姆．歐萊禮（Tim O'Reilly）說：「你的顧客如果是創投家，你要推銷的就是你認為有利可圖的商業計畫。」歐萊禮是矽谷知名的創業家、投資人和作家，而他預期，矽谷新創模式荒誕的神話要是繼續流傳，這種怪現象只會每況愈下：想創業只能向投資人募資，募到資金就算成功，公司沒賺錢也沒關係，有退場的後路就好。「長此以往不會有好結果。」

創業家要是想發展先進的概念和科技，且要耕耘多年才會有成績，例如微晶片設計或治療癌症的生物科技，那麼外部創投資本仍是不可或缺的支援。問題在於，創投已然成為一種遊戲，你得學會怎麼玩。你有機會免費籌得資金，最後公司既可能成功，也可能失敗，然後一再重複這個過程。創投遊戲的要義與其說是熱情，不如說是算計。創業家和創投家會花六個月追逐某種趨勢，接著又換下一個。Juicero這類公司就是這麼來的，該公司製造一款天價果汁機，基本上只是把現成的盒裝果汁擠進杯子（在四年間募得一億兩千萬美元）。無數互相抄襲的創業提案競逐同一批創投家的資金，從餐點調理組宅配、社群媒體平台，到電動滑板車和智慧手錶，後來也都不了了之。這些創業家只投入短期心力，反正投資人也只想炒短線。這是機械重複、沒有靈魂的創業。

羅伊・巴哈特（Roy Bahat）說：「『起手式』成了最重要的技能。」他是彭博金融資訊集團的創投子公司彭博貝塔（Bloomberg Beta）的總經理。選定市場區塊，注入大筆資金，盡快穩居獨占地位。一言以蔽之，就是搶先占地為王的概念。「矽谷的招牌技能表面看來是科技，其實高速成長才是王道。」而且是無視分寸、不顧後果的成長。

回歸踏實：創業家的初心與創業的意義

世人對矽谷新創神話一片熱烈擁戴，鮮少正視這些後果，然而任憑這則神話主導創業文化之所以令我感到不妥，癥結正是這些後果。第一個後果是創業家的初心裡最根本的獨立自主。傑森・福萊德（Jason Fried）就問：「要是不能為自己工作，創業還有什麼意思？」他是芝加哥網頁開發軟體公司Basecamp的執行長，著有《工作大解放》（*Rework*）等多本暢銷商管書。「從你跟別人拿錢的那一刻起，你就在為對方工作。」Basecamp是私營企業，財務穩健（根據福萊德，他們每年有數千萬美元盈利），也有創新發明（開發出一流的網頁設計框架Ruby on Rails），卻沒拿創投家一毛錢就辦到。福萊德說：「我們自己賺自己用的錢，為產品定價出售，大家也花錢買單。」他發現自己竟然被視為異數，簡直不可置信，因為他的公司一點也不特別，跟全球經濟市場中絕大多數的企業其實沒有兩樣。盡自己的職責，拿應得的報酬，不去想下一輪募資或何時退場。

第二個問題是矽谷新創公司模式的嚴重不平等。創投基金大多流向白人、男性、讀史丹佛或哈佛的創辦人，原因恐怕也不令人意外。美國的創投家多半也是史丹佛或哈佛的白人男校友，出身同一產業，奉行同一套遊戲規則，也獎勵同一種行為。二〇一八年，女性創業家只拿到該年度創投基金的二．二％，少數族裔創業家拿到的也差不多是這個比例。絕大部分的創投基金湧向舊金山灣區的公司，其次是紐約、波士頓和寥寥幾個別的城市。就連微軟和亞馬遜總部所在的西雅圖，在二〇一七年都只分到區區二％的創投基金。矽谷科技業超愛批評東岸菁英階級，卻又把自己改造成更強大、更不平等的菁英，只是把布克兄弟（Brooks Brothers）西裝換成巴塔哥尼亞背心而已。

第三，「鹹魚翻身」是新創神話的主旨，然而這就跟愛爾傑的小說一樣與現實脫節。現實是，如果真要打開天窗說亮話，矽谷很多新創公司的創辦人才不是白手起家。很多人之所以插足新創事業，不外乎這是條相對安全的登頂之路，也是富上加富的捷徑。要是搞砸了，損失的錢主要都是投資人的，創辦人的個人財富鮮少受到波及。沒人會落得無家可歸。他們的創業冒險將成為傳奇，佐證他們有「向上失敗」的美德，把新創公司寫上履歷很好看，手握長春藤名校學歷更不愁找不著別的頭路。就連齊澤威和阿格瓦也不例外，他們已經確定隔年夏天會分別到高盛集團（Goldman Sachs）和埃森哲（Accenture）做有薪實習，為Scheme無法順利啟運留個後路。

阿格瓦承認：「就算創業失敗害我們的履歷不好看，也不會怎樣。」他和齊澤威以史丹佛學生的身分創辦Scheme，風險是比較低。「這根本不是公平競爭的地方。」當樊蘊明勸台下幾百個滿懷希望的史丹佛創業家跳脫體制、作自己想做的事、不要順從規則，齊澤威聽了不敢置信地搖頭：「沒有超級雄厚的身家，哪能那麼做啊。」

阿格瓦說：「每個創投家都說：『跟家人朋友募種子輪基金。』怎麼說呢，除非家人朋友很有錢，你才募得到啊！」為了建立Scheme的平台，他們倆已經自掏腰包四千美元（靠著當辯論教練、家教、暑期打工賺來的），也隨著支出成長愈來愈擔憂，畢竟公司好像還要再過好幾個月才會開始進帳。雖然如此，他們還是不會有什麼大礙。

還有一個問題，就是創投基金不成比例的影響力和被灌水的重要性。拿到創投基金的創業家雖然有神話光環加身，實際上極其罕見。以二〇一八年為例，創投家針對美國公司行號做了大約九千筆投資，聽起來很多，那是因為你還不知道這數字多麼微不足道。不論在何時採計，美國營運中的公司行號都有超過三千萬家，而美國的創投資金（投資草創期或成立較久的新創公司都算）只占國內生產毛額不到〇．五％——九牛一毛而已。這個占比在其他國家還更低。

二〇一七年，北卡羅來納大學教堂山分校（UNC Chapel Hill）的社會學教授霍華．艾德里奇（Howard Aldrich）和杜克大學的馬丁．呂夫（Martin Ruef）共同發表一篇論文，顯示美國僅有遠不到一％的公司拿到創投基金，其中在股市公開上市的又更少，不過從一九九〇年代至今，針對這兩個主題所發表的論文數量卻巨幅成長，某些創業研究期刊刊載的論文還有近一半是相關主題。

艾德里奇和呂夫寫道：「在學術界，研究的時間和經費都是有限資源，然而我們花太多心血鑽研少數幾個高成長或公開募股的新創公司，至於那些數以百萬計、在一旁掙扎求存的新創公司，我們投入的心血卻遠遠不足。」如此失衡已嚴重偏離現實。

艾德里奇拿這個現象與生物學界相比擬，並問道，如果每年發表的生物學論文有一半都以大象為題，無視其餘九十九．九％組成地球生物多樣性的物種——螞蟻、跳蚤，浮游生物和微生物——會有什麼後果？「推舉這類公司為創業典範，實在大為不智。」艾德里奇說。

二〇一三年，非營利組織考夫曼基金會（Kauffman Foundation，美國最致力推廣創業教育、倡議和創投的組織）發表了一篇報告，指出我們正在傳授與推廣的創業典範（新創公司神話）逐漸與現實脫節，這造成怎樣的危機。該報告的作者群寫道：「教育人士擔憂，創業研究將成功限定於新創公司與創投基金，而非以增進生活福祉來衡量，或許已過度限縮該學門的使命與形象，到了既無必要也不值得期許的程度。」簡而言之，這份報告在呼籲世人回歸創業家的初心。

我在科技新創界和創業學界做訪談的那一年，聽見一股愈來愈強大的聲音，其中不乏經驗老到的創辦人、教授，甚至知名的創投家，他們也開始質疑矽谷的新創神話和它持續推廣的典範，以及那種典範造成的問題。有些人投入實驗用不一樣的方式開公司，例如有別於創投基金的融資模式，為技能和出身都更多元的創業家開闢空間。

瑪拉．澤佩達（Mara Zepeda）說：「商業模式就是一種表態。」她是社群軟體平台「創業接線站」

(Switchboard)的老闆，在二〇一七年發起「斑馬聯合運動」(Zebras Unite)，成員主要是女性或少數族群的科技公司創辦人，宗旨是推廣有別於矽谷新創神話樣板的創業活動。「如果新創文化重視高速成長、退場和獲利勝過一切，那麼某些特質就會升格成一種文化，像是英雄崇拜、零和遊戲精神、民主弱化，而且會像癌細胞一樣反覆倍增。」

找上澤佩達的公司創辦人都認為，創業的意義比那種狹隘的文化豐富得多。他們認為創業在本質上是很貼近個人的事，也遠更為多采多姿，不論創業家的出身背景或職涯歷程皆是如此。我在自己身上看到的就是這種創業，接下來我也會走出矽谷，調查這些不同的創業活動。

其實，當我看著阿格瓦和齊澤如何建立Scheme、又奮力應對新事業帶來的一個比一個更棘手的問題，我看到的也是這種更饒負意義的創業。一整個暑假，齊澤威和阿格瓦沒完沒了地向舊金山和矽谷的創投家提案，結果兩人都對新創神話允諾的未來益發質疑。跟他們談過的創投家，態度都反覆無常。他們可能在某天與一位投資人見面，對方馬上說Scheme不可能成功，然而過了六個月，同一個人卻主動問他們進度如何，然後又接連數月音訊全無。這些創投家彷彿在亂槍打鳥，一時興起就競逐某些交易，Scheme究竟會是怎樣一家公司，他們並不真正了解。

「我想這個地方的心態就會帶來這種問題，」有天下午我們在空堂時間喝咖啡，齊澤威對我這麼說。「資金就是肯定，可是資金不會保證你的產品可行，只是證明有人跟你打交道很愉快。我們發現，投資人會猶豫要不要把錢投入產品還不確定可行的公司，這也是應該的。」

「這讓我們回歸踏實，」阿格瓦說，「基本上我們已經決定在產品上市前不募資了。我們要集中心力確實拉到客戶。」

原本只是生活中的受挫經驗，卻帶來創業靈感，又發展成一家公司，把兩個剛成年不久的人推進創業的世界。在投入創業這幾個月期間，他們學到太多事了：如何建立資料庫並撰寫商業計畫書、向投資人提案、作市場調查、與朋友和陌生人合作。他們放棄了睡眠、派對，以及青春人生最後幾個真正自由的年頭，追求一個比個人更遠大的目標，而且這不全然是為了彩虹盡頭的黃金（因為老實說，他們自己都不確定那裡有黃金），而是別的——為Scheme攜手打拚帶來的更深刻的友誼，他們想為學生和顧客提供的價值，還有新創公司賦予人生的新使命感。他們這番經驗刻畫出創業的一個精髓：創業真正重要的是實踐這個計畫的人，他們建立的關係，他們走過的掙扎。因為新創神話的浪漫傳奇，加上在他們身邊打轉的資金洪流，害人很難看清這一點，或是很難長久專注於這一點。但時不時，齊澤威和阿格瓦似乎還是有所感悟。

那個學年快結束時，他們從一位創投家拿到第一張支票。或許這是無可避免的發展。他們浸淫的文化迫使他們這麼做，能握有實在的資金也教人難以推卻。最終，這實在難以定論：將來他們會後悔賣出公司的部分股權嗎？又或許，他們就是矽谷下一批英雄豪傑？無論如何，創辦Scheme都讓他們有了創業初體驗：振奮人心、社交圈大開、充滿樂趣又要投入全副精力。他們知道前方有何險阻，依然執意向前。他們嚐到了創業的滋味，這下再也沒有回頭路。

第二部

人生創業才開始

第二章　重頭來過：移民創業

二〇一七年初夏，我走在多倫多自家附近，看到一塊我早有預感會出現的鮮黃色招牌：「即將開幕：蘇菲小館，來自敘利亞的愛」。自從加拿大在二〇一六年初開放敘利亞難民入境，我就覺得我的老家遲早會有一波敘利亞餐飲業的開店潮。這群新興的敘利亞移民創業家漸成氣候，蘇菲小館是雨後第一枝春筍。

像多倫多這樣的城市有超過一半居民在外國出生，移民創業是勢所必然，尤其是他們聚居的街坊。艾格靈頓西街區（Eglinton west）就林立著克難裝潢的廉價男士理髮廳和牙買加小店，人行道上瀰漫著煙燻烤雞的油煙香。賓頓市（Brampton）有些二戰後建立的小型購物商場雖已老舊不堪，旁遮普首飾店、甜點店、五彩繽紛的廉價布店依然比鄰而立。在密西沙加市（Mississauga），不起眼的樓房藏著熱氣蒸騰的俄式桑拿室；蓟鎮區（Thistletown）有個小角落被數家東非肉舖盤據；還有萬錦市（Markham）的巨型華人複合商場，從手工拉麵、毛澤東文集，到公寓和高級轎車無所不賣，這還只是該市六個中國城之一。

我走出家門會經過的第一家店是間水果行，老闆是個中國家庭，水果行隔壁則是韓國家庭開的壽司餐廳。我家這一區的官方稱呼是「小義大利」（Little Italy），不過在此之前是猶太人聚居的地方，現在又以葡萄牙移民為大宗。每個族群都在本地的商業版圖留下痕跡，例如這裡有家「恩典肉舖」

（Grace Meats），販賣新鮮溫熱的瑞可塔乳酪、辣味寇帕沙拉米火腿、但也有猶太人的薯餅和哈拉麵包。我今天剛發現，圖書館旁原本有家法式小館，現在成了委內瑞拉咖啡店，兼賣智利恩潘納達餡餅。這些還只是有店面的商家，我還沒提到幫我們家做櫥櫃的波蘭木工，離我家十戶遠那個來自阿姆斯特丹的不動產投資人，住轉角的紐約人則開了一家業績蒸蒸日上的軟體新創公司。

如果說矽谷創業家致力於新創，那麼移民創業家就是決意重生了。移民訣別家鄉、過去和親友，放下職涯和聲譽、事業和資產，換一個從頭來過的機會。

移民創業家自有一套英雄神話，尤其是在北美。美國約翰・甘迺迪總統遇刺身亡不久前在演講中說：「過去曾有四千萬先民離開他國、放下他方熟悉的環境，來到美國這片土地建立新的生活，為自己和孩子搏一個新的契機。想到我們是這群人的後代，身為這個偉大共和國的國民實是光榮的殊遇。這是我國兩百年來所代表的意義，未來也將持守這項傳統。」

政治人物來來去去，對移民的態度也反覆不定，未必如此正面，畢竟美加兩國數百年來歡迎過某些移民（歐洲基督徒），但也排斥過另一些（猶太人、深膚色族裔、亞洲人）。近年美國和許多西方國家興起醜惡的排外主義，加拿大也不例外，然而圍繞著移民創業家最根本的神話依然盛行不衰。

美國如同其他富裕國家，移民往往比本地人更傾向創業。二〇一六年，芬蘭裔勞工經濟學家莎麗・沛卡拉・克爾（Sari Pekkala Kerr）和她身為商學教授的丈夫威廉・克爾（William Kerr）為美國全國經濟研究所（National Bureau of Economic Research）發表了一篇論文，試著將這種現象加以量化。他們發現，移民雖然只占美國人口的十五%，在創業人數的占比卻大幅成長，從一九九五年的十七%到二〇一二年的二十八%。在加拿大，就統計看來，移民創業家的人數跟本土創業家相去不遠。移民創業的成功或失敗率都沒有高於平均，而且遍及各行各業，從不具法人資格的一人家居清潔或園藝服務，到自卸卡車車隊、經手數千億美元投資基金等科層複雜的企業都有。去年加拿大統計局（Statistics Canada）的一項研究顯示，移民主持的公司只占全國公司行號的十七%，開出的工作卻占私部門新職缺淨額的二十五%。

每當我們討論移民創業家，往往都在檢視他們帶來多少經濟產值，不過我之所以對他們感興趣，原因遠不只是與土生土長的創業家相較，他們賺了多少錢、又能創造多少職缺。對我來說，移民創業家代表所有創業家內心深處最根本的希望，也就是無論個人有怎樣的過去，都能透過一門事業建立新的生活、新的身分。創業家永遠可以重新來過。

敘利亞移民創業家：美味就是起點

二〇一一年春天，敘利亞剛爆發幾場反對巴沙爾・阿塞德（Bashar al-Assad）獨裁統治的抗議，旋即陷入血腥又複雜的內戰。舉國分崩離析，城市化為廢墟，超過五十萬人喪生，傷者更不計其數，還有超過五百萬名敘利亞人被迫出逃海外。二〇一五年九月，一艘滿載敘利亞難民的橡皮艇在愛琴海翻覆，三歲大的男孩艾蘭・庫迪（Alan Kurdi）不幸喪生，他軟癱的遺體被沖上土耳其海灘，又由一名攝影師拍了下來。這張照片立刻成為他們所受苦難的鮮明象徵，也促使多國政府開放敘利亞難民移民入境，德國與其他歐洲國家都不落人後。

二〇一五年秋天，加拿大總理賈斯汀・杜魯道（Justin Trudeau）和他所屬的自由黨上臺執政，很快為達成競選承諾採取行動，接收大批尋求庇護的敘利亞人。政府派專員到難民營審核簽證申請，設立專案讓個人與社會團體以民間身分資助敘利亞人（我上的猶太會堂就資助了一個家庭，有些朋友也共襄盛舉），並誓言在該年底前協助兩萬五千名敘利亞人在加拿大重新安置。二〇一六年初，第一批敘利亞人在加拿大各地機場降落，杜魯道親自到場迎接他們來到新家園。他們很快成為社會矚目的焦點，有好幾個星期，晚間新聞總以敘利亞兒童嘗試溜冰的影片作為收播畫面。

過了幾個月，川普選總統不再只是引人側目的餘興節目，他還真的入主了白宮，加拿大接受敘利亞移民的舉措更顯得別具意義。川普曾誓言全面禁止外籍穆斯林入境美國，並立即大砍所有類別的移民申請。在美國重新安置的難民人數從世界前幾名掉到倒數幾名，二〇一九年僅略多於一萬八千人，是一九七七年以來的最低點。又因為川普禁止以穆斯林為主的國家的移民，其中的敘利亞人更是屈指可數。

到了二〇一九年初，已有超過六萬名敘利亞人在加拿大重新安置，其中必然有人很快走上創業這條路。對加拿大的敘利亞移民來說，創業不只是為了求溫飽，也是邁入新生活的墊腳石，而這件事要能成真，端視他們擁有怎樣的文化、技能和資源，還有最不可或缺的，就是希望。

蘇菲小館在二〇一七年八月開張，空間雖小但採光明亮，上掀式窗戶能向皇后街（Queen Street）熙來攘往的人行道敞開，內部裝潢特別為了上Instagram好看而設計、有地鐵站風格的白磁磚，增豔的敘利亞市集老照片，菜單寫在黑板上，還有精挑細選的小擺設，例如樂器、土耳其紅毯帽、盆栽，土耳其咖啡壺和家庭照。在夏末的空氣中，整間店飄散著酵母，鹽膚木和中東綜合香料的氣味。我在餐廳開張前從窗戶上看到的標語「來自敘利亞的愛」，如今大大寫在菜單告示板邊緣，餐廳大門、外帶菜單和員工穿的鮮黃色T恤也都印著這句話，又加上愛心圖案強調。

蘇菲小館走簡餐路線：菜色選擇不多且適合外帶，內用只有少少幾張餐桌，沒有隨桌服務。一個小夥子蓄著蓬亂的落腮鬍，多倫多藍鳥隊的棒球帽底下壓著一頭超濃密的髮絲，目光出神地飄向濃縮咖啡機後方某處。有個女孩子一臉開朗的笑容向我迎來：「嗨，歡迎光臨蘇菲小館，我是賈拉。」原來是他妹妹。

賈拉．艾蘇菲才二十三歲，一年前剛從多倫多大學拿到建築和心理學位。她在二〇一二年以學生簽證入境，三年後，她的兩個兄弟和雙親也來到加拿大。艾蘇菲一家並非難民，他們出身敘利亞的大馬士革和荷姆斯（Homs），但從一九九五年起長居沙烏地阿拉伯的吉達市（Jedda）。賈拉的父親胡桑（Husam）是土木工程師，在當地紅海海濱經營一個他持有部分產權的海灘度假村。他太太莎娜茲．貝瑞達（Shahnaz Beirekdar）雖然有平面設計師和社工的學經歷，已經十年沒工作過了，一來是因為沙烏地阿拉伯對女性的傳統觀感，二來是他們在當地過得養尊處優（開高級名車、有人幫傭、參加私人俱樂部，還擁有一艘遊艇），不勞她出去賺錢。賈拉、哥哥阿萊（Alaa，還是楞楞盯著咖啡機後方某處）和還在念中學的弟弟大半童年都在沙烏地阿拉伯度過，但暑假還是會回大馬士革和荷姆斯跟親戚團聚。

自從內戰開打，艾蘇菲全家再也沒回過敘利亞，不過國內衝突使得他們在沙烏地阿拉伯處境飄搖。雖然胡桑在當地工作了二十年，他們還是不可能成為沙烏地公民，這也表示理論上他們隨時可能被遣返敘利亞。後來胡桑獲准以技術移民的身分入境加拿大，一等全家抵達多倫多，他就說要投入本地火熱的房地產市場，買下住宅翻新轉售。胡桑說他們家持有吉達那家公司的部分產權，只要合夥人移交資產，他們投資房市的資金馬上就到位了。只不過，這件事從未發生。

賈拉說：「我爸一搬過來，他的合夥人就背刺他，拒絕交出他的公司分額。」又因為外國人在沙國僅有薄弱的權利，所以胡桑也無能為力。

這家人的選擇有限。加拿大不承認胡桑在敘利亞拿的工程學位，莎娜茲還在學英語。賈拉眼看父親對沙國合夥人愈來愈無可奈何，他們的存款也逐漸見底。雖然她已申請到碩士學程，還是跟父母討論起開餐廳的主意。多倫多已經有幾百家黎巴嫩炸豆餅店、以色列餐廳、阿富汗烘焙坊和其他中東食肆，卻還不見敘利亞菜的蹤影。大量湧入的敘利亞人不只提升了該國文化在多倫多的能見度，隨著潛在客戶每天不斷抵達機場，這個市場也在興起。他們自己不就把對家鄉菜的思念掛在嘴邊？他們不是老是對偶然發現的馬納基什麵餅、走味的庫納法乳酪甜糕大失所望嗎？

賈拉說：「我們發現市面上沒有以敘利亞為號召的餐廳，就想主打敘利亞菜，這埋沒在泛泛的『中東菜』的陰影裡了。我們這家餐廳絕對只做敘利亞菜。」而且他們能全家一起做！莎娜茲燒得一手好菜，能開發食譜，胡桑懂餐旅業，一直以來其實都想開餐廳，阿萊親切大方，能接待客人，賈拉則對行銷感興趣。他們要是開餐廳就不會再關在家裡，說不定還會發展成連鎖店。一定很有意思！

「有何不可？」胡桑回憶他當初覺得這也沒什麼不好；在餐廳後方的露台上，他菸一根接一根地抽。「至少在我拿到沙烏地阿拉伯那筆錢之前，這不失為一條路。」

他們找上一位房地產仲介（恰好是我舅子），想在時髦的聖三一貝爾伍德區（Trinity Bellwoods）找個店面。那一帶租金高昂，不過賈拉不想在遠離市中心的小商場開餐廳、跟其他阿拉伯裔移民開的店混雜在一起。她說：「我們不是只想招攬敘利亞或中東的客人，而是想在市中心的鬧區設點，跟來自世界各地的人分享敘利亞的文化和氣氛。」

餐廳開張前那幾個月，胡桑會一早七點就在家裡走來走去，大喊：「起床啦，姓艾蘇菲的！該捲起袖子幹活了！」賈拉找大學同學做室內設計，全家每個人都參與施工，接連幾個月每天工作十五小時。他們雖然疲憊不堪，卻也振奮不已。莎娜茲說：「這可不容易。」尤其與他們之前在沙國安逸的生活相較。不過她對全家人至今的成績無比自豪。「我在這裡什麼事都參一腳，」她微笑著說，賈拉從旁翻譯。「不過我很快樂。」

蘇菲小館主打敘利亞最經典的兩種街頭小吃：現烤的馬納基什麵餅，上面會堆各色餡料，像是香辣牛肉泥，或是哈魯米乳酪碎佐鹽膚木檸檬煨菠菜。還有庫納法乳酪甜糕，這是一種溫熱的甜點，酥皮絲裡夾著會牽絲的乳酪餡，用糖漿浸過並以玫瑰水增香。莎娜茲根據家傳手藝、老食譜，加上看YouTube自學，打造出餐廳的食譜。賈拉還開發出一款素食的庫納法，命名為「芭納法」，食材是椰子焦糖、香蕉和中東芝麻醬，靈感來自她愛吃的香蕉太妃派——這是一九七〇年代流行的甜點，英文名字「banoffee pie」就是「香蕉」(banana)和「太妃糖」(toffee)的混成詞。艾蘇菲一家也雇用年輕的敘利亞難民當廚師。

多倫多的老饕對這一波敘利亞餐廳開店潮企盼已久，他們會上皇冠烘焙坊(Crown Pastries)解饞，搶先見識敘利亞菜大概是怎樣一番風味。這家小店是近年率先開張的敘利亞餐飲業者之一，位於本市東郊士嘉堡區(Scarborough)一家小型商場，夾在賽百味(Subway)和一家清真牛肉起司三明治店之間。自二〇一五年開張以來，皇冠屢屢獲評為本市品嚐敘利亞甜點的最佳去處。客人一進店，映入眼簾的就是精緻美觀的糕點，擺得整間店都是：大大小小、造型各異的果仁蜜餅成堆展示，雪茄造形的疊得像小木屋，三角形的疊成金字塔；麵絲捲餅中央鑲著整顆開心果，有如托著蛋的鳥巢；夾著卡式達內餡的小麥布丁，「哈拉威吉本」（halawi jibben）乳酪甜餡餅；還有巧克力馬芙克（mafroukeh），這是濃郁的巧克力布朗尼，表面密密敷了一層開心果、杏仁和腰果。

皇冠烘焙坊的老闆是拉蘇・艾薩哈（Rasoul Alsalha）和以實邁・艾薩哈（Ismail Alsalha），一對來自阿勒頗（Aleppo）的兄弟；我認識他們的時候敘利亞內戰正熾，阿勒頗全城化為斷垣殘壁。他們的祖父在一九八〇年開了「賈麥糕點舖」（Jamal），從前拉蘇就在那裡工作，學會了一手撖千層薄酥皮，抓奶油、核果和甜度恰當比例的精妙工夫。他告訴我：「這是做敘利亞果仁蜜餅的關鍵，你應該要吃得出奶油和核果的味道，不像黎巴嫩或希臘的果仁蜜餅加那麼多糖漿、那麼甜。」二〇〇八年，他們的祖父過世，叔叔接手家族的糕點舖，於是拉蘇決定另起爐灶。

「我想要自己的店，」他這麼告訴我的時候，雙臂習慣地當胸交疊。皇冠狹小的店面只擺了少少幾張桌子，我們就著其中一張作訪談。「這是我的夢想：開一家烘焙坊。」拉蘇留著一臉鬍渣，還有一對黑色濃眉，頭髮理得很短，從強壯的雙臂看得出來他常跟麵糰打交道，舉手投足文靜而矜持。二〇〇八年夏天在敘利亞，拉蘇跟朋友合開了最初的皇冠烘焙坊，店址位於阿勒頗老城區的中心地帶。他為這家店投資了兩萬美元，那時他才二十一歲。生意還不錯，但阿勒頗不缺他這一家賣果仁蜜餅的，所以很難吸引顧客注意。

當時以實邁十九歲，在倫敦念書，結果家裡出了事，不過兄弟倆都不願透露究竟發生了什麼事。雖然內戰還要再過兩年才爆發，但不論他們遇上什麼危難，都嚴重到足以教全家在兩週內搭上飛往多倫多的班機，在加拿大申請難民居留。以實邁說：「我們只想在國外找個安全的地方落腳。」

他的笑容開朗，比哥哥略高一點，留著側面削短的髮型。除了拉蘇口袋裡一張二十元鈔票，他們抵達加拿大時什麼也沒帶。阿勒頗那家烘焙坊留給拉蘇的合夥人經營。「這是沉痛的打擊，」我問拉蘇在一夜間拋下皇冠烘焙坊是什麼感覺，他這麼說，「因為那是我在打造的夢想。」以實邁一到加拿大馬上進社區大學唸餐旅科，拉蘇在一家黎巴嫩烘焙坊找到一份工作養家。

「不到一個星期，我就有預感。」拉蘇說。他知道他一定會在多倫多重啟皇冠烘焙坊。不過他有一年時間絕口不提，就連對以實邁也沒說。他只是埋頭苦幹，每天清晨五點起床，搭單程兩小時的公共運輸去上班，整天擀薄酥皮、刷調料、摺麵皮、做烘焙，只領最低薪資，然後又搭車回家，匆匆吃個飯就在精疲力竭和沮喪中入睡。他說：「我知道我有怎樣的手藝，工作也認真，薪水卻低得不公道。」

有人跟拉蘇說，他得存幾年甚至幾十年的錢才能開店買房定下來，但他實在忍無可忍。內戰毀了他的過去。「我們從前認識的人不是遇害就是搬走了，」拉蘇告訴我。阿勒頗的皇冠烘焙坊也人去樓空，成了廢墟。他別無選擇，只能從頭再圓一次夢。二〇一五年，他存到兩萬五千美元，再用信用卡貸了兩萬五千美元，與以實邁在多倫多重啟皇冠烘焙坊。店面盡可能忠實復刻原址，從櫃位的陳設、店門口的馬賽克磁磚，還有金色皇冠商標都原汁原味重現。

我問艾薩哈兄弟，為了開店賭上在多倫多建立的清寒生活，是什麼感覺？「感覺太棒了，」拉蘇說。「好像夢想開始成真。」以實邁看著哥哥的眼神簡直像怒瞪，他提醒拉蘇別忘了最初幾個月的壓力有多大：每晚睡三小時，要搞定各種許可和工程，還有無止盡的開銷和難關。「開一家店，就是把你的過去、未來、積蓄和信用全押在同一個地方，」拉蘇說，並伸出雙手往整間小烘焙坊一揮。「你全部的人生。感覺很恐怖。全在這裡了。」

「這家店就像我們生的寶寶，」以實邁邊說邊拍拍哥哥的肩膀。「感覺好像我們家的一分子。」皇冠烘焙坊不是唯一一家在加拿大重生的敘利亞餐飲公司。一九八六年在大馬士革，伊珊．海哈德（Isam Hadhad）在自家廚房創立了海哈德巧克力（Hadhad Chocolates），後來成長為中東規模數一數二的巧克力製造商。二〇〇二年，海哈德啟用一座巨型工廠，以因應國外市場（含歐洲在內）不斷成長的需求。不過到了二〇一二年九月，這間工廠被敘利亞政府發動的空襲炸毀，營運驟然畫下句點。轟炸沒有造成人員傷亡（他們恰好在幾分鐘前收工），不過生意還是毀於一旦。

伊珊的兒子塔瑞克（Tareq）是受過正規訓練的醫師，他說：「戰爭把一切全毀了，才不會分辨它波及的是敵我哪一方。」這家人在轟炸事件過後又在大馬士革待了六個月，感覺好像「滄海游魚」，不知何去何從。這家人的一切都在敘利亞：他們的過去、同胞，投資和生活。「那時我們覺得這是我們的土地、我們的國家，戰爭很快就會結束，」塔瑞克說。「我們盡可能留在敘利亞了。」一天，塔瑞克和弟弟在走回家的路上，一枚飛彈擊中了距他們不遠的地方。兩人都沒受傷，不過他們從瓦礫堆裡爬起身來跑回家，把家人召集起來說：「現在不是做生意的時候，先求保命再說。」公司已經倒閉，但他們還能活下去。於是他們越過邊界入境黎巴嫩。

二〇一五年，他們接受民間資助，在加拿大新斯科細亞省（Nova Scotia）的安蒂戈尼什（Antigonish）落腳，那是個只有不到五千人的小鎮。海哈德一家以為他們最終會搬去多倫多，或至少新斯科細亞省的省會哈利法克斯（Halifax）也好，不過安蒂戈尼什的居民對他們熱情歡迎，幫他們找地方住、送冬衣給孩子穿等等，所以這家人想回報這份恩情。他們只知道一種報恩的方式，於是捲起袖子做巧克力。塔瑞克在電話上告訴我：「人家把我們帶來這裡，是希望我們做點成績出來。拋下他們跑到別的地方，太忘恩負義了。鎮民是需要醫生，但也得保住手頭工作，我們不想來搶走任何人的飯碗。我們不需要政府援助，我們是帶著技能和歷練來的，有本事自立更生，需要的只是一個機會。」

原本他們只是從二〇一六年起在自家廚房做點小副業，但很快擴大規模，在鎮中心有了一間小工廠。他們把公司取名為「和平巧克力」（Peace by Chocolate），因為他們最珍惜的就是和平。「沒有和平就不可能創業，」塔瑞克說。「我們懂什麼叫轉眼就損失幾百萬和一輩子的成果。和平就是這麼脆弱，也這麼寶貴。」到了二〇一八年，和平巧克力很快擴大銷往加拿大各地，一年生產三百萬顆巧克力，工廠雇用了三十五名安蒂戈尼什本地人。二〇一八年頭兩個月，他們就追平了二〇一七年整年的業績，並開始出口到美國。一名加拿大太空人還帶了一條他們家的巧克力棒上國際太空站。

不論最終在加拿大何處定居，敘利亞創業家好像都在燒菜賣吃的。卡加立有沙巴沙威瑪餐車（Shahba Shawarma），紐芬蘭的聖約翰斯（Saint John）有中東小館（Middle East Café），溫哥華有開心果外燴（Pistachio Catering），安大略省小城彼得堡（Peterborough）有綠洲地中海燒烤（Oasis Mediterranean Grill），還有北方礦城薩德柏立（Sudbury）的大馬士革烘焙館（Damascus Café & Bakery），這裡只舉其中幾例。二〇一七年夏天，我在安大略省的迷你小鎮米福（Meaford）逛農夫市集，竟然看到有個敘利亞家庭用折疊桌擺攤賣餐點。艾西雅外燴（Al Sheayer Catering）由兩兄弟和他們的太太經營，供應敘利亞經典菜色，例如葡萄葉香料飯和煙燻香四溢的中東茄子泥。我初次遇見他們那個夏天，只有一位太太能說點基本的英語，攤位招牌根據谷歌翻譯草草寫就。隔年夏天他們的菜色變豐富了，以公司專屬的包裝展示，菜單告示板也變大了。其中一個兄弟解釋，他們現在每週要跑好幾個農夫市集、做不少外燴案子，很快就要辭去正職開餐廳。

和矽谷新創神話八竿子打不著：求生創業

敘利亞移民不論在哪裡落腳，相同的故事一再發生。從辛辛那提到斯德哥爾摩、聖保羅，甚至加薩市，在世界各個角落，敘利亞餐廳、雜貨店、外燴公司和食材專門店一間接一間冒出來。內戰爆發後，超過一百萬名敘利亞難民抵達德國，你想得到的各種餐飲生意在那裡都有人做，從沙威瑪和炸豆餅小吃店，到從前大馬士革的名人主廚開的高級餐廳都有。有個敘利亞廚師還為德國遊民設立了一間熱湯廚房。

這些創業家最密集分布於敘利亞的鄰國，也就是接收最多內戰難民的地方。安曼和伊斯坦堡、安卡拉和貝魯特，就連巴格達都有敘利亞創業家既向難民同胞、也向當地人賣吃食。這在約旦腹地廣闊的札塔里難民營（Zaatari）最明顯可見，這裡最多曾收容超過十五萬名流離失所的敘利亞人，躍居該國第四大城。整片營區灰沙瀰漫，帳棚和小屋縱橫交錯，在了無生氣的沙漠平原上向外蔓延，也深受難民營常見的問題所苦：骯髒擁擠，犯罪猖獗，一片愁雲慘霧。然而，這裡的創業活動也極其熱絡。札塔里有一條自己的商店街，綽號「沙姆麗舍大道」（Shams-Elysees），「沙姆」是阿拉伯語對敘利亞一帶的稱呼，這是在拿巴黎那條知名的高檔購物街來打趣。居民在那裡幾乎什麼都買得到：電視機和衛星小耳朵，電腦和手機，服飾和美妝用品，不過飲食業者還是占最大宗，從披薩、沙威瑪到新鮮蔬果都有——難民在營區的克難溫室種出來的。

「因為當初這場危機因戰爭而起，我們管這叫求生創業（survival entrepreneurship），」歐正．卡馬克（Ozan Cakmak）說；二〇一六到二〇一七年間，他在土耳其為聯合國主持難民危機因應工作。「你被迫離開敘利亞，什麼憑證都無暇一起帶走。沒人知道你在你的國家有什麼歷練。每個國家都有人嫌棄移民和難民。你需要收入，也有技能。大家的口味相似，所以你看準這一點，盡力做點生意餬口。」

這種創業未經事先規劃，往往也於法不合。雖然有些聯合國計畫和非營利組織在營區輔導難民創業，大多數的店家哪天說開張就開張。卡馬克說：「你能看見阿拉伯文看板在推銷果仁蜜餅或別的食品，這是門檻低又能很快進帳的生意。」他們做這些生意不是為了賺大錢，也沒有投資人金援，純粹是為了餬口，因為若無必要，他們一分鐘也不想多待在難民營，大部分生意也會轉手給下一批取而代之的難民。

對許多移民來說，求溫飽是創業最大的動機，這被稱為「推力」。這不是因為有個不容錯過、極其誘人的靈感（矽谷創業神話大力渲染的一個重點），也就是因為「拉力」而創業。推力是出於不得不然，往往沒有更好的選擇，這也是移民深以為苦的窘境。在加拿大，移民在入境的前十年比其他族群更容易失業。二〇一三年的一份政府報告顯示，近年入境加拿大的移民有超過三分之一生活貧困，尤其在多倫多和溫哥華這類移民眾多、一半人口都在外國出生的城市。就連受過大學教育的移民也比不上只有中學學歷的本土加拿大人。有就業的加拿大移民只有四分之一在原本所學的領域工作，相較之下，加拿大本土國民有超過六十%學以致用。這問題嚴重到一個程度，政策制訂者還造了個新詞：人才浪費（brain waste），專指移民的才智未獲善用的現象。

移民在加拿大難以就業的成因有很多。他們沒有本土求職者的業界和社交人脈，欠缺對在地市場和工作實況的了解，遑論語言能力想必也有限。許多行業為求自保，由工會和行會設下極高的入行門檻。我有兩個朋友從前分別在墨西哥和以色列當律師，都做得有聲有色，可是一旦搬到加拿大，他們過去的工作經驗在加國法律界眼裡一文不值。他們都得付出高昂的代價，在四十幾歲重返法律學院，同時得扶養稚齡兒女，結果只落得與年方二十五歲的對手競爭同一份基層職位。雖然加拿大偏鄉地區長年苦於醫療工作者短缺，不過生於外國的醫師有超過一半沒有行醫，塔瑞克．海哈德就是個例子。雖然有些高資歷的移民專才最終在相關領域就業，你還是時不時就會遇見一個工程師、建築師，甚至急診外科醫師在開計程車，或是在走投無路之下開了餐廳。最教人沮喪的是，很多加拿大移民之所以拿到居留權，是因為在家鄉有專門的學經歷，豈料落腳加拿大之後卻發現那毫無用武之地，就像胡桑．艾蘇菲的土木工程學位和二十年的餐旅管理資歷。

所以移民被迫創業，想重新開始，這是他們最好的選擇。這也是我們家族的處境。他們在十九和二十世紀離開奧匈帝國的猶太小村（如今早已不復存），抵達蒙特婁之後靠著賣菸草、作裁縫，在該市新興的猶太廉價成衣業賺取微薄的收入為生。我太太的外婆從波蘭的猶太大屠殺逃過一劫，後來也如此度日。史維克（Sevek）和瑪麗莎（Marisha）（後來改名山姆和瑪麗）買下多倫多街角的小店面，什麼能賣的都賣，然後把店轉手，再買下一家文具店，直到山姆又轉行為止。他買了一輛小貨卡，四處向鵝農和鴨農收購羽毛，後來又轉做廢五金買賣。

這些事業跟世人推崇的矽谷新創神話八竿子打不著，他們也沒有因此大富大貴。「就是討生活罷了，」瑪麗曾這麼對我說，同時很猶太人地莫可奈何一聳肩。創業讓他們買得起一間房子、供兩個孩子吃飽穿暖、到佛羅里達州度假，後來又把六個孫子女寵上了天，身後的銀行帳戶既沒欠一分錢，也沒存到一分錢。簡而言之，因為創業，這兩個在奧斯維辛集中營失去親人的人躋身中產階級，有了向上流動的機會。每個移民幾乎都是為了這個夢想遠渡重洋。

從移民身上看見創業的初心

移民會創立哪種事業，你想得到的應有盡有，但餐飲業還是占了不成比例的大宗，這有許多關鍵原因。人人都得吃東西果腹，誰有本事端出比別人美味的餐點，至少就有個成功的基礎。本地要是有出身相同社會文化的移民，他們的市場就有個明顯的切入點了。多倫多懷雅遜大學（Ryerson University）社會學教授穆斯大伐・柯許（Mustafa Koç）說：「餐飲業很好上手，」他研究飲食和移民的交集，自己在土耳其出生。「很多來到本地的移民都會想他們需要什麼服務……他們會看自己的生活缺什麼，什麼又容易做，不必投資幾百萬，吃苦耐勞就可以？然後他們就進軍餐飲業了。他們知道很多同鄉在找熟悉的家鄉味。『我為什麼不開家敘利亞雜貨店呢？』就這麼開始……如果他們做起來了，其他人會說：『那一行有賺頭！』然後店就一家接一家地開。」

就像賈拉對像樣的敘利亞馬納基什麵餅求之不得、拉蘇對本地的果仁蜜餅大失所望，一個小敘利亞就從這些個人的渴望萌生。柯許在多倫多處處看到這種現象。一九四〇年代，士巴丹拿道（Spadina Avenue）上曾滿是歐裔猶太人開的熟食店、烘焙坊和猶太餐廳，到了一九五〇年代換匈牙利餐飲業在安耐斯區（Annex）興起，還有一九七〇年代丹佛司區（Danforth）的希臘人、一九八〇年代進駐中國城的越南人，不勝枚舉。他說：「遇有重大移民潮特別明顯，他們會大批湧進，自成一個市場。

你把兩萬個敘利亞人帶進多倫多，一個市場就誕生啦！就算只做這群人的生意也能養家活口。這需要懂得基本的待人接物、對客人殷勤體貼，還有大量勞動……這些人都很會。進入門檻很低。」

來自某國的第一個移民入境不出幾年，你就能在那個移民圈子裡看到創業的人形成互通有無的經濟體，足以為彼此生意所需提供各種服務，連帶提高了第二代也創業的機會。新開張的餐廳需要特定食材，於是有人做起進口和經銷生意。也得有人來蓋這些餐廳和商店，所以又有個移民開了工程公司。為了租售商用物業，房地產仲介應運而生，而這需要融資，又因為本地銀行不貸款給初來乍到的新人，於是大家開始集資放貸，為別的移民創業家提供營運資本。就像蘇菲小館和皇冠烘焙坊雇用敘利亞同鄉，這些公司行號也為新進移民提供就業機會，很多員工最後也自立門戶，在同一條街、城市另一區，或乾脆轉移陣地到國內另一個地方。

「早期打頭陣的人為其他創業家建立起生態系，」多倫多大學的食物歷史學教授傑佛瑞・皮爾徹(Jeffrey Pilcher)說。我們在士嘉堡區的南印度餐廳「蘇畢卡美食坊」(Subiska Foods)就著好大一張煎捲餅做訪談，那裡距皇冠烘焙坊不遠。皮爾徹指出，這個過程並不浪漫，創業的移民也沒特別慈悲為懷，處處可見猖狂的剝削行為，通常是老鳥占懵懂無知的新人便宜。有時這些網絡運轉自如，比如美國各地中餐館的仲介，不在辦公室而是曼哈頓大橋下談交易，一路延伸回中國的走私活動，交易鍊上的每個環節都有賺頭。皮爾徹說，不過這些網絡往往隨著全體雨露均沾而成長。「這些離散人口的網絡一直在注意生存契機，到處移動。這個錯綜複雜的生態系最首要的問題是：『我們作為一個社會單位／大家庭，該怎麼做最好？』」

這些創業家網絡在地理上向外拓展、經濟上向上發展，歷經世代傳承更形穩健，最後他們在許多產業成了一方之霸，被載入那個移民社群從邊緣人歸化本地的神話。想想東非的黎巴嫩裔和伊斯瑪儀（Ismaili）穆斯林店長，倫敦的希臘餐廳業者、美國各地的古茶拉底裔（Gujarati）[1]汽車旅館老闆，還有多倫多的義大利房地產開發商。

在多倫多一場為敘利亞移民舉辦的活動上，我請教加拿大移民與難民局局長阿瑪．哈森（Amar Hassen，青少年時以難民身分從索馬利亞來到加拿大），移民創業家於加拿大有怎樣的價值？「他們真的很重要，」他說。「尤其是移民在這裡開了那麼多公司，大大小小都有。你去看研究報告會發現，移民肯冒風險，非常積極主動在加拿大創業。」哈森接著搬出練得熟極而流的說詞，宣導政府輔導科技新創公司並鼓勵移民參與的計畫。

力主技術移民的人特別青睞這種說法，他們很愛講矽谷將近一半的公司有至少一位創辦人是移民，Google的謝爾蓋．布林（Sergey Brin）和特斯拉的馬斯克就是移民。在種族國族主義風靡西方世界的年代，我們很容易會想拿經濟效益來為移民說項：我們應該開放移民入境，因為他們會創業、創造就業機會，比起他們融入我國社會所需的成本，他們會為全民賺到更多錢。不過這論點有個禁不起推敲的地方：有些人想把移民擋在國門之外，並非基於勞動市場供需的理性經濟論述。他們之所以反對移民，是出於某些原因而不喜歡特定移民族群——那些移民往往跟他們長得不一樣，敬拜不同的神，說不同的語言。我們多半會說這叫種族歧視。

移民不只是個經濟輸出的單位，移民創業家不該因為能否比本土創業家帶來更多就業機會而被批評，也不應是高齡化的富裕國家解決生育危機的工具。移民創業在根本上是個蛻變和培力的過程，從他們身上，我們能學到太多什麼叫創業家的初心了，賺錢還在其次。而那個過程之所以會展開，原因是創業家發揮自我昇華的能力，超越生活逼他們陷入的處境。

「創業既是出於經濟需求，也是出於社會需求。」費維克．華德瓦（Vivek Wadhwa）說。他是傑出的軟體公司創業家和學者、卡內基美隆大學（Carnegie Mellon University）矽谷分校的特聘研究員，講課和著述以移民創業為主題。一九七〇年代晚期，華德瓦自印度抵達俄亥俄州克里夫蘭市（Cleveland），生活飢貧交加。他在基督教青年會寄宿，最終達成耀眼的成就，內心卻一直放不下自己低微的出身。「你永遠都得證明些什麼，」他說。「你覺得自己差人一截，受夠了聽別人問：『你是從哪裡來的？』」不論你落腳的地方是美國或加拿大、日本或坦尚尼亞，只要你是外國人又是移民，多少都被視為次等人。「你的談吐異於旁人，長相也是。現在你打從心底有股強烈的渴望，想重新崛起，超越那種處境。你沒什麼好損失的，很有力爭上游的動機。」

來自於沒有退路的創業動力

蘇菲小館首度開張[2]的八個月後，我去找賈拉喝咖啡、吃庫納法。她還是像我去年夏天認識她時那麼開朗活潑，不過我跟她聊的時候看得出來，她滿腹心事。她說她一直睡不好，也覺得經營餐廳的壓力愈來愈沉重。「我爸會叫我放輕鬆、別緊張，可是我的腦袋總是在拉警報，告誡自己非

1　譯註：印度古茶拉底邦的傳統族群，在工商業的傑出表現素負盛名。
2　譯註：蘇菲小館曾被迫關閉又二度開張。

成功不可，」她說。「對我來說，這間餐廳是我們一家人全新的開始。我爸還一心念著過去，爭取他在沙烏地阿拉伯的公司產權。所以我覺得，開這家餐廳然後把生意做起來，是在彌補我們的損失。」

「我工作的動力就是這種**急迫感**，」賈拉在說「急迫感」的時候，向來柔和的嗓音竟尖銳起來。「這家餐廳只能成功，不許失敗。我們有了全新的開始，而且移民之所以與眾不同，就是因為我們來到新的國家以後有了新的想法，覺得只要堅持打拚就能成功。不過失喪的感覺也讓你想收復點什麼。假如我爸媽搬到這裡，我們只投入部分積蓄開餐廳（而不是全副身家），壓力可能不至於這麼大。可是我們的處境逼我們走到今天這一步。這不是兼差玩玩，要是不成功，我們沒別的路可走了。這是一再鞭策我們的動力。」

在我採訪過的每一個敘利亞創業家身上，我都看到這種強烈渴望，這些年我訪問過的幾十個開餐廳的移民也是。他們來自世界各個角落，全拋下過去的人生來到加拿大重新開始。創業於他們不只是生財之道，也是為了證明點什麼，而且不論後來多麼飛黃騰達，這種需求永遠沒有滿足的一天。穆罕默德．法基（Mohamad Fakih）就是個例子，他可說是加拿大最知名的阿拉伯裔商人，把一家瀕臨倒閉的沙威瑪店改造成全球商業帝國，旗下有超過五十家派拉蒙（Paramount）連鎖餐廳、雜貨超市和其他公司，事業版圖遍及加拿大、美國、英國，黎巴嫩和巴基斯坦。

法基初次從黎巴嫩老家來到加拿大時，窩居在沒暖氣的地下室公寓瑟索度日，白天在首飾行、晚上到甜甜圈店工作。「我冷到哭出來，又沒有像樣的外套。」他在十五年後對我這麼說時，身穿訂製西裝、手戴勞力士腕錶，他的賓士S系列轎車就停在樓外。儘管事業如此成功，又或許正因為如此成功，法基還是覺得他得再證明些什麼。「你得不斷向世人證明這個地位是你應得的。就算時隔二十年、有了超過兩千名員工，我還是覺得我得證明自己有權待在這個位置，證明我值得，」他說。「一旦你移民出國，必定有所喪失。一種家庭感，一種歸屬感。我不得不尋求補償。」

一天早上，我去拜訪一家叫「澤札芳」（Zezafoun）的敘利亞小餐廳，他們才開張一個月，店址位於我在多倫多中城區的小學母校附近，原本是一家頗有歷史的法式小館。我循著阿拉伯流行音樂的聲音拾級而下，來到澤札芳的地下室，看到三十一歲的狄雅拉・阿雷德（Diala Aleid）身穿亮片涼鞋、短褲和無袖背心在切洋蔥，她跟姊姊瑪榭兒（Marcelle）和媽媽尤拉（Yolla）合開這家餐廳。阿雷德夫婦從前在大馬士革都是老師，內戰開打時，阿雷德姊妹分別在倫敦和阿拉伯聯合大公國的影視界工作。她們有個姊姊已經住在多倫多郊區，所以全家在二〇一四年來加拿大申請了庇護居留。

自此以後，狄雅拉陸續在蒙特婁幾家電視製作公司擔任低階助理，為一家汽車經銷商作會計，還有好幾個月「窩在家吃老本」。她母親在敘利亞是美術老師，到了加拿大重頭學藝成為美髮師，心裡其實十分厭惡這份工作。狄雅拉求職一再碰壁，即使是遠低於她的資歷、最最簡單的店員工作也找不到，導致她罹患了憂鬱症。「最後我說：『這不是辦法，我這年紀不能再一直轉行了。』」狄雅拉想起她青少年時曾夢開一家餐廳，讓電影和藝文愛好者有個聚會場所，並醒悟到多倫多或許是這個夢想的沃土。「是我們有所貢獻的時候了。」

澤札芳就此誕生，這是阿拉伯語「椴樹」的意思。姊妹倆和母親整天忙進忙出，為皮塔餅沙拉切歐芹、把餅塊炸脆，為扁豆飯炒洋蔥，用孜然和薑黃等多種香辛料醃雞腿，以烹製餐廳熱賣的爐烤沙威瑪。在這間迷你餐廳工作又熱又辛苦。在有八個桌位的一樓餐廳和地下室廚房之間，她們靠手提無線電話溝通。她們住在車程將近兩小時遠的地方，手頭拮据，前景不明，不過這家人在這裡重現了大馬士革的吉光片羽，以創業家之姿重生，也再度抬頭挺胸地過日子。

「創業家是一群光是活著無法滿足的人。」狄雅拉說著說著暫時歇手，拿塑膠杯大口喝水。創業家一定要熱愛分享，因為你一旦開業，就是在「為這裡注入新的精神」，尤其是在多倫多以移民身分開一家餐廳，因為這是個總在尋覓世上有何新奇美味的城市。這正是移民創業家如此獨特的原因，因為那種精神與他們的處境息息相關。狄雅拉在多倫多處處看到全新的餐廳開張，那些業者有雄厚資金和投資人撐腰，砸幾百萬做裝潢，供應沒有靈魂、只是在Instagram上好看的食物。反觀阿雷德一家人開澤札芳的本錢僅有積蓄、汗水和他們的移民身分。

「我們幾乎從一無所有做起，凡事親力親為，這讓我恢復了信心，覺得我們憑才華、熱情和願景確實能有一番作為。」狄雅拉邊說邊單手把一盤鑲著布格麥、洋蔥、松子和香料的番茄送進小烤箱，又抬起另一隻手臂給額頭擦汗。「我覺得這才叫真正的創業：從一無所有做起。」餐廳開張前，狄雅拉身無分文又陷入憂鬱，想逃回阿布達比和從前在媒體業穩當的生活，整個人欲振乏力。現在呢？「我覺得經歷了一場復興……我重生了。我在做我愛做的事。我哪也不想去！我想把這家餐廳經營得更好。這麼多年來，我第一次覺得安定下來，這對我來說非常珍貴。」

在樓上，瑪賽兒正在招呼吃午餐的人潮，她慧黠迷人，很會裝可愛。她會歡迎每個人光臨她們的「家」、她們的「小敘利亞」，解釋餐廳供應的菜色，為什麼她們的扁豆湯是世界上最美味的，擺在櫃檯上的醃鑲茄子又叫什麼名字（那叫「馬克度」〔makdous〕）。「想吃炸肉餅（kibbeh）嗎？」她對一個穿西裝的男人眨眨睫毛。「我有很棒的炸肉餅喔！」趁她稍微得空，我問了剛才問她妹妹的那個問題：創業是什麼感覺，尤其是以移民身分創業？

「我現在有歸屬感了，」她說。「來到人生地不熟的地方還要證明自己，很考驗自尊心。可是我現在建立自己的家了。」她包好一份炸豆餅，衝進雨中送到附近一家商店，又回頭大喊：「這是我的王國，規矩由我來定！」

一家店接著一家店，食物一口接一口，我在多倫多遇見的敘利亞創業家，都在重建自己眼裡那個失去的故鄉。創業活動吸納了迥然不同的個人和族群，他們原本被宗教、種族和信仰宗派撕裂，又以顧客和同事的身分齊聚一堂。在這些廚房裡，基督徒和穆斯林，德魯茲教徒和亞茲迪教徒，什葉派和遜尼派，[3]有錢的大馬士革人和貧困的文盲村民，大家並肩工作。在敘利亞女廚師組成的「新移民廚房」(Newcomer Kitchen)，有位婦女向我解釋，她親眼目睹兄弟被伊斯蘭國戰士射殺，在這裡與其他女性一起備餐成了她不可或缺的療癒。

敘利亞人創業開餐廳、麵包店，擺攤賣吃的，是為了療癒他們破碎的世界。對皇冠烘焙坊的拉蘇和以實邁這些人來說，即使他們遠離家鄉千萬里，還是盡其所能端出上乘的敘利亞道地風味，這就是療癒。他們堅持嚴格的標準，只用上選食材，還情願支付走私客幾百美元，就為了突破敘利亞各地前線取得一瓶瓶鮮紅的玫瑰水、散發小豆蔻香的咖啡豆。他們在這裡建立的一切是一道通往破

3　德魯茲教徒源於伊斯蘭教的一個宗派，但吸納了古希臘宗教、基督教等多種其他信仰的影響，自認不是穆斯林。亞茲迪教徒是伊拉克庫德人當中的一個古老宗教，混合多種信仰思想的一神教。遜尼和什葉分居伊斯蘭教第一、第二大教派，因對教義詮釋相左，已有數百年互相征戰的歷史。在阿拉伯世界，遜尼派當道的國家常迫害什葉教徒，反之亦然。

碎世界的橋，沒拚盡全力是在侮辱對自己身後那個世界的回憶。即使戰爭結束，他們恐怕還是無緣再見的世界。

為別人賣命是退步

賈拉和家人自豪又硬頸地把蘇菲小館做得那麼敘利亞，就是為了這個。他們大可以輕輕鬆鬆開又一家「中東」餐廳，賣賣炸豆餅、雞肉沙威瑪這些口味西化的老哏，有些客人的期待應該也就到這裡而已。蘇菲小館是在散發樂觀的訊息，也是為了收復他們被硬生生奪走的事物。「你要是問別人說到敘利亞會想到什麼，他們大多會說『戰爭』、『流離失所』，」賈拉說。一個溫暖的秋季午後，我們跟她的家人一起坐在餐廳後面的露台聊天。「一般人對敘利亞的觀感普遍很負面，這也是我們刻意把餐廳做得歡樂明亮，又強調是敘利亞菜的原因。我們想讓大家知道，就算敘利亞的情況很不幸，讓世人看到敘利亞文化、音樂、藝術和飲食的光明面，還是很重要。」

「讓大家知道我們不只是受害者，這很重要。」賈拉的母親莎娜茲說。現在她已經說得一口流利的英語了。

蘇菲小館在這一年生意有所成長，但還沒開始賺錢。「有人說餐廳很難做，我應該會被嚇跑——他們說對了，」胡桑彈了彈香菸，聳肩說。伊斯蘭齋戒月恰好落在他們開張後第一個完整的夏季，業績確實受到不小影響。據他估計，他們已經為開餐廳耗資將近三十二萬五千美元，不過他們一直打算開分店，透過擴大規模推升業績，所以胡桑沒有因此退怯。他也想證明點什麼——向沙烏地阿拉伯翻臉不認帳的合夥人、他的家人、他新落腳的國家，還有他自己證明他有這個能耐。他開玩笑說，要是蘇菲小館倒了，他們會買輛露營車，全家人環遊全國白天煮菜、晚上露營（他新開發的嗜好）。我說他們或許可以去找工作，胡桑聽了哈哈大笑。

「找工作？？」他一掌拍在桌上，震得菸灰飛揚。「我來到這裡的時候，一次也沒想過要找工作！」

「為別人賣命是退步。」阿萊直言。

「除非實在走投無路，我絕不會去找工作。」胡桑說。

雖然說法不盡相同，很多敘利亞創業家都向我表達過這個意思。「我們的底線是絕不當員工為別人賣命。」亞米爾・法陶（Amir Fattal）說。他跟太太諾兒（Nour）經營一家叫「貝羅雅廚房」（Beroea Kitchen）的外燴小公司。法陶打從離開敘利亞那一刻起就決意自立自強，先是在伊斯坦堡為其他難民設立青年旅館和語言學校，現在又開了貝羅雅廚房。對他來說，他們在加拿大的新生活只能創業，沒別的商量。他說：「我們不是為了在任何人手底下做事來的，而是為了發展我們自己。我也是這麼教孩子：要有自己的想法跟事業，因為你贏了是靠自己的本，輸了也是賠自己的本。」

這很可以理解。別的不說，創業最重要的就是這代表某種程度的自由，而這種自由與移民的生命經驗複雜交織。當你轉身離開舊世界，也一併喪失了很多東西：親朋好友、資產、工作、一段過去。你會因此得到什麼多半在未定之天。從財務角度衡量，移民創業並不比其他人來得更成功。他們起步時的資源和人脈大多輸人一截，也比較不懂在地的業界文化和環境。他們往往屈居下風，尤其是初來乍到那幾年，又因為他們的一切都跟事業綁在一起，失敗更是不可承受之重。

「移民創業要是失敗，與當地社會的隔閡會更深。」多倫多約克大學（York University）的教授曹美寶（Lily Cho）說，她曾為文探討加拿大各地經營中餐館的家庭的歷程。「你要是不覺得自己有一席之地，失去一席之地的感覺會更痛苦。」她自己就有親身體會。她父親逃離中國慘烈的文化大革命，終其一生做過各種生意都不成功，例如他在育空地區（Yukon）開過餐館、在卡加立（Calgary）開過首飾行，也曾想在自家車庫繁殖絨鼠又宣告失敗。她父親每次經商受挫就陷入憂鬱，不得不回頭從事移民創業就為了避開的低薪工作，例如她母親任職的工業洗衣店，既危險又辛苦，而且她母親到了七十幾歲還在那裡上班。

不過對大多數創業的移民來說，冒這個險還是值得，因為它所允諾的嶄新開始會帶來比金錢更有意義的回報。我領略到這層意義的那天下午，人在密西沙加市郊一個小倉庫，看著凱文·達希（Kevin Dahi）為我堆了滿桌的好菜：香辣生牛肉餅、酸奶奶酪、中東香料乳酪、燉香腸、醃菜、橄欖，還有各色美食佳餚。

達希出身荷姆斯一帶的基督徒社區，已定居多倫多十年，任職於廣告業。不過去年他放棄了高薪工作，創立精品釀酒廠「白色烈酒」（White Spirits），用加拿大本土原料釀造中東烈酒。他們公司的特產是亞力酒，一種茴香白蘭地，在地中海一帶會在小吃宴上飲用，就像他為我擺的這一席，這也是他深深懷念的場合。我們一起吃吃喝喝，再吃再喝，席間達希向我解釋，他為何不惜放棄鐵飯碗和穩妥的未來，毅然決然創業。

「我想為孩子在這個國家打下一點基業，讓這裡成為他們的家園，」他說。「所以他們不會想離鄉背井，覺得待在這裡很自在、很安定。」義大利人、牙買加人、中國人、衣索比亞人——達希看著在他之前到來的移民，看到的是他們在這裡深深扎根，讓子子孫孫與這片土地相連的根。他說：「我不想給孩子回敘利亞的選項，我想定居在這裡。或許我能用這輩子把這做成一家賺錢的公司，又或許我的孩子會，總之他們會有一份資產。」

當時達希的幾個孩子小學都還沒畢業，不過他十分堅持。「這是為了落地生根！房子、學校，都不重要。最重要的是有個收入來源、你的錢從哪裡來。你的生計要是在這裡，就不會想離開。」這是他在從前敘利亞親友身上看到的。在當地擁有事業的人往往最後撤離，直到廠房被炸毀或被強占才會走，假如他們僥倖存活到那時候的話。「我不是想把孩子綁在這裡，不過這是我讓他們扎根的方式。」

不論事業和志向的大小，敘利亞創業家都在世界各地扎根。有些婦女週末在農夫市集擺攤賣餅乾，另一些人立志打造能與法基相提並論的商業帝國。二〇一八年九月，以實邁和拉蘇・艾薩哈兄弟開了皇冠烘焙坊二店，地點位於多倫多機場附近。店面寬敞富麗，裝潢有如皇宮，能容納二十多人內用，供應的品項也變豐富了。皇冠二店盛大開幕幾週後，我前去拜訪，以實邁得意地對我露出燦爛的笑容。這對兄弟終於把各自的未婚妻從土耳其接來團聚，不久前舉行了聯合婚禮，在典禮上穿了同款深藍色燕尾服。時隔九個月，以實邁的女兒和拉蘇的兒子相繼出生，間隔不到十二小時。

現在整個敘利亞社群和多倫多市都知道他們是果仁蜜餅天王。大家會在清真寺喊出他們的名字，經常向他們請教如何創業。在加拿大逐漸壯大的敘利亞創業圈，他們成了台柱。「我覺得現在有了。」當我問以實邁現在有沒有家的感覺，他這麼回答。未來會有更多分店和更多商機，不過自第一家皇冠開張以來只過了三年（「漫長的三年」），而在這段期間，他們總算覺得安頓下來。「我們結了婚，也開了一家新店，」他面帶羞澀的笑容說。「目前算是定下來了。」

艾蘇菲一家也有同感。到了二〇一九年夏天，他們開始為日漸成長的外送生意尋覓第二個店址，也準備推出包裝食材產品線（食用油和香料），目標是銷往全國各地超市。胡桑開玩笑說，他連在沙烏地阿拉伯的遊艇都不懷念了（他新開發的嗜好是騎哈雷重機），現在還在著手另開一家永續住宅設計公司，希望能發揮他的工程背景。至於莎娜茲，說起她在中年重返職場，重新學藝成為廚師和創業家，她無比自豪。她說，這家餐廳是她的心肝寶貝。

「我們現在有賺錢了，也有常客，經營這家餐廳真的成了一件樂事。我們總算在好好過日子了。」胡桑告訴我，一邊深深吸了一口菸。「然後一切船到橋頭自然直。」

從零開始：一段重塑內心的過程

二〇一九年十月加拿大聯邦大選期間，一個反移民的極右翼政黨舉辦某場競選活動時，阿萊去參加場外的抗議。該黨支持者與聲氣相通的網路暴民從現場錄影認出阿萊，開始對他個人、艾蘇菲一家以及蘇菲小館威脅恐嚇。從網路、電話到實體郵件，恐嚇規模迅速擴大，還有人找上餐廳來。仇恨與暴力言詞源源不絕湧來。「說夢魘算輕描淡寫了，」胡桑說。「我們的生活徹底走了樣。」他們成為種族歧視者和反法西斯人士的交戰中心，被露骨的死亡威脅轟炸。胡桑擔心家人的生命和員工的安危，於是在一星期後宣布蘇菲小館立即且永久歇業。他把餐廳的窗戶糊上報紙、鎖上大門，就此轉身離開。

強烈抗議立即爆發。本地與全國媒體，甚至國際媒體都報導了這起事件，支持聲浪湧向艾蘇菲一家，大大壓過了衝著他們而來的恨意。來自全國與世界各地的電子和實體郵件如雪片般飛來，拜託他們重新開張、保持堅強，不要讓種族歧視得逞。鮮花、手工標語和動物玩偶圍繞在餐廳深鎖的大門前，有如追悼。接著在自主歇業兩天後，他們意外宣布：蘇菲小館將重新開張，由法基和他的派拉蒙經營團隊協助經營，餐廳將暫時交由派拉蒙團隊營運，讓艾蘇菲家休養生息、從尚未止息的傷害中復元（艾蘇菲家仍保有餐廳所有權，與法基合作期間的收益也全數歸他們所有）。在蘇菲小館店址臨時舉辦的記者會上，法基告訴蜂擁而至的媒體，他身為創業家也經歷過恐伊斯蘭種族歧視，他自覺該挺身而出抵抗，也認為這種思想不該在加拿大生根。

記者會結束後，胡桑在餐廳後方的露台上，手還止不住顫抖，並坦承他仍不確定該不該重新營業。威脅恐嚇仍是現在進行式（為了人身安全，阿萊考慮從大學休學一學期），他也擔心全家人因此重回鎂光燈下。不過這場夢魘也讓他醒悟到，他身為創業家的意義不僅止於當老闆而已。他說：「我們從前開張的時候告訴大家，我們把家的一部分放進了這間餐廳，現在是這間餐廳讓我們有家的感覺。很多加拿大人藉由它認識了我們。壓力很大，事情沒有做完的時候，可是我們真心喜歡。為什麼呢？因為我們能活成這社會的一份子。開這家餐廳之前，我覺得自己像這個國家的陌生人，我們活在社會邊緣。可是等開了餐廳，在這個不含我們在內的社會，我們開始真正交到朋友。這種感覺真的很好。這家餐廳最美好的地方在於，它讓我們在多倫多和加拿大有了一個家。」他停下來，又深深吸一口菸。

這種家的感覺，從滿牆表達愛與支持的信函，重新開張的餐廳門外排起的長龍，以及陌生人的慷慨伸援，都可見一斑。有個住他們家附近的婦女為了表示支持，還特地為阿萊辦了一場盛宴。

「我要為這奮鬥，我不會當縮頭烏龜，」他說。「但說實話，我的心情搖擺不定。」這讓我想到一年前跟賈拉聊的一番話，那時我問她身為創業家是什麼感覺。賈拉說：「我這一路走來從不覺得自己是創業家。」在她心目中，創業家應該要有了不起的靈感，像是想出新的應用程式或產品。她舉矽谷鐵三角祖克伯、馬斯克和賈伯斯為例，又說那個頭銜冠在自己身上感覺很怪，她不過是幫家裡開店罷了。「可是現在回頭看，我發現我們確實是個創業家家庭，」她說。「我們把新的東西引進多倫多：敘利亞菜跟敘利亞文化。」對她來說，創業是一段重塑內心的過程，所有移民創業家都會走過這一遭：重新安置、從零做起、從頭開始，日復一日如此。

「創業是一段歷程，沒有終點的歷程，」她說。「結果永遠都在進行中。」

第三章　海灘上的創業家：享活創業

凌晨四點三十分，鬧鐘在崔西・歐柏斯基（Tracy Obolsky）枕邊響起，把她從黑暗中緩緩催醒。她先生亞歷・軒尼茲奇（Alex Shenitsky）和他們的巴哥犬潘尼還在呼呼大睡，歐柏斯基已經套上泳裝和潛水服，到家裡第二間臥室用水菸筒很快抽兩口大麻（他們就管那裡叫「菸筒室」），抓起衝浪板出門去。到了半個街區外，她的腳開始踩上細沙。小浪在海岸幾十公尺外推成浪點，太陽開始從紫色天際線外的某處升起。

歐柏斯基趴上衝浪板，划到比浪點更遠的海面，與海豹和海豚一起載沉載浮，最後總算有一道有看頭的陰影從外海呼喚著她。她把衝浪板轉向海岸，用雙臂狠狠划了幾下，在海洋翻湧到她面前時跳上浪板，此時海水渾濁的綠色已經染上朝陽粉紅的色澤。

等到太陽在六點半破海而出，歐柏斯基已經上岸剝下潛水服。她回家後很快沖個澡，吃碗麥片，吻一吻睡夢中的愛犬和丈夫，然後又該扛著十四公斤重的沙灘自行車走下兩層樓了。她沿著能俯瞰浪花的水泥步道騎了十分鐘（如果她踩滑板要十三分鐘），最後在洛克威海灘麵包店（Rockaway Beach Bakery）停下來。

歐柏斯基一進店裡就換上卡駱馳（Crocs）工作鞋，在抽鬚牛仔短褲和無袖背心外繫上圍裙，著手啟動烤箱、磨咖啡粉，從儲存桶和冰箱拉出食材。她開始製作可頌麵團，過程十分費勁：捲、揉、刷、再捲，做出緻密的奶油夾層（她會擁有一副綜合格鬥士的肩膀不只是因為衝浪，天天推擀麵棍也是原因），一邊把嵌在舊衝浪板裡的喇叭音量轉強：巴布．馬利（Bob Marley）、霍爾與奧茲（Hall and Oates），還有很多摩城唱片（Motown）發行的歌曲，那種聽了會開心的歌。她就著塑膠儲存壺喝冷萃咖啡，一邊準備幾十種烘焙產品：紅蘿蔔麥麩馬芬蛋糕、各種口味的司康餅、肉桂捲和水果派、法式鹹派、酸種麵包和佛卡夏麵包、芭樂乳酪丹麥酥……更不用說各式各樣的蛋糕、杯子蛋糕、餅乾，還有她覺得該在那個夏日週六烘焙的食物。

七點三十分，她的死黨和偶爾客串的「員工」梅瑞迪絲．蘇頓（Meredith Sutton）來敲門。音樂馬上催得更大聲，日常八卦開始在廚房裡飛舞：浪況、誰誰誰酒後失態的拙樣，還有一切能在工作時聊的話題，她們就這麼一邊給麵團塑形、切水果、調飲料，把麵包店準備好開門營業。七點五十分，崔西走到店外的陽光下，拉起鐵捲柵門，把一座夾板廣告牌擺到人行道上，牌子上方寫著「沒有壞日子」，下面一行是「麵包店營業中」。她都還沒走回店裡，第一批顧客已經等著要進門了。又是一個人間天堂好日子。

對歐柏斯基來說，洛克威海灘就是天堂。這是紐約市濱海的邊緣地帶，一座長十八公里、寬四百公尺，上頭林立著水泥叢林的半島，介於牙買加灣的沼澤和大西洋之間。你要是曾搭機飛往紐約的約翰．甘迺迪國際機場，這是你從空中會看到的第一片陸地，在這裡每六十秒就會聽見噴射飛機從頭頂呼嘯而過。洛克威海灘嚴格來說屬於皇后區，實際上與美國本土分離，兩者間藉由多座橋梁連接，基本上可說是座離島。

我在二〇〇八年旅居紐約時初次發現這個地方，那時我從我住的布魯克林公寓附近搭上地鐵

A線，一路坐到海灘九十街的終點站下車，走過兩個街區後來到一家叫「板民」(Boarder)的衝浪用品店，向嗓音粗啞的老闆史帝夫．史塔提斯(Steve Stathis)租了一面衝浪板。然後我又走過兩個街區抵達海灘，橫越濱海步道，踏進浪況極佳的海面，那些浪撞上防波岩堤又順著左側退去。我一年會去幾次洛克威海灘，擠在夏季的人潮間衝浪，也曾經在耶誕節當天跋涉過雪堆，在紛飛的雪花環繞下划水出海。

在那個年頭，衝完浪想吃點東西只能上街角一家小酒店，來一片切成方形的披薩或一分品質存疑的三明治。可是自從我初次去衝浪的後續十年間，尤其在二〇一一年十一月珊迪颶風重創洛克威之後，這片地方因為一波創業潮改頭換面。我在二〇一八年夏天重返當地時，驚訝地發現洛克威海灘大道上冒出了那麼多新的商家：餐廳和酒吧、微型啤酒廠、咖啡館、衝浪用品店、服飾小店，夾雜在它們當中的還有美甲沙龍、支票兌現站、保釋代理人辦事處，以及各種小型公司行號。它們勾勒出紐約市在曼哈頓之外的創業景觀。

洛克威海灘被一群成員重新洗牌的創業家重建起來，不過這些人無意打造巨型企業、改變世界或顛覆產業。他們大多並不富有，成就也不以事業的成長或規模來衡量。其實，這群創業家選在這裡開業，是因為如此一來便能以這片海灘為中心打造自己的生活。他們追逐的是海浪，而不是退場。洛克威的創業家創立的是享活企業(lifestyle business)，因為理想的生活方式是他們的終極目標。

「享活企業」是個充滿矛盾意義的詞，但基本上是指為資助企業主的生活開銷與他們心目中理想生活方式而營運的企業。這是一九八七年由新罕布夏大學創業學教授威廉．威索(William Wetzel)杜撰的新詞，他以此描述某些企業創造的經濟報酬有限，不足以大到能引起外部投資人興趣。「享活企業通常由喜歡自己當老闆的人經營，」威索曾在接受訪問時這麼說。「不過他們創業也是為了有份收入。享活創業家的確帶來一種不同的觀點……對成功的觀點，跟那些主要是為了累積財富的人不一樣。」

這段話說中了很大一塊創業活動的樣貌，從兼職收入到有數十名員工的正式法人企業都在其列。大部分的公司行號都是享活企業，例如我家街尾的水果行，水果行那棟樓的房東，水果行樓上的瑜珈教室，水果行的果菜供應商，載那些農產品穿越美洲大陸的卡車貨運公司，還有仲介、船運公司、農民、包裝公司，以及你能一直追溯的各行各業，最後你將實際觸及這世上絕大多數真正的創業活動。

享活：做自己的老闆

享活企業凸顯了創業家的初心裡最根本的希望：做你自己的老闆。照你覺得合適的方式發揮你的才能。每天一覺醒來，做你自己決定要做的事。一分耕耘、一分收穫，根據夢想打造你的生活，不論夢想是大是小。

矽谷科技業、創業學界的眾多學者，以及產學界之外的社會文化把這種想法批得一文不值，他們都說享活企業和那些企業主胸無大志、不夠專注於成長，是在拖累生產力且妨礙經濟體真正的需求。在矽谷的新創神話中，「享活企業」是句髒話，用來貶斥不值得投資的商業點子，因為那些點子的格局不夠大，開創不了能真正放大規模的生意。創業家向創投人提案時要是聽到對方說「這聽起來比較像享活企業」，幾乎就是最糟糕的評語。這形同宣判死刑，言者通常語帶輕蔑，雖然沒有明說，其實在「享活企業」前冠了「又小又爛的」幾個字。

我在訪問創投家和創業學者時多次聽見這種觀點。前面說過，每次訪談一開始，我都會請他們說說創業家的定義，而每個人的說法都相當概略。但隨著訪談進行，無一例外，他們會把一整類的小企業主貶為配不上這個頭銜。有人說創業家絕不是乾洗店老闆，另一人說也不是麵包店老闆，甚至也不是「無聊的箱子工廠」（是跟什麼不無聊的箱子工廠相比嗎？）的老闆。這些都不是「真正的」創業家。他們開的是享活企業、小公司，或者單純就是無聊的傳統公司而已。把他們跟不世出的英雄創辦人兜在一塊兒，有辱創業家這個頭銜。享活企業家有什麼價值可言，如果有的話？

在全世界競爭最激烈、最寸土寸金的城市之一，歐柏斯基和洛克威海灘其他的創業家竟然在衝浪天堂攻下一方地盤，這就反駁了上述的觀點。在這個水泥叢林與海灘相接、繁忙的紐約街頭撞上逐浪的人潮之處，從洛克威這群老闆身上，我們可以看到享活企業在創業界被漠視的價值，以及每一個創業家內心深處對自由的渴求。

投奔自立門戶的自由

「嘿，崔西！」一名曬成深古銅色的中年婦女推著腳踏車進店來。

「瑪莎，怎麼樣？」歐柏斯基咧開大大的笑容說。「妳這星期好嗎？」

瑪莎把腿上縫的十幾針秀給她看，那天早上被衝浪舵割傷的下場。

「啊，好慘喔！」歐柏斯基邊說邊繼續揉可頌麵團。瑪莎點了麵包店招牌的火腿起司綜合香料可頌和一杯咖啡。

「最近有出海嗎？」瑪莎問她。

「我這五天都有衝浪，」歐柏斯基說。「今年夏天到目前為止的最高紀錄了！」

住在衝浪小鎮又玩衝浪的人，基本上三句不離這件事。什麼時候衝、在哪裡衝、衝得怎麼樣、下次什麼時候再去衝……諸如此類，沒完沒了。對光顧洛克威海灘麵包店的衝浪咖來說，那種玩家間的閒聊只是日常的一部分。不過，會進來聊天的不只有衝浪的人。歐柏斯基是洛克威海灘這一小方天地的主人，挾著幾乎太超過的開朗精神坐鎮指揮，對每個進門來的人露出燦爛的笑容，大聲說「嗨！」。她的客人有友善的本地人和同是衝浪友的創業家、這些人的孩子（小朋友的名字她都知道，她會學福滋熊〔Fozzie Bear〕布偶大叫：「窩卡、窩卡！」，逗得他們咯咯笑），還有從紐約市湧來、被他們暱稱為「白天客」的遊客——他們會穿著從布魯克林精品小店買來的高價「衝浪」裝，神情略顯茫然地走進來。

他們全都會點咖啡配手工司康餅做的培根雞蛋起司三明治，坐進為數不多的內用桌位，再拍下歐柏斯基有名的可頌上傳Instagram。歐柏斯基設計了這家麵包店並親自施工，店內裝飾著當地女性衝浪友的照片、二手店淘到的寶物、軒尼茲奇的唱盤和黑膠唱片，寬大的後露台上裝了一張吊床。整間店漆成開朗的海藍色，而歐柏斯基的商標——一個戴著廚師帽的女人在衝可頌造型的海浪——精準呈現這家店歡快的精神和創辦人的樣貌，她的人生能用「一起床就烤東西」[2]（外加衝浪）一語道盡。

我在歐柏斯基三十七歲時認識了她。她在紐澤西州長大，母親是家庭主婦，父親是卡車司機，而她從父親承襲了強烈的敬業精神。她在七歲那年擺攤賣檸檬水，有了短暫的創業初體驗，不過她很快開發新事業，把母親在好市多買的糖果加價賣給同學，有時還把朋友爸媽叫的披薩分切賣給經過的路人甲。到了青少年時期她也經常打工，有段時間還賣過自製冰淇淋。

歐柏斯基大學念美術，曾立志當童書插畫家，但她嘗試自由接案做設計並不成功。她很懷念有穩定薪水可領的日子，於是改在曼哈頓好幾家烈酒吧端盤子，就是服務生要穿得很辣，把烈酒直接倒進男客人嘴裡，還要在吧台上跳舞的那種地方。「那種工作很噁心，」她說，「可是我時薪七十，領現金。」畢業後她對藝術失去興趣，便繼續在酒吧工作，不當班時就看電視烘焙節目。她說：「我那時想：『這我能做！』」於是她進烹飪學校學藝，成為烘焙師。

不到一年，她與軒尼茲奇相識，兩人跑去賭城的婚禮小教堂結婚，主婚人是個扮成貓王的演員，然後她開始在曼哈頓餐飲業的高級主廚界一步步往上爬。歐柏斯基輾轉任職於多家高檔餐廳，領低薪製作麵包甜點，只有苦勞沒有功勞。「我一直入不敷出，」她邊說邊給準備進烤箱的杏子搭刷糖漿。「有好幾年我的支票老是跳票，窮到脫褲。我的薪水其實有點太低，但我當時不曉得。」

後來她到北端燒烤餐廳（North End Grille）上班，曼哈頓金融區熱門的午餐去處。「我在北端燒烤做得很開心。」她說。她創作的甜點（例如爆米花聖代）廣獲媒體報導，使她獲得許多廚師獎項提名，還

1　譯註：兒童布偶電視節目《大青蛙劇場》（The Muppet Show）裡的角色。

2　譯註：原文wake and bake是抽大麻的用語，指一起床就抽大麻。作者使用了雙關語，因為歐柏斯基不只起床就抽大麻，也一早就做烘焙（bake）。

曾遠赴外地為名人下廚。但後來餐廳的主廚離職，改由知名的行政主廚艾瑞克・柯許（Eric Korsh）接任，一切開始走樣。「氣氛變得很怪。」她說。她覺得柯許惡待下屬，並多次親眼見證他性騷擾前場女員工。柯許的報應在多年後到來，知名美食網站《食客》（Eater）披露了對他不良行徑的指控，那時他已離開北端燒烤。柯許立即辭去後來那份工作，為了害同事「感受不佳」發表差強人意的道歉聲明，不過從那段時期開始，歐柏斯基對那個圈子感到愈來愈幻滅，最終這帶領她來到洛克威海灘。

「生意旺起來囉！」到了大約九點三十分，歐柏斯基對蘇頓大喊，同一時間蘇頓忙著把迅速變空的貨架補滿，出爐什麼就補什麼。像今天這種夏日週六，她們不到午餐時間就能輕鬆賣掉一百五十個可頌。蘇頓說：「還要更多可頌、更多飲料，什麼都要再補上架！」她們兩個是在北端燒烤共事時認識的。有天在北端燒烤地下室的甜點廚房，蘇頓（她在加州長大）告訴歐柏斯基，那天早上她去洛克威海灘衝浪。當時歐柏斯基剛去哥斯大黎加度假並在那裡初學衝浪，連洛克威在哪都不曉得，不過她很感興趣，馬上對蘇頓說：「嘿，我想衝浪！」

「我們摸索了一年半，完全不知道自己在幹嘛，」歐柏斯基回憶道。「我們會在休假日去衝浪，有時還趁上工前的上午空檔去，就傻傻划出海，想搞懂浪來的時候該怎麼辦。我們會在步道上洗頭，然後到餐廳上班，在備料幫廚洗魚的水槽裡沖洗潛水衣，晾在總經理的辦公室裡。他會質問我們在搞什麼鬼。不過我們甘之如飴，滿腦子只想著衝浪，雖然我們兩個都是肉腳，不過我們很投入。」

到了二〇一五年，海灘的吸引力已經大到讓歐柏斯基和軒尼茲奇從布魯克林搬到洛克威。「我受夠了，」她說。「受夠了那種忙碌喧囂的生活、我的狗只能啃雞骨頭。」他們租下一間全新的排房公寓，距大海只有幾百公尺之遙。她每天要搭地鐵A線通勤到北端燒烤上班，來回各要四十五分鐘，但這也不算太糟。歐柏斯基會一早去衝浪，然後進市中心做一整天烘焙，在回家的地鐵上喝杯尼格羅尼調酒。不過她跟柯許的工作關係還是持續惡化（柯許笑她是「男人婆」）。後來她向餐廳要求加薪，結果餐廳送她一把廚刀。

我才不要什麼鬼廚刀！歐柏斯基心想，並首次捫心自問：我真的還想過這種日子嗎？於是她跳槽到另一家餐廳，薪水較高但工時更長，這下她每天早上七點從洛克威出門，往往凌晨一點才到得了家。她不能衝浪，只看得到先生睡覺的身影，再也沒有陽光、海灘，或是她搬到洛克威為了享受的一切。換工作的第一個星期過後，她請了兩天假去衝浪，結果餐廳責備她不夠投入工作。「我老是沒吃東西，身體不健康，心情也很惡劣。」她說，「我會哭著回到家，亞歷會說：『妳怎麼啦？』我卻累到沒力氣回答。」

一次強烈暴風雪來襲，歐柏斯基終於受不了了。當晚餐廳幾乎保證不會有客人上門，正當員工手忙腳亂地張羅回家和接小孩的問題，老闆卻宣布晚上要做外送，大家都要工作到深夜。「那些王八蛋才不管你死活，」歐柏斯基說。「一心只想賺錢。」等到她聽說地鐵停駛，她在廚房裡崩潰尖叫：「我現在不能回家了，去死啦！」好好一個人被逼過了頭，如此暴怒也是正常。當晚她在朋友家過夜，隔天早上又回餐廳工作，最後總算在深夜回到家。

「我受夠了，」她說。「我想跟老公相處，人卻困在地鐵上，苦哈哈一整天。我到底在為誰辛苦為誰忙啊？」她自問在餐廳工作所為何來。「錢也沒多到哪裡去，女生的薪水更是不高。」

春天即將到來，因為軒尼茲奇的工作是為樂壇物色新樂團，在太太於紐約市中心工作的同時，他在洛克威海灘陸續結交了許多酒吧和餐廳老闆。有個叫惠特尼·艾考克(Whitney Aycock)的人開了一家叫「惠哥街尾」(Whit's End)的披薩店,他告訴軒尼茲奇,當地的漁人碼頭有間快餐店倒閉了,店面閒置中,又建議歐柏斯基不如進駐那個地方,做麵包賣給漁夫。

「我拿不定主意,」歐柏斯基說,原因是對收入和保險的反射性擔憂。「何況這是做黑工,不過亞歷跟我說:『管他的!做就對了!』」歐柏斯基開始從餐廚用品行慢慢買進攪拌器、攪打棒、鍋碗瓢盆,搭地鐵一件件扛回家。終於在二〇一六年六月二十六號,歐柏斯基湊齊了必備的吃飯工具,於是她走進餐廳,做了每個心懷希望的創業家都幻想要做的那件事:辭職不幹了。要說有哪件事能聯合全天下所有的創業家,從最貧到最富、最有雄圖壯志的新創公司到最微不足道的副業,那就是他們死都不想為別人工作。起初這通常是一種沮喪感,後來變得惱人到無法置之不理,等到他們準備好自立門戶,那已經發展成一種命中注定的感覺。「創業家性格,簡言之,就是不願向權威『低頭』,無法與權威共事,因此非逃離權威不可。」一九六四年出版的《創業人》(*The Enterprising Man*)一書如此陳述,這是美國最早的創業學學術著作之一。創業最主要的行動就是爭取解放。掙脫受雇於人的枷鎖,投奔自立門戶的自由。

「我這輩子終於有一次是為『我自己』做點什麼,」歐柏斯基說。「餐廳想挽留我,我只說:『不要不要不要。』他們其實可以向我開價年薪十萬美元,但我還是會拒絕。那種感覺很恐怖,但也很好……不過還是很恐怖。」

歐柏斯基形容,她在餐廳上班的最後一天是她人生翻轉的時刻。她原本該做完整個晚餐時段,不過軒尼茲奇傳訊息跟她說家附近有人開趴,於是她就這麼解下圍裙、交給主廚說:「我該走了。」

「就這麼走啦？」主廚盯著那件圍裙，不敢置信地問。

「我回他：『對啊！』然後就這麼走了。」歐柏斯基說。「那天晚上回家的地鐵，是我搭過景色最美的一班車。夕陽在海灣落下，那個橘色好燦爛，我心想：『我再也不用通勤了！好美啊。』」

接下來幾個星期可不是好玩的。在三十五度的高溫中，歐柏斯基和一個幫手在漁人碼頭旁動手挖化糞池，他們要挖一個深一公尺多的洞，土壤裡滿是廢棄物和毒素。等她總算在那間小屋裡把廚房設置完畢，電路卻不通，於是她被迫在家烘焙。不過漁夫還是捧場跟她買可頌，尤其是夾了火腿和乳酪、上面灑了綜合香料的口味，她的生意基本上就是靠這款可頌三明治做起來的。

之前她穿著廚師袍在密不透風的地下室工作了五年，「這下我穿比基尼撖可頌麵團、人在一間小破屋裡，還一邊抽大麻。」她到哪都騎單車代步，除了每週一次採買工作補給，絕不離開洛克威半島一步。到了中午，一個渾身沾滿海鹽的漁夫「魚人法蘭克」會帶著漁貨返航，然後駕船帶歐柏斯基出海兜風。從那間小屋能看日出，她也看得到地鐵A線穿越海灣進入紐約市，而她人不在車上。「那時我賺得不多，但我不用付房租，亞歷有工作，而且這很有趣。」歐柏斯基發現，原來創業比她想像得更棒。

接下來到了勞動節，漁港很快變得寒風刺骨，冷冷清清。歐柏斯基醒悟到，如果她想繼續做生意就得往半島內部搬遷。她找到一個地點，結果施工費用是她預算的三倍，讓她從畢生積蓄掏出超過十二萬美元，外加貸款和銀行融資，才得到市政府租賃與營業許可，動土開工並通過查核。在這段期間，歐柏斯基繼續在洛克威海灘開快閃店，賣可頌和其他烘焙產品，地點往往選在做衝浪族生意的酒吧或釀酒廠，此外她也在Instagram上做宣傳。她的麵包店在二〇一七年三月開張，那時並非海灘旺季，然而她的麵包不到下午一點就銷售一空，收銀機（依然是個塑膠盒而已）多了一千五百美元現金。

「我愛死這樣的生活了。」到了大約十點半，週末穩定湧入的顧客反常地略為減少，歐柏斯基趁這短暫的空檔說。「我在這裡一站好幾小時，全由我親力親為。我動雙手幹活，不是死板板坐著。我很喜歡這份工作要發揮創意的一面。我很喜歡每天腦力激盪的挑戰、聽大家說他們多愛這裡的食物跟空間。其實，我現在想休息一下下。」她走到店外一會兒，瞇起眼睛望一望太陽，向某個人揮揮手，深吸了一口氣。「新鮮空氣，」她嘆口氣說，然後才回到櫃檯後面，又開始準備應接午餐的人潮。「想不起來我今天尿尿了沒有。」

獨角獸企業 VS 日常創業

歐柏斯基陽光的故事令人嚮往，然而在這個創業活動理應蓬勃成長的時代，不論美國或世上很多地方，現實中的享活創業家卻明顯減少。二〇一六年由布魯金斯學會（Brookings Institute）發表的一份報告指出，自一九七九年以來，新公司在幾乎每一個產業的占比都縮減了（採計標準是該產業成立未滿一年的公司的數量）。從農業、運輸，到零售、金融和礦業，每一年，創業的人數跟新開的公司都在減少。在某些行業，例如營建業，新公司的數量只勉強達到四十年前的四分之一。根據美國聯邦準備理事會的一份報告，新公司在全部行業占的總比例從一九七九年的十四％掉到二〇一六年的八％。

這種現象的成因很多，但沒有任何一個能給出完整的解釋。中小型新創企業之所以減少，影響因素包括中國和全球其他與美國競爭的經濟體崛起，石油和各類大宗商品的價格，戰後嬰兒潮世代的年紀和購買力，各產業特定的稅賦政策和管制條例，民眾居住地點和生活方式的改變等等，不過影響最大的一個因素很可能是市場愈來愈集中化。記者大衛・里昂哈德（David Leonhardt）在《紐約時報》撰文分析，自一九八九年以來，就業率在規模最大的公司（超過一萬名員工）成長最快，雇用四名或不到四名員工的公司下降最多。所謂大公司是諸如AT&T電信、沃爾瑪超市（Walmart）、亞馬遜、臉書和埃克森美孚（ExxonMobil）這類巨型企業，他們全都無情地併購競爭對手，很多在所屬產業達成全面壟斷。因為這些企業集團帶來的網絡效應、基礎設施成本和規模經濟，要創立與之競爭又可持續經營的公司愈來愈不可能。

在美國，支持小企業（小企業管理署的定義是不到五百名員工，美國九十九%的公司行號都落在這範圍內）的人士大都一再指出這些趨勢是警訊，在過去數十年間，針對創業倡議和教育的投資有很大部分就在響應這些呼籲（很多國家都有類似的故事，包括澳洲、英國和日本）。不過現在有股逐漸壯大的聲浪認為，這樣的趨勢未必不好。經濟學家羅伯・艾金森（Robert Atkinson）和麥克・林德（Michael Lind）在兩人合寫的《大就是美：破解小企業迷思》（*Big Is Beautiful: Debunking the Myth of Small Business*）一書中聲稱，美國小企業和老闆或許是「聖牛中的聖牛」，然而它們的貢獻其實被大大高估了。

他們寫道：根據傑佛遜[3]的理念，民主是由自雇的公民英勇團結所維繫的，但這樣的思想已然過時，該放下了。大多數的小公司以倒閉做收，毀了它們創造的工作，至於僥倖存活者多半一直很

3　譯註：Thomas Jefferson（1743 – 1826年），美國開國元勛與第三任總統。

小，就算有員工也只寥寥幾人，因為這些老闆想經營的是享活企業，對擴大公司規模毫無興趣。林德和艾金森提出數據證明，大企業更可能出口貨物和服務，以更好的薪資和福利雇用更多人，運用它們的經濟力量改善社會，帶來創新與發明。他們聲稱，就連用公民權利這類民主指標來衡量，大企業都比小公司來得進步，原因是它們有那個力量左右政治，並透過內部行動（例如讓女性員工享有更好的育兒福利）影響政策。

「提高生產力的最佳方式是移除障礙，讓小規模、勞力密集、技術滯後的家庭經營式公司更容易被有活力、資本密集且科技導向的公司取代，後面這類公司通常數量較少而規模較大。」林德和艾金森寫道。「政府要是想協助任何小型公司，應聚焦於有心也有潛力擴大規模的新創公司，而不是幫艾胥莉和賈斯汀開一家小披薩店。」他們還澄清，艾胥莉和賈斯汀絕對不算創業家，因為他們不符合熊彼得對產業破壞創新者的定義。美國需要的是更多星巴克，而不是又一家洛克威海灘麵包店。

這呼應了美國凱斯西儲大學（Case Western Reserve University）創業學教授史考特・申恩（Scott Shane）的想法，他曾極力主張矽谷新創公司的效益高於一般小型企業。「創業活動的影響力主要來自高潛能企業的成立，諸如臉書、Instagram和借貸俱樂部（Lending Club）這類企業，而不是在政府統計數據中占大多數的乾洗店和服飾店。」申恩在他於二〇一八年出版的《創業已死？》（*Is Entrepreneurship Dead?*）一書中如此寫道。他又寫道，多成立由創投基金和天使投資人資助的公司、少開獨立小店，並不會妨礙創造就業機會和推升國內生產毛額，因為「光是多個幾家Facebook和Google，可能就打平了小鎮主街上的一大堆服飾店，因為前者創造的工作崗位和經濟輸出遠大於後者。」

不過，現在另有一派創業學者的聲勢逐漸成長，他們認為犧牲小型企業、愈來愈只著重大企業和矽谷式新創公司（他們也致力於成為大企業），這其中大有問題。其中一位是印第安那大學（Indiana University）教授大衛・奧戴奇（David Audretsch），他告訴我，這終歸是我們怎麼定義創業家的問題。他解釋，學術文獻對創業家有三種典型的定義。第一種是組織定義：某公司是不是年輕的新公司？某人是不是自雇業者？這個定義涵蓋了最多創業類型，包括享活創業家、小企業和一人工作者與自由業者，例如我跟我太太以及其他的家人。第二種是行為定義，也就是個體是否在尋找契機並採取相應行動。這個定義納入了集團創業家（又叫內部創業家），並認為經營行為（新概念、新發明等等）的重要性勝於成立公司或擁有公司。第三種是根據績效來定義：創業的人是否有所創新？那項創新有推動經濟成長或顛覆業界嗎？

奧戴奇告訴我，從一九八〇年代晚期開始，後面這兩種針對行為和績效的定義躍居學界主流，向只著眼創新、成長潛力和放大規模的模式靠攏，最後排除了一切與之不符的創業家。這種對創業家的狹隘定義最主要的問題，是它與我們日常社會中創業活動的實況大大脫節。在我們生活周遭，小型企業和享活創業家的數量遠勝於激進的創新派。

「我們自己的成功害我們以為這是唯一的創業之道、唯一的商業和社會模式，然後這又成為政策，」奧戴奇說。「這變成手裡拿著槌子，眼裡只見釘子：不論什麼問題，解決辦法都是創業／創新／成長。」

這種只專注於新創公司神話的取向，在學術界以外也造成實際的後果。隨著創業的定義倒向矽谷那套說法，針對小型公司和家族事業的課程、計畫與實用資源紛紛遭到裁撤，讓位給孵化器、創新園區和其他只扶植科技新創公司的計畫。想要速成的政治人物、大專院校和其他單位，被最顯眼、最誘人、最高調的創業活動吸引，競相追逐獨角獸，代價讓其他創業的人來扛。

二〇一六年，奧戴奇偕三位學者針對這個現象發表了一篇文章：〈日常創業——籲請創業研究接納創業多元性〉(Everyday Entrepreneurship—A Call for Entrepreneurship Research to Embrace Entrepreneurial Diversity)。他們在文中主張創業學界應重新整頓，不宜只著眼異於常態的科技業：

「整體而言，本領域許多研究在增進我們對創業活動的了解時，取向仍極為偏頗，僅探討常態之外的極小眾案例，經常性地忽略本文作者稱為『日常創業』的大量創業活動及其多樣性，」該篇文章寫道。「且不論所謂的瞪羚[4]和獨角獸公司未必如我們以為的那麼重要，我們將日常創業一概判為既不重要、也不有趣，也就無法了解其豐富的樣貌和重要性。」

我請教該篇文章的共同作者之一、德國的費德莉卡．魏爾特(Friederike Welter)教授，她說的「日常創業」究竟是什麼意思？(我訪問過的一位學者批評這個詞是「胡扯」)。「我們在說的是多元共容的創業活動，」她說。「如果我們認可創業實際上有多麼寬廣……並真心認可創業有多種不同方式，事情就簡單多了。」那種多元包容的觀點會納入的主要是中小企業，例如魏爾特的研究重心——舉世聞名的德式中小企業(Mittlestand)。它們通常是地方性的小公司，製造的產品五花八門，從鉛筆、汽車零件到醫療儀器用的先進電子產品都有。德式中小企業是德國經濟的命脈，但因為它們並未集中於柏林或法蘭克福，所以不如性感的科技新創公司那麼有吸引力。

「創業投資家可能會說這『只是享活企業』，」魏爾特說。「當你說『享活』，這本身並沒有『它們不想成長』的意思。話又說回來，它們為什麼該成長？為了滿足創投家獲得投資報酬的心願嗎？為什麼該由創投家說了算？」魏爾特說，創業就最根本來說，是人為自己的生活承擔責任的行為，對自己的工作和一切相關面向主張經濟和社會的掌控權。每一個創業家幾乎都希望事業成長，但成長的方式、速度和理由都不盡相同。魏爾特和奧戴奇強調，創業家並非都只有一種志向，如此假設是過分簡化。創業家可以既創新又不假外來資金相助，既關注社會又高成長，又或者，一家享活企業最終也會成為跨國集團。奧戴奇回憶，一九八二年，他在佛蒙特州一個加油站遇見兩名年輕人，他們說他們在伯靈頓市(Burlington)開了家賣冰淇淋的小公司。這對合夥人是班．柯恩(Ben Cohen)和傑瑞．葛林菲爾德(Jerry Greenfield)。不到十年，班傑瑞冰淇淋(Ben & Jerry)風靡全球，在二〇〇〇年獲聯合利華集團(Unilever)以三億兩千五百萬美元收購，兩位創辦人當初都想不到會有這樣的結果。「蘋果一開始是享活企業。Facebook一開始也是享活企業。」奧戴奇說。

小即是美：掌握主導權，獲得自由

每個創業家都夢想成功致富，很多人會投身創業也是因為堅信自己是下一個賈伯斯，然而現實鮮少如其所願，成功與否也無從預料。誰知道新開的那家披薩店會不會是下一個達美樂？還是下一家有五個店面的地方連鎖品牌？又或者，就只是單單一家很棒的披薩店，讓洛克威海灘又多了個晚餐好去處？有些公司做同樣的生意、也以同樣的方式創立，卻因為時間點、運氣和人生境遇而有天

4　成長快速的公司。

差地遠的走向。規模最大的公司顯然會創造最多就業機會，但這是因為他們非得這麼多人力才能運作，並非他們真是創造就業機會的功臣。政治人物很喜歡宣布大工廠要來設點、一口氣帶來成百上千個工作，不過這樣的指望一併帶來這個可能：這些工作也會同樣突然地消失。如同投資基本常識告訴我們的，投資組合愈是多元，愈是穩妥，在地經濟也是同樣的道理。

「我想這層領悟是愈來愈明顯了，大公司不如從前能帶來那麼多就業機會，」英國全球創業觀測站（Global Entrepreneurship Monitor）的負責人麥可．賀靈頓（Mike Herrington）說，這個組織專門彙整全球各地創業活動的資料。賀靈頓住在南非開普敦，在進入學界之前是個創業家，職涯一路走來創辦過四家公司，包括一間曾雇用三千兩百人的絲襪工廠。「大公司正迅速轉型，愈來愈多工作在自動化，愈來愈多科技被導入工作流程，所以職缺也在減少。大家開始醒悟到，無論如何，未來恐怕得自己養自己了。」雖然數據顯示，最多人創業的國家也是最貧窮的那些（馬達加斯加、喀麥隆、布吉納法索的自雇者比率，是美國、日本和其他歐洲國家的將近四倍），「愈大愈好」這個過度簡化的概念依然不正確。

賀靈頓引用「經濟合作暨發展組織」（OECD，由全球發展程度最高的幾個國家組成）的資料，來說明公司行號平均的就業創造率。

一個微型企業會創造一．五個工作，小型企業可創造多達五十個，高科技企業多達兩百五十個。「如果目標是創造一萬個工作，顯然就該說：『我們忘了小公司吧，把資金集中給科技公司就好。』事情沒這麼簡單，」他說。「各種類型的公司都要有，不能一竿子打翻一船人……你要是能打造出另一家Google，唉呀，你就會在學界揚名立萬了，可是這不會推動世界運轉。社會承受不起只有某一類企業活動的代價。」這對開發中國家來說格外真切，他們的國內生產毛額有極大比例來自小型企業，在賀靈頓的家鄉南非是六十％，印度是九十％。你要是住在約翰尼斯堡的貧民窟，或是洛克威海灘麵包店一個街區外的亞文區（Averne）低收入戶國宅也一樣，有能力開創一份事業並藉此獲得經濟自由，讓你支付生活開銷、養家活口、建立生活，那麼不論那是怎樣一份事業，都會翻轉你的人生。對大多數人來說，享活企業就是他們想擁有的事業。

「很多理論學者可能有點不食人間煙火，還在盲目推崇大就是好，不過在現實世界中腳踏實地的人，他們有的是一股強烈的渴望，如果有任何可能，他們想致力從方便、人性和易於掌握的小生意賺取利潤。」經濟學家修馬克（E. F. Schumacher）在他一九七三年出版的經典之作《小即是美：一本把人當回事的經濟學著作》（*Small Is Beautiful: Economics as if People Mattered*）[5]如此寫道。修馬克認為，工作和創業不是創新和創造性破壞的過程，而是一種生命狀態，有如佛教修行所追求的「正命」，不只會帶來經濟上的獨立和回報，也會帶來喜悅和意義。這是人類存在的基礎事實。「工作和休閒是生活的一體兩面，要是把這兩者分開，必將破壞工作的喜悅和休閒的快樂。」

人鮮少單單為了錢而創業，畢竟錢對創業家來說永遠在未定之天。「享活企業的重點在於主導權——對於你的時間、界限，最好還有金錢，但重點真的就是主導權，」莫拉．艾倫－彌爾（Morra Aarons-Mele）說，她是自行開業的顧問，幫客戶解決創業相關問題（她也自創了「創業家精神A片」一詞）。「我想，大部分的人最終追求的是這個，而不是成為億萬富翁。大多數人希望工作有意義，也想重掌時間的主導權。」

5　編註：繁體中文版由立緒出版。

我太太蘿倫從前為大企業獵人頭時，聽過無數次這個說法，各種版本都有。說這些話的人都在考慮要不要接下剛找上門來、年薪六位數美元的銀行業工作，即使他們心知肚明，新工作就跟他們現任的六位數年薪銀行職位一樣，不是人幹的。他們真正想要的，是有更多時間能花在自己在乎的事情上：實踐創業靈感、旅行、照顧剛建立的家庭，或是終於在鄉下開一家老早就想開的民宿。那段時間，蘿倫自己心裡也有這些念頭。她會穿著她痛恨的磨腳辦公鞋款，在通勤上班的泥濘路途中於咖啡店佇足，看著店裡的人在大白天烤麵包、閒聊天，然後自問她為何不能過這樣的生活。她的工作可以說極其理想了：一週上班五天，薪水優渥，她很喜歡客戶和老闆，晚上和週末也從來不必加班。不過蘿倫想要的，這份工作永遠給不了：她想主導自己的人生。工作的時間地點、要做什麼又與誰共事，甚至是上班的穿著打扮。她明白她要是創業，起初的收入必定大減，但她也會獲得寬廣的自由，而她甘願接受這個交換條件。

享活創業家的「滿足感」：創造自己的生活體驗

要追蹤創業在財務之外有何益處十分困難，這不像經濟數據，相較之下經濟數據還比較直接了當。學者通常是請企業主自述對各方面感受，例如工作滿意度、對整體生活或健康（一位學者管這叫「精神收入」）的滿足感。雖然根據目前的資料還難下定論，不過從多項研究確實看得出來，比起受雇者，創業家通常對工作的滿意度較高，即使受雇者收入較多。

我跟洛克威海灘多位享活創業家聊到這一點，而他們對工作和生活的滿足感各有不同原因。歐柏斯基的滿足感來自衝浪、住在海灘旁、打造一家裝潢由她全權決定的麵包店。艾琳．席維絲（Erin Silvers）渾身散發波希米亞仙氣，開了琴加拉古著店（Zingara Vintage）賣衣物首飾，而她創業的滿足感主要來自她獨力撫養的女兒。「我的生活體驗由我自己創造，」她說。「我有完全的自由，在這個瘋狂的世界擁有一個安全又美好的空間。」席維絲在二〇一四年搬到洛克威之後，每天都能親自接送女兒上下學、帶女兒去海灘，盡情與女兒共度童年飛逝的每一刻。「有個朋友最近跟我說：『艾琳，我認識的人裡面，沒人有辦法像妳花這麼多時間陪女兒。』」席維絲說到這裡哽咽起來，暫時打住。「我要是在洛克威以外隨便找個地方開店，會賺更多錢，但因為這些理由，留在這裡很值得。」

珍．珀楊（Jen Poyant，歐柏斯基稱讚她是個『剽悍的八婆』）經營一間叫「穩定天才製作公司」（Stable Genius Productions）的Podcast錄音室，製播一檔熱門節目「之字線」（ZigZag），探討女性創業相關議題。雖然她的搭檔和公司其他夥伴都在布魯克林工作生活，珀楊還是待在洛克威海灘，這樣才能花更多時間跟兒子相處，帶他去海邊、教他衝浪。「家庭占了我的生活很大一部分。」她就是以家庭為中心來經營公司。

蘿倫創業最主要的原因就是想日復一日照顧孩子，這看似單調的苦差事為她帶來莫大的喜悅。她受夠了無緣接送孩子上下學，受夠了非得在週末採買日常所需。她不想獲得批准才能度假、才能在我們的女兒生病時休一天假照料她。等到四年前她懷了我們的兒子，這些感覺終於累積到臨界點，讓她下定決心創業。

自從她開始為自己工作，這三年來每年夏天我跟蘿倫都在八月休假，帶著孩子跟父母到鄉下露營、游泳、健行，單純花時間好好相處。昨天我比預計提早一小時停筆撰寫這一章，因為外頭在下雪，我想帶孩子去玩雪橇。我要是受雇於人，絕不可能這麼做。兩個孩子占用了我們的時間精力之多，絕對影響了我們可能會有的收入。但除非我們有非赴不可的約，或是我得為了做調查和演講出遠門，否則我們每天早上都親手把麥片餵進孩子尖叫的小嘴裡，陪他們走路上學，幾小時後再接他們回家，想辦法把他們拐進浴缸再放倒到床上，親親他們窩心的小腦袋道晚安。

我一直都為自己工作，所以「不能全權掌控自己的時間」於我還真是個陌生的概念。「是怎樣，你法國人喔？」有一次我邀朋友史帝夫共進午餐，他不只這麼開玩笑回我，訊息還附加一張照片，裡面是筆電旁擺著一份狀甚淒涼的塑膠盒裝沙拉。每年我去滑雪時，也為一些朋友的處境感到震驚，他們雖然年過四十，還是得為區區兩天假期提前六個月報備，老闆恩准才能成行。到了夏天，我想跟我朋友喬許去划立式槳板，我們兩個說下水就下水；喬許自己開了一家資工服務公司。有時我們在多倫多市中心的港口划槳板，我會指向雄霸市區天際線的那些辦公大樓並提醒喬許，我們有些朋友現在就在裡面坐辦公桌，我們卻置身陽光底下。「你們兩個真的有在工作嗎？」去年七月某個週二上午，喬許把我們划槳板的照片寄給另一個朋友丹恩，丹恩這麼回他。那時丹恩人在高速公路休息站，坐在汽車前座吃起司漢堡，一手還在用筆電編輯客戶的合約。我們當然有在工作——照我們自己的意願工作。

這種自由自在的感覺可以帶來很真實的好處，健康就是其一。十年前，艾美．費賓潔（Amy Febinger）在曼哈頓上班，擔任電視節目和廣告的製作人。「我因為壓力太大得了胃潰瘍，」有天早上我們在洛克威海灘的步道上聊天，一邊看海浪、喝奶昔，她這麼告訴我。後來費賓潔開始玩插花，這又成了她的副業，她面臨了抉擇時刻。

「好，」她對自己說，「妳現在不是放手一試自立門戶，就是回頭上班配胃潰瘍藥。」費賓潔放棄了年薪十四萬美元的工作，開始跟著一位花藝師當學徒，捲起袖子幫人家刷水桶，同時一邊做花藝零工、一邊自由接案製作廣告。她也開始在洛克威衝浪，最後搬到這裡，但仍繼續在曼哈頓和布魯克林做花藝，也發現她雖然置身花卉之間，壓力還是跟以前住市區時一樣大。最後費賓潔決定專心接洛克威和長島的婚禮生意，以比較高的價格接少一點案子，並且在家裡工作，每年冬天歇業兩個月到墨西哥衝浪兼插花。費賓潔的人生徹底改觀。胃潰瘍不藥而癒，從前她習慣抽大麻助眠，現在卻再也不碰任何藥物，因為她的焦慮輕微到她感覺不到。

「重點是我沒結婚也沒小孩，一人飽全家飽，」她說。「只要能打平開銷又可以度假，也就夠了。我不需要一年進帳三十萬，何苦呢？我會忙到根本沒時間花這個錢。」最近她在紐約的花市巧遇一位花藝名師，費賓潔被他不成人形的模樣嚇到了。他告訴費賓潔，他的業務飛速成長，害他壓力大到不行。「哇噻！我們是為了相反的理由進這一行。我進這一行不只為了謀生，也為了過我的人生！」這天是紐約市一個晴朗的早晨，身穿比基尼的費賓潔說完暫時打住，望向海洋。「我這輩子大概從沒這麼快樂過。出來在這個地方放鬆一下也沒關係，」她說。一波浪頭在此時拍岸碎成浪花。「這是我的人生。」

享受工作帶來的自由

對享活創業家來說，工作本身往往跟工作帶來的自由一樣令人享受。歐柏斯基熱愛烘焙。席維絲熱愛把古董衣賣給客人，讓他們穿了開心。費賓潔熱愛花藝。我熱愛採訪，這讓我有機會跟任何我感興趣的人交談。我很不想用「熱情」來形容，因為這個詞被矽谷新創神話挪用為行銷潮語，浮濫到讓人無感了。但不容否認的是，在創業家的初心裡，熱情是一大要素。見完費賓潔，我驅車南下洛克威綠意盎然的郊區百麗港（Belle Harbor），去找綽號「蛤蠣喬伊」（Joey Clams）的喬伊・法柯尼（Joe Falcone）。我看到他時，他人在母親住屋後頭的改裝車庫裡打著赤膊，把一塊長方形的高密度海綿削成長約一九〇公分、造型像條魚的衝浪板。法柯尼在洛克威土生土長，也是衝浪手，舉手投足有種名導史柯西斯（Scorsese）電影中義裔美國人神氣活現的調調。他還是青少年時就開始製作衝浪板當興趣，並且在紐約市區做過五花八門的工作——廚師、泊車小弟、衝浪店店員、平面設計、時尚攝影——最後他回到洛克威，全職投入製作衝浪板，品牌就取名「法柯尼衝浪板」（Falcone Surfboards）。

「我想重新回歸本地人的一分子，而且我真心覺得從麻木度日恢復了生氣，」他說。「我心不在攝影，做攝影時跟人聊的東西也『沒營養』。我是說，那些人是很認真在討論卡戴珊（Kardashian）一家，但我覺得很無聊。」法柯尼自認是工藝職人，為衝浪手和他們衝的海浪類型量身定做板子。「我做一塊板子收一千塊，不必像同行接那麼多單。」他說。「我不是為了衝配額所以拚命出板子。這年頭，做事真誠實在很重要。我的作品會永遠傳世，等我死了，大家會珍藏我的板子。」法柯尼極其嚴肅地堅稱，這份工作讓他的人生有了意義。「別的東西都沒辦法讓我的精神這麼充實。我是玩具製作師，這就是我的職責，我做衝浪板是為了讓人玩得開心。」

當你為自己工作，工作就成了你的一部分。你不只擁有營業資產和智慧財產，還有聲譽、成就、失敗，以及一路走來學到的點點滴滴。身為一個一直以來都為自己工作的作家，這是我鮮少公開承認的好處，然而這或許就是促使我不斷寫書的動力。寫作的收入極不穩定，作品暢銷的機會微乎其微，金錢回報普普通通，工作本身有時令人痛苦萬分。但到頭來，不論是好是壞，一切全歸我所有。這是我從工作得到最大的好處，任何金錢回報或是看到我的名字又印在書上的興奮感，都相形遜色。

享活企業的現實面

享活創業家未必都享受得到這些好處，就算有，也絕非總是如此。享活企業的神話就跟新創公司神話一樣深植人心，也同樣被人盲目崇拜。部落格、社群媒體網紅和一眾作者與專家，都不斷慫恿世人辭掉工作去追夢、實現熱情，把副業轉為全職的享活事業，做他們其實一直命中注定該做的事，要付出的代價只有WeWork共同工作空間的月費。

無數的顧問、部落格主和作者都在推廣樂享工作的祕訣，諸如自由創業家（Freedom Entrepreneurs）、自由快車道（Freedom Fast Lane）、筆電生活風格家（Laptop Lifestyle Experts），這些網站上滿是幸運兒的照片，他們曾經死氣沉沉地坐辦公桌，幸好後來決定自立門戶，過著實現自我又收入豐厚的生活，一邊環遊世界一邊賺錢（通常是走聯盟行銷的商業模式）。享活創業迷信的極致是「拖車生活」（Van Life，有個專屬標籤#vanlife）。在Instagram上，你會看到年輕迷人的伴侶記錄他們開著改裝福斯露營拖車環遊世界，秀出加州海灘清晨日出的照片，男生（打著赤膊）在給衝浪板上蠟，女生（裸著上半身）裹著朋德爾頓牌(Pendleton)毛毯啜飲咖啡。

當我打趣地向歐柏斯基提到#vanlife，她臉紅了，並承認她跟亞歷曾短暫擁有過一輛大眾汽車的威馬款(Velma)廂型車。不過她懂我的意思。看到一些女生頻頻在網路上曬海灘自拍照，又知道她們根本沒做任何努力達成她們宣傳的衝浪生活，她很不以為然。另外也有人受旺季吸引來到洛克威，興沖沖地開了酒吧、小店、餐廳，卻不知道這要投入多大的心血。

「想開店就開啊！星期三開張，星期五運鈔車就得來幫你載鈔票，」藝術家布蘭登・迪里歐(Brandon D'Leo)開玩笑說。他離開曼哈頓來這裡開了洛克威海灘衝浪俱樂部(Rockaway Beach Surf Club)，一家「逛完海灘、來這續攤」的酒吧，他的合夥人鮑達奇・沃許(Bradach Walsh)是消防員。「大多數人到了一月夢就醒了。」迪里歐坦承，作為營生工具，這間酒吧的進帳一直還趕不上他們當藝術家或消防員一年的收入，儘管我在七月某個週六與他跟沃許在酒吧碰面時，店裡看似高朋滿座。

對大多數的享活創業家來說，現實有好有壞，也充斥著俗務瑣事。衝浪用品店「板民」的老闆史塔提斯，就是多年前我在洛克威海灘認識的第一個人，聽我把創業說成一種生活風格，他哈哈大笑。板民自從二〇〇四年開張至今，規模擴張為兩倍，在相隔五個街區遠的海灘步道旁開了二店，還在海灘上設了兩個出租站。除此之外，史塔提斯也在附近開了一家酒吧。當初他從天然氣公司退休後，是聽兒子的勸說才來洛克威開店的。

「現在我每天有五個點要巡，」有天早上他出現在洛克威海灘麵包店時這麼說，那時他感冒還沒康復。「從陣亡將士紀念日到勞動節[6]，每週七日無休。」雖然他是最早在洛克威衝浪的那群人之一，這十年來史塔提斯從沒衝過一次浪，就連在海灘上坐一坐也辦不到。他實在太忙了。「我們有賺錢，不到幾百萬那種程度，可是我們能支付生活開銷，有份收入，」他邊咳嗽邊說。我開玩笑說，這樣還是有創業家光環呀。「是啊……我要親手掃地刷廁所呢。好大的光環！」

自由一旦獲得，就難以割捨

哪個創業的人不曾看著他們為自己建立的平凡生活自問：難道創業就這樣？不過當我詢問他們，不論是為了這本書或我們剛好認識，跟我談過的創業家沒有一個說回頭當上班族是他們的目標。除非走投無路，否則他們連考慮都不考慮。對大多數創業家來說，回頭當別人的員工是種嚴重傷害。最近蘿倫告訴我她做過一個夢，夢裡的她重返過去的職位，而她覺得這個夢恐怖的程度不亞於她常作的另一個惡夢：在中學全身赤裸又沒念書就去考試。

二〇一三年有份針對加拿大曼尼托巴省（Manitoba）自雇業者的調查研究，大多數受訪者都承認創業的工時很長，賺的也不多，而這在一般創業家身上很常見，他們通常賺得比工作相仿的受雇者來得少。不過絕大多數的受訪者也說，他們不會接受為人下屬的職缺。原因何在？或許有個原因是，金錢多到某個程度以後就買不到更多快樂了。很多研究都在探討這個現象，包括二〇一〇年發表的一份劃時代論文，作者是榮獲諾貝爾獎的經濟學家安格斯．迪頓（Angus Deaton）和心理學家丹尼爾．康納曼（Daniel Kahneman）。他們發現，美國家庭年收入一旦超過七萬五千美元（現在相當於約九萬美元），

6　譯註：在美國，陣亡將士紀念日是每年五月最後一個星期一，勞動節是九月第一個星期一。

之後不論收入再多，對生活滿意度的影響都小到可忽略不計。即使放眼世界各國，將數據根據收入和開銷調整後，都能看到這種效應。

每個人創業各有不同的動機，無法一概而論，不過他們對自由的重視或許是創業的一大原因。在二〇〇七年一份題為〈一切都是為了錢？〉（Money, Money, Money?）的論文中，蓋文・凱瑟（Gavin Cassar）教授指出，對創業新手來說，他們之所以選擇創業，想要獨立自主是最重要的一個因素。這並不令人意外。說到底，創業不論成功與否必然會帶來自由，而這就像一切的自由，一旦獲得就很難割捨。

曾經，在我的第一本書出版前夕，我想過到雜誌社或報社謀個職位，長點正式工作經驗並建立人脈，領一份穩定薪水。可是我現在的生活會是什麼樣子？我會穿著無精打采的卡其褲和襯衫通勤上班，坐在小隔間裡辦公，跟同事寒暄，擔心一堆事情：長官對我的印象好不好？我是不是花太多時間吃午餐或上廁所？工作太汲汲營營，還是不夠積極？我執行每項要務前都得先獲上級批准。掐掐算算我的休假和病假天數。不能滑雪，也不能划槳板。每晚不能接孩子放學，因為我得在辦公室加班，因為還真的有人在掐掐算算我的工時？我願意為多少薪水作這種犧牲？就為了年薪多個兩萬五千美元？還是五萬美元？我死都不要。

洛克威海灘的享活創業家都很重視自由。「這些好處我們都有深刻體會。」我們在洛克威海灘衝浪俱樂部喝酒聊天時，珀楊對我這麼說。有自由就有犧牲。當你成為老闆，從早到晚都要處理公事，沒得休假。你不能說不幹就不幹。珀楊提醒我，你不可能一走了之或是關機，而且再也沒有給薪的病假或休假了（歐柏斯基說她去年冬天到波多黎各衝浪一星期，此行開銷要用麵包店一個月的營業額來打平，不過她覺得值得）。退休方案？哈！你最好開始存錢吧。「你會把事情想清楚，」珀楊說，指的是創業家如何在經濟責任和個人自由間求取平衡。「你會把人生的優先順序想清楚。」然後你會據此打造你的事業。

歐柏斯基很清楚她的優先順序：不穿廚師袍、不穿襪子，她決定播什麼音樂、賣什麼食物，除了每週一次採買絕不開車，營業時間要符合衝浪小鎮彈性的時間規劃（他們真的說營業時間「八點到差不多四點」）。今年二月，歐柏斯基在麵包店的Instagram帳號貼出告示，上面有一張衝浪手在衝管浪的照片，而文字是這麼寫的：「本日營業至下午兩點，老闆要衝浪。因為……YOLO[7]。」她在留言中補充解釋，她提早關門是為了「來點洛克威冬季的樂趣，維護心理健康」，還加了個「#livealittle」[8]標籤。沒事先徵詢也不道歉，不用等人批准。說衝浪，就衝浪。

在一家能俯瞰牙買加灣的餐廳裡，我與在洛克威經商的葛麗．查荻克（Galit Tzadik）共進午餐。她告訴我，歐柏斯基是洛克威典型的享活創業家，照自己的意思過日子，憑個人才幹養活自己。查荻克曾從事房地產融資業，在二〇一五自行開設顧問公司，輔導這座半島上的創業家經營事業、規劃未來，讓事業更可長可久（她也是本地商家聯盟和一個洛克威海灘女性創業家社團的秘書）。「賺錢不是這些人的終極目標，」查荻克說。「我問他們終極目標是什麼，也就是他們人生追求的是什麼，有怎樣的願景？」她的客戶有小型承包商和水電工、嬰幼兒攝影師和健身教練、居家看護、小店和餐廳老闆、衝浪指導員、牙醫、醫師、瑜珈教室老闆……而這些人追求的都是「過理想生活的自由」，好好照顧家庭，不再為了發薪日而活。

7　譯註：you only live once的縮寫，亦即「人生只有一次」。

8　譯註：享受一下人生。

享活企業深根在地

查荻克說，洛克威海灘是如此孤立於紐約市其他區域之外，享活創業家將永遠在當地人口中占壓倒性多數。洛克威就是那種每天晚上，漁夫會跟二手車商、酒窖老闆、海灘步道上的攤販一起喝啤酒的地方。在超級颶風珊迪幾乎把這裡摧毀殆盡之後，也是這群創業家捲起袖子把這裡重建起來，互相借錢借場地，執起刮子清理發霉的店面，搭起帳棚組織紓困工作（洛克威海灘衝浪俱樂部的兩位老闆就這麼做）。又或者像法柯尼，開車繞來繞去，把乾襪子發給大家。獨立小店是洛克威海灘的心跳，他們交織在一起，讓在地社會恢復正常的條理。

「這是無價的貢獻，」羅德尼．法柯沃斯（Rodney Foxworth）說。他是美國「在地生活經濟商家聯盟」（Business Alliance for Local Living Economies, BALLE）的負責人，這是個全國非營利組織，宗旨是推廣在地小商家和他們對社區的正面影響。「他們就在當地做生意，老闆跟員工有真正的交情。他們是鄰居，在同一個地方上班，也一起上學上教堂。很難用一般的方式來判斷或衡量這其中的價值。這些商家對他們所在的地方很有心。」根據法柯沃斯援引的多項研究，一間在地商家創造的經濟價值有大約七十％會留在社區裡，反觀業主不在本地的商家，這數字只有三十％。

紐約市有將近二十五萬家小型企業，紐約市小型企業服務處（Deartment of Small Nusiness Services）主任葛瑞格．畢夏普（Gregg Bishop）自信地說，它們是「本市的經濟引擎」，雇用了三百六十萬名紐約人。它們提供的服務從修理單車、托兒，到有七道菜試吃菜單的高檔餐廳都有，為紐約市經濟注入不知幾十億美元收益。「這些公司之所以營業，是因為老闆就愛營業，」畢夏普說。「有些人開公司是為了把公司賣掉，這些小企業主不是那種人。」畢夏普也說，不論賣的是什麼商品和服務，他們都想為所屬的社區做點什麼、為他們所在的城市一隅服務。不過更重要的是，就是這些人讓紐約……很紐約。

當我問畢夏普，紐約市要是沒有享活企業家會是如何，他說：「紐約獨特的風貌恐怕要不保了。」在紐約許多城區，因為房租、營業執照費和其他開銷節節高升，享活企業家正迅速被迫離開。「要是剝奪了我們所有的享活企業，結果會剩下什麼？紐約市就再也不精采了。它會變成美國隨便一座普普通通的城市，無法反應這裡的公民是多麼多元，沒人會真心想成為這座城市的一分子。紐約之所以是紐約，原因是你家巷口那家乾洗店在那邊開三十年了，老闆認識12D公寓那家人、看著他們的孩子出生長大。」他說。「對，紐約市是有塔吉特超市（Target）和其他大型連鎖店，但你會發現，我們小店的競爭優勢不只是靈活又懂得順應顧客，也因為它們跟在地社區打下良好關係。」

聽畢夏普這麼說，我想起林德和艾金森在《大就是美》裡面虛構的例子：艾胥莉和賈斯汀的披薩店。他們說這種小店不算真正的創業，而且在很多方面都是享活企業毫無經濟建樹的標準範例。從前我住在紐約市的時候，我最喜歡那個地方的原因之一，也是我非常懷念的一點，就是那裡每天都有很多賈斯汀和艾胥莉（實際上比較有可能是「薩爾和喬伊」[9]啦）打開披薩店大門營業，而且在這個披薩小店多到滿出來的城市，走到哪都會遇到這樣的地方。在這個絕妙的城市隨便走在一條街上，你都

9　譯註：Sal and Joe's是真實存在的義大利麵食和披薩店。

能來一片創業家為你烤的披薩，多種選擇任君挑選——這麼美好的事是紐約之所以很紐約的原因。你能想像一個想吃披薩卻只能選達美樂或必勝客的紐約市嗎？

到了下午兩點半，歐柏斯基向後退一步，口頭盤點了一下架上還剩什麼：三小塊佛卡夏、三條酸種麵包、兩個原味可頌、一個馬爾頓海鹽蜂蜜可頌（我的最愛）。她著手為明天準備可頌麵團，儘管明天是她的休假日，麵包店不營業（她說那是「星期天」，實際上是星期一）。歐柏斯基打算明天睡到自然醒，出海衝浪，在沙灘上躺一躺，找朋友消磨時間。我問了她一件自從我來到洛克威海灘就納悶的事：她為什麼不跟很多衝浪迷一樣，搬到加州、墨西哥或夏威夷，然後在那些地方開麵包店呢？幹麼堅持待在又貴又難搞的紐約？市政府那天就發來一紙通知，說接下來兩個月要挖開她店面前的人行道換水管，這下夏天剩餘的日子生意都要遭殃了。她怎麼不搬到浪況更好，房子更便宜，氣候更溫暖，海水更清澈，壓力也小得多的地方，何苦在這個生活風格是標準的「爭得你死我活」的城市成立一家享活企業？

「我們家是紐約人，」歐柏斯基說，一邊用結實的雙臂把奶油條擀進麵團。「他們每隔幾週就來看我。我弟會來店裡幫忙。而且紐約的餐飲界……我的意思是……拜託，這裡是紐約耶！」《紐約時報》等媒體持續對歐柏斯基的可頌和烘焙產品給予好評，不只教更多客人趨之若鶩，也搧旺了她的事業雄心。這家麵包店是個起頭，她還想把廚房規模擴大成像樣的生產線，烘焙並販賣更多產品，最終她想再度製作冰淇淋。歐柏斯基希望有天能開一家懷舊汽水吧，賣漂浮冰淇淋、奶昔、聖代——跟海灘小鎮是絕配。

「我還想要更多嗎？是想啊，可是我現在也很快樂了。」她說。「日子平靜無波的時候我會想，

『好，接下來我要做什麼呢？』我隨時準備要玩得更大，挑戰自己。」

四名青少年進店來，把歐柏斯基剩下的可頌一掃而空，只留下一條麵包；她把這條麵包塞進背包帶回家。「其實還是很辛苦，」她邊走出店門邊對我說。「開這家店是我這輩子做過最辛苦的事。有時候我會一覺醒來說：『呃啊，我不想上工。』然後又告訴自己：『唉呀，妳得順著步道騎腳踏車、看海豚，去妳擁有的那家陽光麵包店耶……哇！哇！』」

「一個星期又過去了。」軒尼茲奇邊說邊拉下麵包店的鐵捲門，在人行道的地面鎖好。

「唷呼，週末來了！」歐柏斯基對著街道大叫，走進她房東菲爾．西西亞（Phil Cicia）在隔壁開的酒飲外賣店。歐柏斯基買了一手紅茶麥酒（她喜歡在海灘上喝的含酒精冰茶），跟西西亞聊了一下生意經：他跟國稅局纏鬥的狀況，還有接下來讓他一個頭兩個大的人行道整修工程。西西亞一聳肩說：「嘿，這是我們的生活耶。」

有人認為，把過好生活當成主要目標的創業家，代表一種比較次等的創業，這些創業家選擇不僅快且盡量擴大事業規模，不只可謂失敗，也在拖累經濟——這種想法大錯特錯。不論為自己工作與否，我們大多數人都想好好過生活，而且不只如此，我們還想改善自己的生活。我們為自己開創的事業做出選擇和犧牲，而考量依據是我們的生活方式、我們想要的生活方式，以及對我們開放的選項。有時這代表我們有更多選擇，有時則得做出犧牲。

歐柏斯基打開一罐紅茶麥酒放進腳踏車的杯架，然後騎過街到海灘步道上，邊騎邊啜飲著那罐飲料，望著海浪往家的方向騎。她進家門不到五分鐘又出門來（先抽點大麻是一定要的），身穿潛水衣、手抱衝浪板，往海灘走去。歐柏斯基划進浪裡，雖然今天只有小小的碎浪，不過她彷彿在夏威夷衝光滑如鏡的管浪，儘管只能衝一小段距離，每趟衝完她還是笑咧了嘴，振臂揮拳。歐柏斯基的朋友們游到等浪區，跟她聊麵包店的事。

歐柏斯基在海裡泡了兩個小時，直到夕陽開始沉入公寓大樓後方，把約翰・甘迺迪國際機場起飛的飛機染上粉紅色的餘暉。「嗯，我今天在衝浪板上看日出和日落，睡了五個小時，中間都在工作。」她邊說邊把板子轉向，又划向一波浪頭。「今天還不錯。沒有可以抱怨的地方。」說完她又站上衝浪板，回頭向我大喊：「這一點也不爛！」以免我不知怎地，竟然沒搞懂這一點。

第四章　拉別人一把：美國非裔女性的美容帝國

潔西卡．杜帕（Jesseca Dupart）的耐性即將耗盡。她愈來愈受不了她的製造商所謂的「成長痛」。有一批「奇蹟凝露」該送到芝加哥某家美容用品店卻遲遲不到；奧克蘭另一家店訂了一批「絲絨髮霜」卻收到兩批，店家氣個半死；運送途中受損的造型髮膠被退回「萬花筒美髮產品公司」（Kaleidoscope Hair Products），他們得自行吸收全額損失；還有好幾箱洗髮精散發嗆鼻的化學藥味，把她的員工薰得頭痛。

「萬花筒」在二〇一二年剛開張時只是一家小髮廊，位於紐奧良東北的小伍茲區（Little Woods），當時杜帕三十歲。等我在時隔六年後去拜訪她，萬花筒成了美國非裔美容市場快速崛起的品牌。美國每一州都有髮廊和美容用品店銷售他們家的美髮產品，此外他們也外銷到加拿大、英國和加勒比海各國。一切都要歸功於杜帕鍥而不捨地在社群媒體上作行銷，尤其是Instagram，她的帳號@DArealBBJUDY的粉絲人數即將站上一百萬大關。

杜帕身高一百五十公分出頭，有著一雙大眼和開朗的笑容，一身豐腴的線條透過她刻意選來秀身材的衣服凸顯無遺。她帳號裡的「BB」是大胸部（Big Booty）的意思，在她為了行銷而日以繼夜迅速產出、穩定更新的照片和影片中，她也毫不避諱秀出這副天賜資產。「早知道會進美髮業，我或許會換個帳號吧。」杜帕提到@DArealBBJUDY的時候這麼說，並咧嘴一笑。這天早上，她身穿愛迪達運動緊身褲和椰子鞋（Yeezy），一件綴了水鑽並寫著「禱告啊女生，禱告」的T恤。她的頭髮又黑又直（她每週輪替的多款接髮造型之一），而她今天的水鑽延長指甲將近八公分，閃著金、紫、黑三色。

萬花筒近來有了爆炸性成長，業績從二〇一八年初的單月十萬美元躍增到三月底的一百萬美元。萬花筒在休士頓的製造商和經銷商實在應付不來這等成長速度和需求量，害得杜帕頭痛不已。「我們沒有犯錯的空間，」她坐在公司的辦公桌後面對我說，他們的辦公室就設在從前髮廊所在的小型購物中心，占據了幾個單位空間。「現在犯個錯會虧幾千美元，才幾個月前還只會虧幾百美元。兩天營業額變成十二天，」她邊說邊在兩支電話和一台電腦間切換。「這台垃圾當機了啦！」

杜帕感到很矛盾，因為捅出這些婁子的人是她的業師。從前杜帕還是美髮師的時候，是他親自說服杜帕開始銷售美髮產品，助她從紐奧良眾多開髮廊的非裔女性中脫穎而出，晉身全國非裔美髮界的名人，並且帶動她的公司迅速成長，營收數百萬美元。然而現在他滯留非洲不歸，沒人有辦法幫杜帕解決益發混亂的物流問題。「我全都得自己來——打給貨運公司、打給紙箱公司——我也知道我並不需要他。」杜帕說。

市場需求的成長快過萬花筒能應付的範圍。每天都有人打電話來，還有人出現在公司門口，就為了買到缺貨的產品，例如最熱門的「奇蹟凝露」——萬花筒宣稱這能調理鬼剃頭、掉髮和其他髮質受損問題。「我不想缺貨！」杜帕惱怒地說。「缺貨就是跟錢擦身而過！我下星期要飛到休士頓把這個問題搞定。」

就在這時候，那位人在肯亞旅館的經銷商傳給她一則訊息，杜帕馬上打給他。「出這麼多差錯很傷我們的形象。」她說，並轉述萬花筒愈來愈難以履行訂單的問題，「而且是一下子就出很多錯。」

「這只是因為現在有太多事情並行了，」她的經銷商回答，並解釋他們剛與亞特蘭大一家更大的經銷商合作，出貨過程變得比較複雜。「從前我們自己來的時候沒犯這些錯。」

「可是現在的生意比從前翻了三倍呀！」杜帕回嗆。雙方對話的聲調很快拉高，最後杜帕簡直是對著電話大吼，兩人都掛了對方電話。

「現在他要是搞不定小訂單，會變成我的問題。我的意思是，我這人很講義氣，可是現在要是搞砸了，在這裡工作的每個人都會遭殃，」杜帕邊說邊搖頭。她暫時打住，做了個深呼吸，雙手交握成禱告的姿勢並閉上雙眼。過了幾秒鐘她睜開眼睛。「這是我的公司，我不能為別人犧牲它。有太多人依靠我了……太多太多。」

那些人包括她的親朋好友、她以各種方式相挺的美髮業同行，以及她的十幾名員工。她雇用了一對從奈及利亞移民來的夫婦，因為學校放春假，他們帶孩子來上班，三個小朋友現在就在辦公室後面打電動。不過最重要的是，紐奧良和其他地方還有很大一群人對杜帕寄予厚望，把她當成創業家楷模。

我們離開辦公室往杜帕的凱雷德休旅車走去（車身上貼了一圈萬花筒公司的貼紙，車牌是「BB Judy」），這時有輛轎車駛進商場前的廣場，對她猛按喇叭。四個非裔女孩子跳下車向杜帕跑來，一邊擁抱她一邊開心尖叫。她們掏出手機跟杜帕自拍，興高采烈地解釋她們剛在巴頓魯治市（Baton Rouge）念完大一，打包清空宿舍房間後就直接開車來見她。對這些女孩子來說，DArealBBJUDY不只是個跟名人合作、在社群媒體發布搞笑短片賣美髮產品的超級網紅。她也是出身紐奧良的黑人女性創業家，事業做得有聲有色，並且告訴年輕黑人女性同胞她們也能創業。

異軍突起：女性與少數族群的創業

在美國，少數族群的女性（非裔、拉美裔、亞裔、美洲原住民等等）是這二十年來人數成長最快的創業家。根據美國運通公司（American Express）委託調查的一份報告，自二〇〇七年到二〇一八年間，白人女性擁有的公司數量成長了五十八％，而少數族群女性擁有的公司成長率高達將近三倍（一六三％）。迄二〇一八年為止，美國所有老闆是女性的企業當中，有色女性開的占了將近一半，這代表近六百萬名企業家，每年營收總計達三千三百億美元。非裔女性占少數族群女創業家的二十％，且人數每年成長九％，在女性創業家當中是僅次於白人的族群。根據估計，在美國，黑人女性每天會創立約五百五十家新公司，相較之下，白人女性每天新創的公司是六百五十家。在美國所有女性企業家當中，黑人女性是唯一一群開公司的比例超過同族群男性的人。若說有哪一群美國創業家符合「創業正夯」這則神話的描述，他們長得應該跟潔西卡．杜帕很像。

美國的少數族群會有愈來愈多人創業，一方面是因為美國人口組成變動，移民改變了勞動力和國家的樣貌。然而，非裔改變美國人口組成的方式跟亞裔和拉美裔不一樣，亞裔和拉美裔是透過移民，而非裔占美國人口的比例相對穩定不變。美國非裔女性引人矚目之處在於，她們是因為有心實踐創業靈感並真正為自己打造一份事業，所以立志創業。

這是好消息，至於比較複雜的消息是，黑人與其他少數族群的女性就如同全體女性，想創業又希望事業有成，在長期看來得克服比較大的難關。二〇一六年，「考夫曼基金會」發表的一篇性別與創業報告指出，與條件相當的男性相較，女性創立新公司的可能性只有一半，女性開的公司平均規模往往也比男性開的來得小，獲得融資的比率較低，獲利較少且成長較慢。女性也更可能在家工作並投入以女性為主的產業，例如美容業。對少數族群來說，這種差距又更為顯著。美國非裔女性擁有的公司，平均年收益只有兩萬四千七百美元，相較之下，白人女性開的公司的平均年收益是二十一萬兩千三百美元。這種財富與機會的巨大落差，赤裸裸地體現美國結構性不公的問題。

當然了，這不僅僅事關經濟，也關乎文化。除了少數例外，美國當代的創業英雄故事從來就把少數族群或女性摒除在外。

「這是明目張膽的階級歧視、性別歧視、種族歧視……每一個創業家都有親身經歷。」茱麗安・齊默曼（Julianne Zimmerman）說。她是波士頓「影響力投資事務所睿英創投」（Reinventure Capital）的總經理，他們專門投資少數族群經營的公司。「我演講的時候會請在座每個人閉上眼睛、想像成功創業家的樣貌，」她說。「然後我問：『有誰想到的是崔斯坦・沃克（Tristan Walker）、莎拉・布萊克莉（Sarah Blakely）、瑞西盧・丹尼斯（Richelieu Dennis），還是羅賓・蔡斯（Robin Chase）？』[1] 全場會陷入一片沉默。因為每個人想到的創業偶像都一樣：賈伯斯、馬斯克、祖克伯、蓋茲。社會主流反覆傳講的是個單一扁平的故事。那是一種下意識的偏見。大家都不是刻意想排除其他的故事，可是每當我們遇見創業家或想到他們，注意的都是我們預期想看的東西。當我們發現有些地方不符預期，就心生很多質疑。」

1　譯註：四人均是非裔或女性創業家，沃克創辦針對少數族群開發美容產品的 Walker Company，布萊克莉創辦 Spanx 服飾品牌，丹尼斯創辦針對非裔需求的美髮品牌 Sundial Brands，蔡斯創辦共享汽車公司 Zipcar 與 Buzzcar。

不論是帕羅奧圖的創投家或紐奧良的銀行信貸專員，投資人因為心存這種偏見，於是要求前來尋求融資的女性和少數族群創業家提供更多答案、細節和資料，以克服這些偏見，白人男性創業家則不會面對同樣的要求。哈佛教授黃樂仁（Laura Huang）與共同研究學者在一份論文中指出，與男性相較，女性創業家向創投人提案時，會被問及更多關於潛在風險和損失的問題，男性則被問及更多關於潛在收益的問題。投資人往往傾向找個符合心目中成功創業家樣貌的執行長就好，這也是為何男性一直以來都拿到絕大部分的創投基金，破壞公平機會的惡性循環也持續不絕。矽谷的新創公司模式催生了更多矽谷式的新創公司，導致創業家之間的不平等更形嚴重。

「創業界快要只剩單一模式了，而且迫在眉睫。」齊默曼說。「只有一種人創業，只有一種人投資，他們也只做一種投資。單一模式必定會出問題。」

就經濟角度而言，這代表我們浪費了大好機會。「我們很明確看到，比起創投家瞄準的那群對象，女性、有色族群和移民遠更有可能創業並持守下去。」

這些創業家往往也比其他人更關注社群。他們創業是為了服務他們所屬的社群、促進社群內部的關係，透過創業讓他們的社群更強大。對杜帕這樣的紐奧良美容美髮業黑人女性來說，在地社區不只是個開公司的地方，更是創業家最根本的精神支柱。

紐奧良是個充滿魔力的城市，擁有豐富的音樂和歷史，還有奶油香四溢的美食。當地宏偉的宅邸和金碧輝煌的餐廳看似闊綽，然而綜觀整體經濟，紐奧良仍是美國最貧困的城市之一，尤其是非裔聚居的社區。奧爾良教區（Orleans Parish，紐奧良大都會區）的失業率僅略高於全國平均，不過全市的黑人男性有多達一半處於失業狀態。有鑑於非裔占了紐奧良超過六十%人口，所以當地創業活動的樣貌、創業與在地社區有又怎樣關係，由這些事實觀之幾乎就能了然。

這使得黑人女性成為紐奧良一支強大的創業生力軍，而她們有很多人都選擇投入美容美髮業。這並不令人意外，因為在全美各地的非裔社群中，想要自立門戶，美容美髮是出路最明確的產業之一。在黑人女性創業家當中，自稱髮廊、化妝品公司或其他相關領域公司老闆的人是最多的，比任何其他產業都高出一大截。

這個現象的歷史成因要追溯到南北戰爭爆發前的時期，當時沒被迫在大型農園作苦勞的奴隸會在紐奧良這類城市工作餬口，男性會幫人擦鞋、修面剪髮，女性則在市集和碼頭販賣食品和貨物。紐奧良的奴隸經常得幫主人穿著打扮，此外也得幫在拍賣會上被交易的其他奴隸打扮。奴隸如此賺來的錢往往直接進了主人的口袋，但偶爾也會有個奴隸用這些錢為自己和家人贖身。

「對奴隸來說，當理髮師不只能脫離主人的嚴密監視，也是在邁向自由，」歷史學者昆西・米爾斯（Quincy T. Mills）在《剪向自由》（*Cutting Along the Color Line*）一書中寫道。「理髮業提供自由的黑人沒有入行門檻或限制的就業機會，很多人便抓住這個機會創業……」

奴隸解放後，因為「吉姆・克勞法」（Jim Crow laws）[2]帶來的種族隔離和重重限制，黑人自由的前景很快黯淡下去。許多行業和專業領域都不准黑人加入，銀行業基本上毫無可能，全國各地的白人社群大多堅拒與黑人創業家往來。白人公司刻意迴避的黑人社群，其實是個規模可觀的市場，杜博

2　譯註：美國南部各州在南北戰爭後實施的種族隔離制法律，直到一九六五年才完全廢止。

依斯(W. E. B. Du Bois)等非裔政治領袖也強調創業是達成經濟和政治獨立的重要手段，並鼓勵黑人從自家後院就開始創業。非裔美容美髮業是個明確的小眾市場，白人毫無興趣涉足的市場。

沃克夫人(Madam C. J. Walker)是帶動現代黑人美容產業的創業先驅。她在一八六七年生於路易斯安那州的大型農園，本名莎拉．布笛樂(Sarah Breedlove)，父母是解放的奴隸。沃克二十歲就成了寡婦，帶著三歲的女兒在聖路易市(St. Louis)幫人洗衣為生。她不甘過著成天幫人刷洗衣服、腰酸背痛的日子，於是開始上夜間學校，後來為當地一個叫安妮．馬龍(Annie Malone)的女人賣美髮產品，向人推銷護髮霜，號稱能修復化學直髮劑損傷的乾枯髮絲。後來沃克自立門戶並很快跟馬龍反目，兩人各自在國內外建立起美髮產品、髮廊、學校和女性銷售員的事業網絡，互相競爭。

沃克很快成為美國第一位非裔百萬富翁與名創業家，將經濟獨立的福音傳給世界各地的黑人女性。在她的產品銷售會和刊登於黑人報紙的廣告中，能看到幫她推銷產品的女性聲稱：「因為有您，有色婦女一天賺的錢能勝過在別人家廚房辛苦一個月。」沃克賣給她們的，可以說就是自由。

「金錢和成就還不夠，」沃克的傳記作者和外曾孫女艾莉雅．邦鐸斯(A'Lelia Bundles)說。「創業家的身分和成就得為其他目的效力：強化政治力量、為別人創造就業機會。」沃克留給後世最大的影響，是讓美國的非裔創業家覺得自己也有義務服務黑人社群。「護髮產品或許成了一種達成目的的手段吧，」邦鐸斯說。沃克運用她的知名度為非裔美國人(尤其是非裔女性)建立起政治聲量，首先是在全國民權運動組織之內(他們常把女性貶為配角)，接下來更贊助一個倡議活動，遊說伍德羅．威爾遜(Woodrow Wilson)總統將私刑定為違法行為。「她的知名度使她在社會大眾眼中蒙上一層崇高的神話色彩。她不但事業有成，也懂得宣傳她的豐功偉業。重點基本上就是獨立自主、擺脫對白人老闆的依賴。」

美國非裔女性的美容帝國

自從沃克夫人崛起的一世紀以來，美國的黑人美容產業巨幅成長。根據國際市調公司英敏特（Mintel）的估計，光是美國的非裔女性，每年就會花高達五千億美元購買美容美髮的產品與服務，比白人女性的平均多出三倍，而這也不令人意外，因為你要是親眼見證就能理解，黑人女性就算只做個最簡單的修剪和造型，也得比白人女性多花不知多少人工。接髮根本等同於耗時數小時的手術，得用上假髮造型、黏貼、編髮與縫合的工夫。像杜帕這樣的人，每星期要做好幾次接髮。今天的黑人美容美髮業百家爭鳴，有日晷（Sundial，現屬於聯合利華集團）這種家喻戶曉的大品牌，還有萬花筒這類成長中的產品供應商，更別提成千上萬的小商家，從美容用品店、美甲沙龍到在自家幫人編辮子的個體戶都有，還有人在人行道上擺張椅子就接客。

杜帕爬到這一行頂層的過程，在美國美容業的非裔女性當中其實相當典型，尤其是我在紐奧良訪談的那一群。杜帕在紐奧良七區一個中產階級家庭長大。她深愛的父親傑西（Jesse）在二〇一一年去世，生前為殼牌石油公司（Shell）和當地一間大學擔任會計，並開了家外賣酒飲店，同時也當房東收租金。杜帕的母親伊芙琳（Evelyn）在郵局上班，退休後幫女兒處理萬花筒出貨事宜至今。

杜帕就像我訪問過的許多女性，對美髮的熱愛源於從小每週上髮廊的經驗。「我就是很喜歡做頭髮跟做指甲，打扮得漂漂亮亮，」杜帕一邊在高速公路上駕駛休旅車一邊回憶道，同時輪流操作兩支手機。「我跟姊姊每週六都上髮廊，一待就是一整天。我們兩個都是一頭超濃密、超難搞的長髮。小時候我很討厭烘髮機，可是髮廊永遠都有人在。有人會帶好吃的來……小龍蝦、秋葵湯，或是烤肉。我很喜歡人家幫我把頭髮打理得好好的，我喜歡我做完頭髮的樣子，不過更重要的是我喜歡那裡的氣氛。對小孩子來說，那種感覺很正能量。」

杜帕七歲時已經在幫自己的娃娃玩偶剪頭髮、做造型，到了十二歲開始在放學後幫朋友編頭髮。杜帕的父母並不鼓勵她這麼做，他們對她期望很高，希望她將來當律師或其他專業人士。「當時幫人做頭髮跟現在可不一樣，」她說。「那只能當嗜好。」杜帕會把朋友偷偷帶回家，幫他們剪頭髮，有一次還得叫一個女生在她媽媽上廁所時躲在浴簾後面。後來杜帕在十五歲懷上身孕，父母開始准她為美髮服務收費，並把她轉去一家職業學校念美容科。新學校的風氣比她之前念的資優中學差得多（緝毒犬、槍擊事件和幫派分子是家常便飯），她卻很喜歡。「我念得很起勁，」她說，尤其是會計課。「我很喜歡看數字攀升。」

杜帕上學前後都在父母家工作，為同學、親友和鄰居作頭髮，培養出一批忠實顧客。她說：「我不只髮型做得漂亮，客服也很好。顧客永遠是對的。我也不排斥工作。我不跑趴、不去ＤＪ之夜、也不去跳二線〔second line，嘉年華期間在街頭跳舞〕」……我是那個待命幫你做頭髮的人。嘉年華期間我會一連工作二十個小時。」杜帕到了十八歲已經有兩個孩子（現在有三個），收入也很優渥，比她能應徵上的基本薪資工作好得太多。沒過多久她就進軍髮廊。

黑人美髮界的產業結構有如金字塔，不論男性或女性理髮師，很多人都從「租座位」起家，也就是跟髮廊老闆在店面租理髮椅接客。杜帕在編髮髮廊租座位，擴大生意規模，有時還去男性理容院工作。「我是那種在哪工作都能適應的女生，」她說。「我懂得應付別人的調戲，繼續把該做的事做好。」

二〇〇五年，卡崔娜颶風重創紐奧良，位於低地的非裔社區水災災情最為慘重。很多居民暫時遷居別的城市，杜帕就在休士頓落腳。她有工作存下的兩萬美元，但不能領聯邦緊急事務管理署的紓困金，存款很快就為支付家人的生活開銷見底了。她租下一間屋子並打理成髮廊，開始幫被迫離開紐奧良的同鄉做頭髮，並把她從前做的髮型的照片拿去影印店印成廣告，在休士頓四處張貼。

「紐奧良人想做紐奧良的髮型，」杜帕解釋，「休士頓沒人做這種頭髮。我們做的是硬髮！」

我問她，什麼是硬髮？

「加了很多料的頭髮。不靠外力支撐就翹得老高、硬梆梆的頭髮。休士頓沒人做這種貧民區的鬼東西！」

有半年時間，杜帕往返於兩個城市之間，週間在紐奧良重建生活與事業，週五晚上開車到休士頓看孩子、幫人連剪兩天頭髮，再開車回紐奧良。「累得跟狗一樣，」她說。「我愛錢、愛商機、愛生意成長，可是實在累斃了。」

到了二〇〇七年，杜帕存夠了錢，與她當時的情人羅（Ro）一起開了「羅潔」（RoJes）男仕與女仕髮廊，後來拓展成兩個店面。這時她首次開始嘗試用社群媒體行銷，在臉書貼照片和影片招攬顧客，又出錢請當地的嘻哈明星、廣播DJ和網紅來髮廊參加促銷活動。隔年馬上經濟大衰退，杜帕也發現公私不分影響了她跟羅的關係，不是好主意。她自從初次離家就一直想自立門戶，所以在二〇一二年底為自己的公司登記了「萬花筒」這個名字，因為她很喜歡繽紛的色彩。

「我決定自行發展事業，」杜帕在Instagram貼文說。「上帝在我心裡安排了偉大的計畫……我只是加以執行。」二〇一三年八月，萬花筒美髮沙龍開張了，為了確保店面租用權，杜帕從她僅剩的兩千美元存款拿出一千八百美元當押金。接下來數月間，為了添購理髮椅、洗頭槽、吹風機和其他必需設備，杜帕不眠不休地工作，幫人剪髮、造型、編髮、接髮，一個客人接一個客人地賺進每一分錢。沒有投資人，沒找銀行，也沒舉債。她根本沒考慮這些選項。她說自己是靠「土法煉鋼」創業的。

那年十二月，杜帕店裡一個美髮師用完捲髮器忘了關，整家髮廊在一夜間付之一炬。雖然她跟羅的感情已經失和，但為了保住生計，她不得不回頭向羅傑髮廊租座位。萬花筒在二〇一四年七月重新開張，杜帕很快開始以這個品牌名稱銷售美髮產品。她推出「絲絨髮霜」（造型髮膠）、「奇蹟凝露」（護髮配方）等等產品，而為了行銷，她在社群媒體上愈來愈有創意，與在她髮廊工作的化妝師芮奈兒・史都華（Raynell Steward）搭檔，用「舒芭・仙特」（Supa Cent）這個藝名帳號發布搞笑內容。

其中大多是杜帕主講的短片，有時在辦公室，有時在車上，有時在活動現場。但漸漸地，她們也發布製作精良、諧仿流行文化的影片，有一次還翻唱饒舌團體NWA的名曲〈衝出康普頓〉（Straight Outta Compton），萬花筒全體美髮師都參與演出，吹捧他們玩「假髮遊戲」有多厲害。還有一系列拿名主持人傑瑞・施普林格（Jerry Springer）脫口秀開玩笑的「茱蒂・施普林格」（Judy Springer）短片，以及諧仿女子音樂團體TLC和亞特蘭大陷阱[3]饒舌曲風的音樂影片。還有一支洋溢著迷幻風的短片，翻唱歌舞片《歡樂糖果屋》（Willy Wonka & the Chocolate Factory）裡歐帕・倫普斯人唱的歌曲，杜帕頭戴高帽、扮成巧克力工廠主人威利・旺卡，一群小矮人在她身邊扭腰擺臀秀舞技。

隨著萬花筒美髮產品逐漸成長，杜帕開始貼出她跑去「堵」非裔名人、送奇蹟凝露給他們試用的影片，其中不乏史努比狗狗（Snoop Dogg）、拳擊名人佛洛伊德・梅威瑟（Floyd Mayweather）、喜劇演員麥可・布萊克森（Michael Blackson）等等大咖，以及綽號「中國小貓」（Chinese Kitty）的Instagram網紅泰勒・邢（Taylor Hing）。除此之外還有杜帕以百變造型現身各種場合的幾千張照片，有些是早晨躺在床上的起床照，有些是她身穿巨大的禮服或毛茸茸的特殊造型衣，有些是她的健身短片和減肥挑戰，此外當然也有小貝比、狗狗、家人，和更多狗狗照片。舒芭仍是DArealBBJUDY帳號的固定班底。

這一切看似有趣，不過杜帕在社群媒體的曝光度是萬花筒賺錢的關鍵，代價也愈來愈高昂。杜帕大半時間都在網路上行銷自己和公司，她閃亮的指甲幾乎片刻不離手機，而隨著她發布的內容變得精美，製作成本也節節攀升。名人會現身杜帕的影片是因為有酬勞可拿，地方網紅露臉一次的價碼是幾千塊，史努比狗狗這等級的人物就是五位數美元了，還得付現。有一次他們在亞特蘭大拍片，不久後杜帕的會計說要為其中一支影片填國稅局一〇九九表格，中報名人代言費，杜帕聽了狂笑到差點摔下椅子。

「這些人都是貧民區鑽出來的黑鬼。」她對會計說。「最好是陽極（Young Jeezy）[4]會幫你簽什麼一〇九九！」

我一路看著DArealBBJUDY在網路上崛起，令我印象最深刻的，其實是她在社群媒體上很快從推銷自家產品觸及更廣的主題，鼓勵年輕黑人女性創業。杜帕經常公開業績和她要繳多少稅金，秀出產品出貨和作業規模擴大的照片，並分享她清償債務、買新房或名車的事蹟。每次她發表這些內

3　譯註：trap，源於亞特蘭大的一種嘻哈音樂風格，原意是指街頭生活有如陷阱，一旦與藥頭和幫派糾纏便難以脫身。
4　譯註：美國知名嘻哈歌手。

容都會感謝上帝，但也直率地告訴女性要相信自己、闖蕩一番事業。杜帕這是在讓其他黑人女性看到，創業是值得嚮往的，從她在網上公開的穿著、旅遊、車子、以及看似炫富的種種行徑都是在說這件事。

「我是根據你能觸動多少人來定義成功，」杜帕跟會計談完，在我們開車回萬花筒辦公室的路上說。「可惜大家都把金錢等同於成功。我之所以買了一輛賓利（要價近二十萬美元的高級轎車）不是因為我喜歡車，我對車子一點興趣也沒有，而是因為這能贏得尊敬，大家才會把我的話聽進去。我買它是為了它能達成的目的。我很欣慰我賺的錢造成很大的影響。有個老同學看了我跟史努比狗狗拍的搞笑短片，就說：『那個八婆可以，那我也可以！』紐奧良人就這脾氣。」她邊說邊把厚厚一疊待存的支票遞給銀行得來速窗口的出納員。「我激起小老百姓賺錢的勇氣。我很勵志，所以有影響力。」

從她Instagram貼文得到的留言明顯可見那種影響力：

「實在的人生目標!!!我就是為了激勵自己來看妳的頁面……妳真的超勵志!!」杜帕貼出買房子的貼文時，@shebarber89在底下這麼留言。

「就是這樣！我想說的就是這回事！🙌💪🧡💛🖤我挺這種女老闆架勢!!!」當杜帕貼出包得像禮物的凱雷德新車照片，@homes.pho.sale這麼回覆。

就連她分享國稅局寄來的十七萬八千一百八十二美元個人所得稅單，都有@branded_brashay18這樣的女性留言說：「就算我知道要繳的稅會多得噁心😭我還是等不及看到生意大爆發！滿滿的幹勁🙌」

在這些女性眼中，DArealBBJUDY不是性感象徵或風格偶像，而是傑出的女商人，從困境中殺出一條生路。非裔女性是美國社經最弱勢的族群之一，她們亟需有人當榜樣，證明創業不只有可能、值得嚮往，更是她們也做得到的事。這些榜樣有沃克夫人和歐普拉（Oprah Winfrey）這類獲得巨大經濟成功的企業家，還有碧昂絲（Beyoncé）之輩的文化偶像，用她的歌曲告訴所有賺錢養家的甜心寶貝舉起手來，讓自己的功勞獲得肯定[5]。

「女人現在想成為一股力量，」杜帕說。「獨立自主的感覺從沒這麼重要。女人自立自強，誰跟你枯等死黑鬼兩手空空回家！」

創業的權利

對美國非裔女性來說，教社會認可她們有創業的權利是個愈來愈重要的目標。「一直以來，我們都不准擁有資產，」艾蓮・拉斯穆森（Elaine Rasmussen）說，她是社會影響力策略組織（Social Impact Stratigies Group）的執行長，組織宗旨是協助美國中西部的有色族裔和女性創業家，讓投資和獲得資金的機會更全民均享。「每當我們有了資產，最後總會被燒成灰燼。我們有種下意識的擔憂，覺得資產可能被剝奪。」要重掌那種經濟權利，首先要積極地將創業納入社群的身分認同。「你要是問個有色女性或跨性別的人，請他們定義自己的工作，很多人不會說自己是創業家，」拉斯穆森說，並指出創業被視為一個白人專用的字眼。「我就問：『那你會怎麼說自己在做什麼？』他們會說那是小副

5　譯註：這是天命真女合唱團的歌曲〈Independent Women〉的歌詞（碧昂絲曾是團員）。

業，沒事就做一做。我聽了的回應是：『你有沒有賣什麼產品或服務，而且有賺到錢？』有啊。『那你就是老闆。』這是很美好、很動人的事，你應該伸張擁有權。」

只可惜，在美國當個黑人創業家，從來不只是開公司那麼簡單。擁有權或許是克服不平等的第一步，但光是擁有權本身還不夠。一直以來，黑人經營事業總是處處掣肘，不是得面對明目張膽的經濟和政治限制，就是比較幽微的種族歧視。在吉姆．克勞法時期，許多欣欣向榮的非裔創業重鎮被暴民動用私刑摧毀，奧克拉荷馬州土爾沙（Tulsa）的「黑人華爾街」就是個例子，一九二一年的一場暴亂把那裡夷為平地。即使到了今天，阻撓黑人創業的門檻仍在拉高。田納西州近年通過一項法案，未領有執照就幫人編髮（只有非裔會做這一行）會被處以數十萬美元罰鍰，直接打擊了想嘗試創業的年輕非裔女性。

黑人女性雖是美國創業家當中人數成長最快的族群，失敗率也比別人高出許多。二〇一二年，非營利組織全球政策解決方案中心（Center for Global Policy Solutions）發表了一份報告，根據裡面援引的美國人口普查局資料，黑人女性創業家的公司最不可能雇用員工，其中只有二．五％有員工，相較之下，這個比率在白人女性開的公司當中是十一．九％、白人男性開的公司是二十三．九％。即使是黑人男性，他們身為企業主的比率在過去十年間是下降的（黑人女性企業主的比率則上升），但旗下員工的數量仍是黑人女性雇用的兩倍有餘。二〇〇七年到二〇一二年，經濟衰退最嚴重的那段期間，黑人女性經營的公司年收益減少了三十％，比任何其他族群都衰退得多很多（白人女性的公司年收益減少了五．七％，不過黑人男性的公司年收益竟成長了三．九％）。根據企業機會協會（Association for Enterprise Opportunity）在二〇一六年發表的《美國黑人企業經營面面觀》（The Tapestry of Black Business Ownership in America）報告，黑人開的髮廊平均每年只賺得一萬四千美元，相較之下，白人開的髮廊平均年收益是五萬六千美元。

「我不想給美國非裔女性創業家蒙上刻板印象，不過她們在實踐志向時最有可能受挫，」瑪雅・洛基摩爾・康明斯（Maya Rockeymoore Cummings）說；她是全球政策解決方案中心的主任與執行長，這個位於華府的智庫與顧問組織就由她創立。「她們要承受雙重打擊，既難以獲得資金，又因為身兼黑人與女性而背負雙重刻板印象。這兩個族群想事業有成都得克服更大的障礙，不論是想擴大規模或取得資本都是如此。然而這不代表她們沒有志向、希望和夢想，」洛基摩爾說。「這只代表她們有志難伸。從她們最有可能創業的事實，看得出來她們滿懷希望。她們覺得自己有賣得出去的技能、才華，或是產品靈感。她們有很強的意願投身創業，成功的可能性卻最低。」

我在紐奧良訪問過十幾位黑人女性創業家，即使她們都賺了不少錢，但沒有一人尋求銀行貸款、創投資金，或任何一種財務外援。她們是如此深信自己絕對拿不到這些資源，就連稍加考慮感覺都很可笑。就最基本的層面看來，這是錯失經濟契機。創業是美國非裔最有可能翻轉人生的致富途徑之一，尤其有些財富能代代相傳，讓全家脫貧並晉身中產階級。根據《美國黑人企業經營面面觀》，在非裔族群中，企業主的身價淨值中位數高出非企業主十二倍。美國的白人家庭財富一般是黑人家庭財富的十三倍，但若與黑人創業家的家庭財富相比，領先差距就只有三倍。洛基摩爾說，非裔和其他少數族裔在創業界的人數占比如果與占總人口的比例相當，將為美國再帶來超過一百萬家公司，可以多雇用九百萬名美國人。

「我們有必要思考，某些族群的創業家有機會成功，另一些族群卻沒有，我們容許這樣的狀況是在發出怎樣的社會聲明，」洛基摩爾說。她認為，現在流行說想拿到創業入場券就得尋求創投資本，而這對非裔美國人來說是「鬼扯」，因為他們通常無緣接觸有錢的金主、人脈和圈子。創投界的交易和交易人是如此缺乏多元性，即使非裔創業家總算得其門而入也鮮少拿到資金。沒有那樣的資本，許多非裔創業家注定孤立無援，因為缺乏財富和優勢來承擔更大的風險，無法盡情實現夢想。這一切實在太過諷刺，洛基摩爾常感到不忍卒睹。

她說：「我們來到這個國家為人無償賣命。」並提醒我，美國整個非裔社群被鎖著手銬腳鐐橫越大西洋而來，是為了滿足他人牟利的意圖。「我們是唯一一群曾被當成資本看待的人。」

在社群裡打造「屬於你自己的東西」

我在紐奧良那個星期跟人討論非裔女性創業家時，一再聽見同一個詞：社群。杜帕就把這個詞掛在嘴邊，我在這趟行程訪問過的其他髮廊老闆也是。她們會開哪種公司就跟社群息息相關，反應出她們身邊的人有怎樣的需求。她們為了服務那個市場而創業，因為她們自己就是市場的一分子。儘管非裔女性的購買力和黑人美容市場都很可觀，全球美容產業為她們提供的服務一直遠遠不符需求。大型公司遲遲不願推出符合黑人女性所需的產品，從口紅色澤到洗髮精，針對白人設計的產品完全不適用於黑人女性的膚色和髮質。

克莉絲汀・瓊斯・米勒（Kristen Jones Miller）實在受夠了，於是在二〇一七年與朋友亞曼達・強森（Amanda Johnson）共同創立曼緹德美妝（Mented），銷售色澤更能與多元膚色搭配的有機口紅。雖然米勒與強森是哈佛商學院的同學，也都有美容與零售業的實務經驗，募資時依然吃足了苦頭。她們向超過八十位創投家提案，每一位都告訴她們曼緹德不會成功。「就因為我們是想為有色女性解決問題的有色女性，不論我們走進哪間會議室，對方都對我們的商業概念差別看待。我不是史丹佛出身的白人男，也不是要開發一款能做這做那的手機應用程式。我是有色女性創業家，也想服務有色女性，這兩件事於我是分不開的。這跟創立一門不分受眾、為全民服務的生意是不一樣的，」米勒對我說。「我覺得跟哈佛的同學相較，我真是占盡優勢，他們追求的是面貌跟自己不同的市場，對消費者的一切知識都是從產業報告和調查得來的。我深知身為有色女性是什麼滋味，美容產業又是如何虧待有色女性。我每天一起床就覺得自己占上風，因為我很了解消費者和痛點所在。」

有天下午我在紐奧良跟妮基・達瓊（Niki Da'Jon）喝咖啡，她正致力擴張她的「小店美髮舖」（LA Shop Hair Boutique）網路接髮公司。二十八歲的達瓊戴著一條項鍊，上面吊著一個印有「女老闆」字樣的小金墜子。她即將完成在羅耀拉大學（Loyola University）主修創業學的商管碩士學位。她告訴我她是如何追隨家族創業的傳統，在一年前創業（她父母開了一家小裁縫店，為唱詩班縫製團服，不過在卡崔娜風災過後改從事營建業），打算在畢業後開一家新型態的美容用品店。

達瓊會心生這個想法，是因為她逛美妝用品店時經常遭遇猜疑和敵意，而許多黑人女性都說這很常發生，在不是由非裔擁有和經營的店家更屢見不鮮（例如在美妝界勢力龐大的韓裔業者）。「我想獲得重視，何不就在自己人的地盤開一家店、跟我們黑人女性在一起？」她問道。「為什麼不能有家非裔開的美妝店？為什麼美妝店反映不出我的樣子？我所屬的族群怎麼會去光顧這些店，卻不開這類型的店家呢？」她想開一家美妝用品店，不只歡迎像她這樣的女性光顧，也能作為活動中心，針對培養自尊和創業這類議題輔導年輕女性顧客。

達瓊商管碩士班同學提出的創業計畫都是迎合創投界口味、以科技為重心的那種，不過達瓊想獻身成為非裔同胞的楷模和代表形象。「我想主導這份事業，這代表黑人小女生也能在我們社群裡主導些什麼，反映出她屬於的那群人是什麼樣子，並且回饋給社群，」她說。「對我們黑人來說，創業是向上流動的途徑，（創業家）是大家的希望，因為他們親自攬下改善社群處境的任務。這對一個極度仰賴社會救濟的城市尤其重要。這麼做不是為了讓別人給你什麼好處，而是培力。」

對紐奧良黑人美髮業的女性創業家來說，培力社群的形式有很多，除了她們為大家提供的產品與服務，做生意的實體空間也是，而這就是社會學家所謂的「第三空間」：在工作場所和住家之外的其他空間，能滿足社群聚會、社交與建立人際連結的需求。長久以來，男士理容院和女士髮廊就是非裔美國人的第三空間。「美容院代表的意義之一是，這是由黑人掌控的實體空間，」蒂芬妮·吉爾（Tiffany Gill）說，她是德拉瓦大學（University of Delaware）的史學與非洲學教授，著有《美容院政治》（*Beauty Shop Politics*）一書，記述黑人髮廊作為社區交誼中心的演進。髮廊是美國非裔女性覺得最自在的地方，大家在這裡會收斂批評言語，不論政治、金錢、性或任何話題都能自由暢談，而且一旦坐上理髮椅，人人平等。

紐奧良東北區的「河口美髮」（Beauty on de Bayou）就是這麼一個地方。這家髮廊距離龐恰特雷恩湖（Lake Pontchartrain）幾個街區遠，位於一棟狹小又沒有窗戶的建築內，手繪招牌標榜他們專精於自然髮型，這是非裔美髮市場的一個分類，不用化學直髮劑和其他能「馴服」髮絲的產品，把重點放在髮質健康、鬈髮造型和黑人本色。這家髮廊在二〇〇七年由德瓦娜·馬克芭（Dwana Makeba）創立，她在多年間從事過多種職業，曾短期擔任美國非洲研究教授，也當過哈利・貝拉方提（Harry Belafonte）和圖帕克・夏庫爾（Tupac Shakur）的巡迴演出經理，還做過房地產仲介。不過馬克芭一直都在幫人做頭髮，從大學時代就開始了，儘管她有碩士學位，還是選在這個城市極其貧困的一隅開店。這是為了延續家族傳統，因為她祖母也曾在紐奧良九區開過髮廊。

馬克芭頂著雷鬼辮盤成的髮髻，髮絲已開始轉灰，而她不只自視為創業家，也是「文化傳人」。她認為她主要的職責就是為黑人社群建立一個安全空間，尤其在卡崔娜颶風重創當地社區之後。她說：「我想加入這個重建的過程，成為我們大家的支柱。」河口美髮向每個人開放，不論客人是政治人物、警察、藥頭、脫衣舞者、老師、牧師，或是他們的媽媽、女兒還是姊妹，河口美髮一視同仁。法官、律師和即將出庭受審的被告一起排排坐在理髮椅上，在這裡並不罕見。馬克芭回憶道，二〇一六年美國大選期間，她曾幫一名支持川普的婦女做頭髮，那人就在店裡對其他女性大談她挺川的理由。「大家的反應只是說：『唉呀，難免有人跟我們不是同一國的啦。』」馬克芭回憶道，「這就是安全空間的意義。換做別的地方，她不會跟別的黑人女性說這些話。」

「大家在這裡無所不聊，」艾瑞莎（Aretha）用粗啞的嗓音說。這位有點年紀的婦女綽號「大紅」，有個美髮師正在幫她洗頭。「真的什麼都講喔！政治、社會、性生活……」她自己喜歡聊美式足球、討論紐奧良聖徒隊打進超級盃的勝算有多大。

在附近的珍堤區（Gentilly），湯雅・海恩絲（Tanya Haynes）開了知名的「閨蜜髮廊」（Friends），而她表示，卡崔娜颶風造成的迫遷，凸顯出她的髮廊在紐奧良社會結構中的位置。「我發現，閨蜜髮廊是女性在本地社群裡的交誼中心，」海恩絲說。閨蜜的客層是上層中產階級的專業人士，偏好保守打扮，例如萊托雅．肯崔（LaToya Cantrell），她在我來到紐奧良幾星期前剛當選市長。海恩絲做「軟髮」（不像杜帕做的是硬髮），在髮廊播放輕柔的爵士、福音和藍調節奏音樂，也不准兒童入內，好讓女性能真正放心作自己。在她悉心打造的支持性環境裡，女客人會待上好幾個小時，遠超過打理頭髮所需的時間，在那裡聊八卦、吃自備的餐點，甚至讀小說或工作。海恩絲跟馬克芭一樣，萬一有人付不出錢也絕不追究，要是有個顧客或顧客的親戚過世，海恩絲會親自為遺體打理葬儀造型。

對海恩絲來說，身為創業家代表在社群裡打造「屬於你自己的東西」，並且回報社群給你的愛。有時這的確帶來意想不到的財富，但情感上的收穫又更可觀。閨蜜髮廊開張不出幾年，海恩絲的兒子賈瑞德（Jared）難逃紐奧良黑人族群中猖獗的槍枝暴力，遭人射殺身亡。等她在服喪一個月後重返髮廊，顧客成群湧入，一方面當然是為了挺她的生意，但主要是為了好好抱一抱她，讓海恩絲在她們懷裡哭泣。「女人的愛真的很奇妙，」她回想起來又淚水盈眶。「她們又不是你阿嬤，但感覺好像阿嬤。也不是你阿姨，但感覺就像你阿姨。不是姊妹，但感覺就像姊妹。」海恩絲的生意跟生活密不可分。這些女人不只是顧客，而是實實在在的大家庭。

「黑人創業家有種其他族群的創業家所沒有的包袱，」吉爾對我說，「一種要向社群負責的義務。」她為了寫書走訪美國各地的非裔髮廊老闆，發現這群女性普遍背負一種期望，得用她們的生意和盈利強化自己所屬的社群。就經濟層面而言，這代表錢要留在自己人的圈子裡，為了挺本地創業家，要把錢花在他們開的公司，透過一次次的消費讓全體確實共同富裕。一個接一個，這些創業家紛紛提供在地人所需的商品和服務，以此支持社區，同時盡可能擴大協助周遭的人：雇用本地居民、支持社會理念、聲援政治議題，就連贊助小聯盟隊伍或嘉年華樂團也不落人後。

杜帕與她所屬的社群有深厚的連結，也不斷在網路上幫她們宣傳，大聲點名本地的其他創業家，像是舒芭（她在萬花筒那座商場開了一家很賺錢的化妝品公司「蠟筆盒」〔Crayon Case〕），同時杜帕也代表了紐奧良和讓紐奧良得以運轉的黑人女性。她告訴我：「我自覺對社群有百分之百的責任，確保我們都是**堂堂正正做生意**，」她自己就打算在紐奧良把公司長遠經營下去。「我希望大家知道，這裡可能只有少數幾個人事業真的搞很大。我大可以搬去洛杉磯或亞特蘭大，可是我想留在這裡，感召一些人把事業也做起來。」

她這麼說的時候，我們剛走進距離萬花筒公司幾公里遠的「崔娜美髮生活工作室」（Trina Bout That Hair Life Studio），杜帕每週會來這裡好幾次，讓老闆凱崔娜・哈里斯（Katrina Harris）幫她做造型。這家格局呈長型的髮廊採光明亮，牆面漆成鮮豔的粉紅色。五、六個女人坐在店裡烘頭髮，一台電視播放著真人實境秀。一個叫大衛的年輕人在吃一盤墨西哥沾醬脆餅，頭上還捲著髮捲，還有店裡某人的女兒在一旁作功課。杜帕找了一張理髮椅坐下，哈里斯隨即展開兩小時的接髮工程。新造型是挑染紫色與藍色的漆黑假髮，是為了杜帕今晚要參加的活動做的。哈里斯把杜帕原生的髮絲紮成緊密並排的辮子，把黏膠塗上頭的側面和頭皮周圍，罩上網帽，然後等膠水晾乾。

「嘿，這頂太小了啦，像男生遮禿戴的！」杜帕在哈里斯把假髮沿著網帽縫定位的時候說。

「妳頭那麼大又不是我的錯！」哈里斯邊說邊繼續接髮。

杜帕只是說說而已，畢竟哈里斯入行的第一份工作就在萬花筒髮廊。曾有兩年時間，杜帕是這位同業後輩的老闆，後來杜帕為了專心開發美髮產品在二〇一七年收掉髮廊，便鼓勵哈里斯自己開店。杜帕在哈里斯開店的過程中不斷從旁輔導，協助她打理財務，每一步都手把手教她。杜帕甚至透過社群媒體把客戶介紹給她，又因為哈里斯比杜帕害羞得多，所以杜帕也不斷給她打氣，敦促她加強網路上的品牌宣傳。

哈里斯的志向不如杜帕那麼遠大。只要能安適過活，有閒暇撫養十歲大的女兒，每天一覺醒來不必為錢煩惱，對她來說就算成功了。她希望自己的命運由她自己作主。有了這家髮廊，她已經心願得償。「每天拉開鐵捲門，看到我的名字寫在招牌上，對我來說意義很重大，」她邊說邊給杜帕的頭皮抹上更多熱騰騰的膠水，燙得杜帕齜牙咧嘴。「這對我來說就是一切。」

創業不只為了自己：助人主義

大衛出去買雪球雞尾酒給大家喝，在燠熱的紐奧良遇有耗時的造型工作，這種甜膩的冷飲是他們的救命仙露。杜帕坐在烘髮機底下啜飲雪球，同時用兩支手機操作社群媒體。我問她，為什麼要幫哈里斯和其他美髮設計師的忙？尤其有個普遍的迷思說創業是種零和遊戲，不是贏家，就是輸家。企業主之間的競爭是如此激烈，毫無向人伸援的餘地，尤其是那些跟你同產業、同市場的人。杜帕的作為直接打臉了新創神話裡的英雄豪傑（賈伯斯、馬斯克、祖克伯），他們憑著心狠手辣稱霸江湖，任憑手下敗將一個個倒臥在身後的塵土中，才不管會有什麼後果。

「不論我將來生意作到多大，這份事業讓我最想維護的地方，就是讓別人覺得還是可以跟我一樣。」她說。「我不想聽見任何人說：『那個臭婆娘是發了，可是我們都被甩在後頭啦！』在這個大家都窮的城市不行。」這表示她不能光是Instagram上說兩句好話鼓勵其他女性創業。她得像個業師，除了喊口號，更要親手教她們成功得付出怎樣努力，細至報稅策略、法律責任、行銷預算的眉眉角角。杜帕說這是「提拔別人」，我在紐奧良也聽別的女性這麼說過。

阿迪雅．哈維．溫菲德（Adia Harvey Wingfield）是華盛頓大學（Washington University）的社會學家，著有《美容生意經》（*Doing Business with Beauty*）一書，她指出，非裔美髮界不論在整個產業或產業歷史上，這種協助其他女性創業的意願都相當普遍。她把這種現象稱為「助人主義」。「簡言之，比起美髮師為她們賺的錢，髮廊老闆更看重自己有多大本事幫別的黑人女性也當上髮廊老闆，」她寫道。「美國社會注重競爭和個人主義，並有強烈的具性別差異的種族歧視觀，在在迫使黑人女性彼此為敵。有鑑於此，她們這種道德觀相當了不起，也異常高貴。」我透過電話訪談溫菲德，她從這一點又延伸談到，非裔女性要化解身為創業家得面對的歧視，助人主義是個良方。「這打開了一個小眾市場，讓她們得以突破通常把她們阻絕在外的社會體制。」

在河口髮廊，馬克芭就對她的美髮師「天才髮姬」姚妮（Yonnie "Da Hair Genie"）和「摩美人」摩根．荻倫（Morgan "Mo Beauty" Dylan）實踐助人主義，不只輔導她們創業，更自掏腰包讓她們去上理財課。「她把你當自己人，」姚妮說。「她是會幫你培養潛能的髮廊老闆。你可能會以為幫老闆工作只是為了賺錢，但不只是這樣。」姚妮來到河口髮廊之前在一家果昔攤子工作，領的是基本薪資。如今她打算開一家賣接髮用假髮的公司。「她帶出了從前我不覺得自己有的一面。」姚妮說。馬克芭正在籌備夏令營，想教導年輕女孩子建立自尊、美髮要訣、創業基本知識，以及如何善用她所謂的「黑女孩魔力」賺錢。「我是九區出身的黑女孩，」當我問馬克芭為何要做這感覺沒啥賺頭的事，她這麼說。「從統計看來，我在這樣的社會體制裡很難出人頭地。我有義務主動幫助像我這樣的人，像是姚妮和摩根，幫她們站起來。」

我在紐奧良各地一再聽到這樣的說法。「我被帶來這世上是為了幫助別人變好，」朱莉雅・克拉沃（Julia Clavo）說。她是模特兒兼服飾、零售和美妝業的創業家，成立了化妝品公司「嗆辣黑」（Spicy Dark）。「我不是為了賺大錢。我的志向是為了我自己和我熱愛的事。我就像金恩博士和瑪雅・安吉羅（Maya Angelou）[6]。他們在前面開路，我們才能為這個世界成就好事。所以我非得把我的知識傳授給這些女孩子不可。說到幫助別人，我永遠有時間。那既是我的座右銘也是重大的責任，因為只要我分享知識，就會得到更多知識。」達瓊告訴我，創業是「一座橋，把你這個人和你想抵達的地方、你身後不知如何抵達同樣地方的人連起來。」驅使她成為創業家的動力就是為了搭那座橋。

至於杜帕，她從萬花筒髮廊開始實踐助人主義，幫助員工自立門戶，像是舒芭和哈里斯。「舒芭是最好的例子，」杜帕說，並指出如今這位朋友的名聲與財富已與她不相上下。「從前她不曉得自己能有那種成就。等她名利雙收，我告訴她：『妳現在這麼發達了，去找十個人，感召他們吧。』看看崔娜……我要是盯得夠緊，她會是下一個百萬富翁。這是我自己開店、也催她們開店的原因。我希望人人有飯吃。」

杜帕萬萬想不到自己有天會有幾百萬美元的年收入。從前她想要的跟紐奧良大多數黑人女孩子沒有兩樣：由她作主的安穩生活、有片屬於她自己的天地。但隨著萬花筒生意起飛，她坦然接受名利，認為這是拉拔黑人女性同胞投入創業的最佳方式。幾年前，有女生開始在她的社群媒體頁面請教她經商的問題，事情就這麼順勢展開。她在通訊應用程式上建立私密群組「茱蒂聊天室」（Judy's Room），為創業的女性提供建議。她也開始在Instagram上辦比賽，贏家能接受商業教練指導，後來她又透過電話、電郵和視訊為其他女性提供顧問服務，只收取象徵性費用，並公布學員接受指導前後的事業進展報告和各年度收益。

這一切在二〇一八年初達到高峰，杜帕環遊美國各地，舉辦「你最好要懂的免費知識巡迴講座」，真的免費入場。在紐約、亞特蘭大、洛杉磯、芝加哥、休士頓，巴頓魯治和紐奧良，大批女性花好幾個小時排隊，就為了聽杜帕演講。這趟巡迴講座吸引了超過五千人參與，在每一個城市場場爆滿。杜帕在活動中分享她的故事和一路學來的經驗，從屬靈操練（講題是〈全程禱告〉）到日常瑣事（如何依法立案）都有。「我跟大家拍照拍到眼睛都被閃光燈刺痛了，」杜帕說，但她也覺得超有成就感。她把在紐奧良一間教會舉辦的壓軸場剪輯成短片：她身穿紅色風衣並頂著金色接髮造型進場，身後跟著一個遊行管樂隊，然後她坐上白色的寶座，眼淚跟著掉下來。

「我在賺到第一個一百萬的時候說：『我得更拚。』」杜帕說，「可是當我在這個城市走進一個滿是黑人女孩子的場地，她們都想向我學習，沒有什麼比那一刻更讓我滿足。」

一年後，杜帕又在十個城市做跟進巡迴演講。「**我為你們大家開這門課的原因**，把**全部**祕訣大公開的原因，是為了建造會建造別人當領袖的領袖，」杜帕宣布巡迴演講消息時在Instagram上這麼寫。講座的一萬五千張門票不到五分鐘就銷售一空。「讓我們一起在二〇一九年創造財富、做大事。我希望我們全體都成為贏家。」在這則Instagra貼文下面，有個粉絲留言說「她是**我們**的沃克夫人」，教杜帕一看馬上淚水盈眶（後來她在Insagram上貼出一張照片：她在沃克夫人的裱框照片旁擺姿勢模仿這位偶像，頭

6　譯註：美國知名黑人作家、詩人。

上戴著哈里斯做的假髮)。幫助女性同胞成為跟她一樣成功的創業家，成了她現在的使命，這也是她每天向上帝謝恩的事。「我很欣慰有能力幫忙(別人)開公司，」她說。「即使我一分錢也拿不到，你賺錢就是我成功。感覺真的超有成就感。」她在二〇一九年二月出書，分享社群媒體行銷的訣竅。

我在紐奧良的最後一天上午去了市政廳，杜帕在那裡準備接受市政府表揚她對社群的貢獻。她跟母親和女兒坐在一起，身穿彩虹露肩連身裙、橘色古馳(Gucci)細高跟靴，頂著哈里斯接的金色假髮，指甲依然不斷點著手機。看著市政委員把獎項一一頒給藝術家、環保人士、美食餐車祭主辦人、巫毒法師和其他營造社區有功的人士，我問杜帕的母親伊芙琳，她女兒強烈的助人意願是怎麼來的？

「我想她有那個心胸看別人也成功，」伊芙琳說，又說她們從沒真正敞開談過這回事。杜帕向來慷慨大方，不過她近幾年做的事，例如辦巡迴講座，送出五百輛腳踏車給兒童當耶誕禮物，或是買衣服送給在網路上與她聯繫的貧困女性，在在顯示她有感於自己的幸運，於是更由衷心生感恩之情。「她會跟我說：『我何德何能啊？』」伊芙琳說。「她既沒受過正規教育也沒念大學，卻開了一家賺好幾百萬的公司。她是那朵在沙漠中意外綻放的花。」

杜帕接受市府表揚她身為創業家和慈善家的貢獻，典禮結束後，新科市長肯崔趨前來，稱讚她是紐奧良真正的中流砥柱，有能力在社群中催生「可轉移財富」來消除不平等的差距。「我們的經濟有妳這樣的女人做推手，讓人看到有人在真心挺社區……這就是讓創業精神延續下去的原因。」肯崔市長說完又告訴杜帕，有需要幫忙儘管開口。

之後杜帕到走廊上與家人碰頭，整個人激動不已。「真是太棒了，」她邊說邊擦眼淚。前一天晚上，她好像還不把這場頒獎典禮放在心上（不過又是一場活動，又有一點能放上社交媒體的內容），可是現在，市長對她的肯定突然燃起她的熱情，這下她更想對社區加碼奉獻。她跟舒芭已經在討論要擴大舉辦耶誕節玩具贈送，現在既然有市長相挺，何不辦得轟轟烈烈呢？辦在超級巨蛋！請遊行樂隊來表演！找聖徒隊球員代言！而且不只送玩具，還有社區民眾真正需要的東西，像是盥洗用品、衣物和尿布！

在Instagram上，你可以看到她在八個月後貼出的短片和照片。數千個家庭大排長龍，彩紙飛舞和遊行樂隊表演，足球球星共襄盛舉，還有堆成小山的玩具和居家用品。杜帕和舒芭全程換了六套衣服，並且不能免俗地戴著聖誕老人帽。她們在一小時內送出五千零一十九件玩具，創下金氏世界紀錄，並且用社群媒體記錄下每一刻（任何行銷機會絕不可浪費）。杜帕發誓，明年還要辦得更盛大。她施展身手的平台有增無減，目前已經跨足房地產投資，與經銷商簽下更大的合約，現在更放眼全國零售合約。《富比世雜誌》以創業家的社群媒體行銷為題採訪過她，近來她也上了談話節目《今日秀》（Today），暢談她如何協助其他女性創業。她主辦的活動有種基督教帳棚復興大會的色彩，數千人齊聚一堂，聽她傳講創業福音，結束時她總會為聽眾的事業禱告。

「上帝不是把福氣單單賜給我一個人，」在市政廳外，杜帕邊說邊應邀跟一個男孩子自拍。「你要是發達了，就有責任造福別人……就這樣！身為創業家，我得告訴每一個人，你想做什麼都做得到。」杜帕一心只想盡其所能向上發展，一點也不想放慢腳步或委曲求全。她能影響的社群同胞愈來愈多，世界上很多女性跟她一樣有創業的大好潛力，只是她們還不知道自己崛起的時刻已然到來。

第三部

漫漫成長路

第五章　服務與領導：在賺錢與理念之間

獲利成長比理念重要？

在賓州蘇德頓自治市（Souderton）的各各他教會（Calvary Church），入口旁的會議室裡聚集了十幾個男人和一個女人。他們圍坐一張折疊桌喝咖啡，吃著從「Wawa」買來的貝果和甜甜圈，那是當地人喜歡光顧的加油站連鎖超商。他們是NCC自動化系統（NCC Automated Systems）的員工，附近一家設計組裝傳送系統的公司。凱文・茂傑（Kevin Mauger）坐在主位，他是NCC的擁有人並兼任總裁，四十六歲的他穿著正式藍色襯衫配牛仔褲，中等身材偏清瘦，頭髮微捲，山羊鬍短得看不太出來。時鐘一走到九點，茂傑拿著咖啡杯站起身來，向全體講話。

「大家早，」茂傑刻意與每個人對一下視線。「我真心認為文化是一切的源頭。」他停了半晌，再次環視全桌。「建立當家文化（ownership culture）最重要的目的，是創造一個大家真正有歸屬感的環境，他們才能帶來改變，對工作投入更多時間和熱情，所以公司對我們全體都會成為更好的地方。但除非我們能讓員工具備一種自己能成就大事的心態，否則這不會實現。因為我們員工大多沒有這種心態，缺乏參與感。」

NCC剛開始推行員工認股制，今天來開會的員工是被選來帶頭建立公司的當家文化。茂傑在一年前正式宣佈認股計畫，NCC的持有權最終將從茂傑手中轉移給全公司近八十名員工。這個委員會將完全由持股的員工領導，委員也來自不同工作崗位，從穿工作靴包頭巾的生產線技工，到皮鞋配西裝褲的高階經理都有。

「我認為，當你做事是為了自己，就會對你做的事有信心，努力去實現。要不要明智地行事，把公司文化轉變成**你們**想要的樣子，全由你們決定。」茂傑說完又溫和地重複一遍。「全由你們決定。」

茂傑這番話很容易被誤以為是老掉牙的企業內部講話，但我認為它不只如此。其實，今天我為了聽這一席話，一早起來就開了一小時的車，從費城市中心來到這家大型教會的會議室，因為我想一窺在創業家的初心裡通常非常私密又個人的一面，那就是他們的理念。

創業家對自己的公司擁有最高決定權，所以他們的個人理念幾乎滲透了工作的每一個面向，任何得向創投家或股東交代的公司都無可比擬：他們會成立或經營怎樣的公司，銷售的產品和服務，公司的組織架構，跟誰合作又如何合作，運用資金的方式，以及長遠觀之，公司最終將有怎樣的命運。

杜帕以社群為重，所以拿萬花筒的營收幫助其他女性。歐柏斯基以理想生活方式為重，所以她的麵包店從可頌口味到營業時間，一切都繞著這一點決定。艾蘇菲一家刻意將敘利亞出身背景置於餐廳的核心，因為這是他們最重視的一點，更勝於吸引愈多客人愈好。至於阿格瓦和齊澤威之所以創辦Scheme，是因為他們深信這能協助屈居劣勢的學生。

近年來，矽谷的新創迷思已然扭曲了我們對創業家理念的觀感。另一方面，你又能看到一批引人矚目的社會企業家興起，他們懷抱著鮮明的使命，所販賣的幾乎可以說就是理念。但反過頭來，你也能看到一種傳統的呼聲愈來愈高：獲利成長比理念重要（又或者更糟：用熱門的理念關鍵字作行銷，假裝有心就好），賺錢是唯一真正重要的理念。我之所以來到費城郊區，是為了這尋找這兩者之間缺失的那一塊。我想見證普通的創業家如何透過事業實踐個人理念，這對他們創業的初心來說又有怎樣的意義。

創業是出於什麼樣的理念？

NCC自動系統的廠房位於一條鄉間道路旁的工業區，占地四千六百多平方公尺，地勢偏低，與農田、屠宰場和火雞培根加工廠為鄰。廠房一邊是狹小擁擠的辦公室，另一邊是寬敞的倉庫和工廠，裡面滿是工作檯、巨型水刀切割機、焊接室、一桶桶小型零件、鋼片和鋁片，還有好幾面自屋頂椽架垂掛的美國國旗。

「我們做的事情很簡單，」茂傑在我們戴著安全帽參觀廠房設備時說。「叫來金屬和塑膠原料，裁一裁、彎一彎，做成傳送系統。」茂傑在參觀途中糾正了我好幾次，傳送系統不只有運輸帶而已。傳送系統是一整套裝置，把產品從生產線的一端輸送到另一端，通常有極其複雜的循環結構，上彎下拐、時升時降且不斷循環，並與某項設施相嵌合，有如一座巨無霸的魯布．戈德堡機械[1]。輸送帶只是其中一個部件，那個帶著貨品一起走的橡膠或金屬底帶。

你要是希望東西在工廠或倉庫裡自行移動，不論是冷凍餐包、泡麵、驗孕棒、隱形眼鏡，NCC都可以幫你打造傳送系統。「什麼都能幫你做，傳送機本身，或是執行單一任務的小型機器，像是把包裝好的里斯牌（Reese's）花生醬巧克力餅乾翻面。」茂傑說。食品製造和光學組件的傳送系統占了他們公司很大一塊業務。

茂傑不是NCC的創辦人，巴布．萊恩（Bob Ryan）才是。萊恩曾在一家輸送帶公司當業務，後來在一九八六年開了NCC。茂傑在這一帶長大，念大學時有天主動去敲萊恩家大門，兩人因此結識。當時茂傑是年方二十歲的機械工程系學生，剛發現女朋友懷上身孕，為了養家只好開始幫人打雜。「我原本是跟四十個男生一起住兄弟會之家的大三生，到了大四卻得抱著一個小貝比住到校外，」茂傑在他的辦公室裡告訴我。那裡面擺了好幾張他太太丹妮爾（Danielle）和三個已成年的孩子的照片，費城老鷹隊的周邊產品，以及辦公室常見的精神喊話海報（「工作第一誡：不照顧客戶，別人就會幫我們照顧……」），業界獎項，還有美味美（Tastycake）蛋糕在NCC出品的傳送系統上移動的照片。

茂傑整個暑假都在萊恩家打雜，之後萊恩囑咐茂傑，畢業後要是想找份工作就給他打個電話。「我星期五畢業，星期一就來上班。」茂傑說。那是一九九四年，從此他再也沒離開NCC。當時NCC的規模比較小，有十五名員工，年營業額三百萬美元。茂傑說萊恩是個有遠見的創辦人，有種天生適合當業務的親和力，還有那種一人當家、不問後果先幹再說的管理風格。根據茂傑的說

1　譯註：美國漫畫家魯布．戈德堡（Rube Goldberg，1883-1970）曾創作一系列大受歡迎的漫畫，描繪故事人物以不必要的複雜機制執行極其簡單的任務。故後人以此形容過度複雜的機械裝置。

法，萊恩的核心理念是「凡事總有辦法」。萊恩絕不向客戶說不，結果就是NCC員工為了實現他阿莎力的承諾，常得通宵趕工。「我們一路走來打的都是硬仗，」茂傑回憶道。「每次都使命必達，不過那可不是好玩的。」他在NCC的最初十五年每週六都要上班，晚上也常常加班。員工的職業倦怠率極高，導致流動率也很大。「一旦你許下承諾，那種『什麼都擋不了我』的態度，我想是值得敬佩，」茂傑說。「但想要達成長遠的成功，那是行不通的。」雖然茂傑很敬愛萊恩，在萊恩過世後還是跟他的家人很親，卻無意奉行萊恩代表的那一套理念。

茂傑對NCC忠心耿耿，表現出色，也覺得這份工作沒什麼可以挑剔的。他從未懷抱創業當老闆的野心。不過到了一九九九年，萊恩把NCC賣給一家競爭對手，而茂傑說那是一次「不成功的併購」，後來NCC在二〇〇六年宣告破產，負債數百萬美元。茂傑擔心公司倒閉的後果，也覺得改造公司的契機到來，於是拿自家房屋做淨值貸款，用這筆錢買下NCC。

茂傑原本是一個屬下也沒有的員工，一夕之間成為這輩子唯一工作過的地方的獨資擁有人。我問他變成創業家是什麼感覺？「我很引以為榮，」他說，「一點害怕跟畏縮也沒有，大概是對我扛下怎樣的風險跟挑戰渾然不覺吧。可是我想到未來會有什麼可能、自己又能有所影響，就很興奮。我躍躍欲試，想把公司文化改造成信任可靠的那種，不過當初我連這叫文化都不知道，只知道我不喜歡公司的感覺。」

茂傑把全公司十七名員工召集到工廠，簡單宣布了他買下公司的消息。他模糊帶過公司的財務狀況，告訴大家從現在起得更謹慎行事。這是NCC全新的開始。「我既沒講什麼大道理，也沒什麼遠見，」他說，「就只是『大家捲起袖子幹活吧』。老實說，那時我連領導是什麼意思都不確定。」

茂傑把NCC改造計畫當成工程專案看待，覺得採用合適的系統、流程與步驟就能搞定。「我把焦點放在做事方法和技術流程，」他說。「如果我們繼續走那個路線，就會變成所謂的我一人當家、五十個人幫忙。」當時茂傑根本無暇思考理念的問題。他埋頭苦幹，清償NCC的債務並讓公司轉虧為盈，業績從二〇〇六年的五百萬美元逐步成長到二〇一八年的近三千萬美元。不過隨著公司的財務改善，茂傑覺得好像少了點什麼。他說：「我發現自己實在算不上領導人，這可不好笑。」由此可見茂傑逐漸醒悟到，他其實不知道自己創業是出於怎樣的理念。

想想那些知名的創業家，他們的理念好像很明顯。愛迪生重視發明、福特重視效率、賈伯斯重視美感。許多成功的創業家心懷多重理念，經商和行善時的表現判若兩人。卡內基（Andrew Carnegie）和洛克斐勒（John D. Rockefeller）是史上最心狠手辣的商業巨擘，無情地打壓員工卻又捐出數百萬美元在世界各地建立圖書館和公園等基礎公共設施。巴菲特（Warren Buffett）是市場基本主義信徒，他為他的波克夏海瑟威控股公司（Berkshire Hathaway）投資時鮮有道德顧忌，然而他也是自掏腰包做善事的楷模，啟迪了蓋茲和祖克伯等人以慈善之名割捨大筆財富。就連科赫（Koch）兄弟也不例外，他們挾銀彈攻勢廢除污染管制法規、扼殺公共運輸計畫，同時又海擲數百萬美元贊助藝文界。

但也有創業家利用公司推動他們真心擁護的社會理念，例如美國非裔美髮業教主沃克夫人。他們有很多人的理念顯然源於宗教信仰，例如家樂（W. K. Kellogg）就是茹素的基督復臨安息日會教徒，他發明玉米片是為了推廣全穀飲食（並認為這有助於遏制自慰的罪行）。不過今天我們會想到的創業理念有很多來自戰後的嬰兒潮世代，以及他們承繼一九六〇年代晚期反文化運動所成立的公司，企圖將資本主義與比較利他的使命感結合。

那個年代的代表人物是伊方．修納（Yvon Chouinard），戶外服飾用品公司巴塔哥尼亞的創辦人。對於重視理念的創業家來說，修納寫的《對地球最好的企業Patagonia》（*Let My People Go Surfing*）[2]已成為必讀寶典。修納在加州長大，年輕時是個浪跡天涯的攀岩和衝浪愛好者。他的經商生涯始於一九六〇年代中期，當時他在加州優勝美地國家公園內手工鑄造攀岩工具，在那裡的巨岩底下一紮營就是好幾個星期，販賣工具以購買食物、啤酒和攀岩所需的補給品。後來他的公司也開始生產服飾，到頭來，他們家的絨毛背心成為世界各地滑雪玩家、雅痞老爸和創業投資家的標準行頭。

修納很早就把巴塔哥尼亞打造成不只有產品、更有遠大使命的公司。修納寫道：「我從商將近六十年，從沒敬佩過這一行。商業是破壞自然、摧毀本土文化、劫貧濟富、製造工廠廢棄物污染地球的元兇。然而商業也能生產食物、治癒疾病、控制人口、創造就業機會，並全面提升人類福祉。經商能在成就那些好事之餘獲利，同時不喪失靈魂。」

修納根據個人理念塑造巴塔哥尼亞，例如他希望在這裡工作充滿樂趣（與機上雜誌會看到的「蒼白」生意人截然不同），致力為員工福祉著想（薪資優渥、補助托育和健康食品、給人餘裕衝浪、滑雪或照顧家庭的彈性工時），並改善供應鍊各個環節的待遇（公平的薪資、安全的廠房）。修納的環保主義深植於巴塔哥尼亞做的每件事：開發回收塑膠做成的絨毛布料並改用有機棉，為自家產品開辦修補和回購方案，慷慨捐助許多環保和保育活動。我在費城那個星期就有一則新聞見報：巴塔哥尼亞預計將從川普總統的減稅措施獲得一千萬美元，而他們要把這筆錢捐給環保團體。巴塔哥尼亞的特色遠不只是產品的剪裁和用色，也不只是商標上險峻的山峰，而是一個代表創始人理念的品牌。

由嬰兒潮世代創辦、重視企業理念且觀念進步的品牌當中，具代表性的有早期的班傑瑞冰淇淋、美體小舖（Body Shop）、全食超市（Whole Foods），此外也有無數創業家在籌劃自己的公司時，把它當成實踐個人理念的方式。費城有個非常有名的例子是茱蒂・威克斯（Judy Wicks）。她住在一間歷史悠久的磚造排房，我去那裡跟她喝茶做訪談時，看到滿屋子都是藝術品與珍藏，她還養了兩隻友善的狗。威克斯是聞名全美國的在地商家倡議者，也是在地生活經濟商家聯盟的創辦人（這個組織的主任法柯沃斯在第三章出現過），她以理念為導向的創業之路始於一九七〇年，在此之前，她在阿拉斯加與愛斯基摩人共同生活過一段時間。

那時威克斯和她當時的先生里察・海恩（Richard Hayne）剛搬到費城，開了一家自由人商店（Free People's Store），販賣以嬉皮為客群的產品（巴布・狄倫唱片、結繩花器、古董衣、菸紙）。店內設置了舊物免費交換箱、供人組織反戰抗議和藝文聚會的布告欄，整間店與和平運動密不可分。「這家店打從一開始就與我們的理念完全結合，」威克斯對我說。「我們的商標可是和平鴿呢。」就像修納和他的巴塔哥尼亞，自由人的一切也以反商業的精神為依歸，夫妻倆誓言只賺取維生所需的最低利潤。

不出幾年，威克斯跟海恩就分道揚鑣，威克斯說海恩改採更商業化的經營路線，迫使她放下那間店和他們的婚姻。後來海恩把自由人改造成全球連鎖零售公司Urban Outfitters，仍維持青春文化的賣點（還是有菸紙和唱片），但已然拋下反企業的理念。威克斯後來開了白狗咖啡（White Dog Café），這家小餐廳成為在地永續飲食運動的先驅，也是她透過開餐廳實踐個人理念的實驗場。

2　譯註：繁體中文版由野人文化出版。

「從那時起，讓工作確實反映我個人支持的理念，就成為我職業生涯不可或缺的一環。」她在個人回憶錄《早安，好店》(*Good Morning, Beautiful Business*)裡寫道。「你能找到一種方式，讓經濟交換成為最有成就感，最具意義，也最有愛的人類互動之一。」她經常為員工加薪並提昇福利，白狗咖啡也成為威克斯衷心支持的許多理念的據點，為供應他們咖啡豆的墨西哥農民推行公平貿易，並支援在地社區的保留行動，擋下歷史老屋的拆除作業。早在再生能源大行其道之前，她已經開始購買再生能源，還用環保墨水印菜單，把餐廳最高與最低薪資的比例定在五比一。

「最終全取決於你怎麼做決定，」威克斯邊說邊把茶匙伸進蜂蜜罐；這款蜂蜜未經加熱消毒，來自她認識的本地蜂農。「不只是『這會提高利潤嗎？』這種問題，而是你的決定會怎麼影響鄰居、顧客、環境和員工。我一直都把這些問題放在心上，」也放在她創業生涯的中心。她說：「對我來說，我的店是在表達我對世界的愛，一門事業就是因此而美好：在創業家表達他們對生命的熱愛的時候。」

社會創業家

過去大約二十年間，這種以關懷社會為號召的資本主義已然蒙上一層浪漫色彩，有些人出身懷抱強烈理念的世代，開始視創業為達成理想改變的手段，將商業動能與宏大的發展目標結合起來。在此之前，這些目標屬於政府與跨國組織的責任範圍。例如阿育王組織(Ashoka)和穆罕默德・尤努斯(Muhammad Yunus)的孟加拉鄉村銀行(Grameen Bank)這類機構，開始鼓勵、教育並資助個人成立公司與組織，而且成立宗旨是為迫切的社會問題尋找解方（例如綠能科技，或是巴西亞馬遜雨林原住民的孕婦健康）。「社會創業家」一詞開始被廣泛用於這類事業。到了二〇〇〇年代，幾乎每間大學都有了社會創業的課程、專門領域和學位。

「像傳播DNA一樣傳播你的理念，這是人性。」馬麗娜・金（Marina Kim）說。她開辦了史丹佛的社會創業學程，現在也在大專院校推行阿育王組織的課程。這十年來，金看到愈來愈多學生、學校和公司對理念導向的創業很感興趣，而且是巨幅成長。「當你創始一個組織或運動，會感到一股強大的力量。創辦人的個人特質會從中彰顯出來。這會讓人充滿生氣，因為你會覺得在按自己的心意在世上開闢一方天地。」

雪柔・雅菲・凱澤（Cheryl Yaffe Kiser）是巴布森學院社會創新實驗室的負責人，她的父母受自身理念驅使創辦了自然食品公司，她也從小耳濡目染。早在嬉皮發掘克菲爾酸奶和卡姆麥之前，她父母就在販賣這些食品，不過今非昔比了。她說：「如今我們近距離見證世界上的許多苦難，企業主很難如常營運而不去想這些事。現在一直有人這麼說，而且這種說法不會消失，聲量還會繼續變大。」醫療照護、收入不均、氣候變遷——這些結構性問題在她學生的心頭縈繞不去，而他們之所以向她求教，就是想為世界帶來真正的改變。「有些學生有很強的動機和活力，想創立以理念為重的公司，解決長期困擾社會的難題。」凱澤說完停了半晌，反問了一個不言自明的問題：「他們離開學校以後真會那麼做嗎？我不確定。」

凱澤解釋，社會創業的概念自一九八〇年代晚期浮現時，基本原理是你能利用企業經營的靈活性、創意和其他優勢，比大型組織機關更有效對付結構性問題。第一代社會創業家創立了非營利組織、基金會，以及其他非商業機構來面對這些挑戰。不過在冷戰結束後，新自由主義成為主流的經濟和政治意識形態，又恰逢網路產業興起帶來的第一波新創公司熱潮。矽谷「改變世界」的真言開始被每個創業提案人掛在嘴邊，簡直像部落成年禮的誓言。

這使得社會創業的典範轉移了，從解決結構性問題變成慈善消費的商業活動。史蒂芬・奧弗曼（Steven Overman）在《良心經濟》（*The Conscience Economy*）一書中寫道，「行善是新的地位象徵，」背後的驅動力是「在全球各地崛起的青年創業家，他們象徵了對正向改變的樂觀態度」。這就是「穿上絨毛衣、自我感覺真良好」的慈善資本主義生活風格——歡迎加入！

這種好到可疑的商業模式有套常見的作法叫「你買一、我送一」，在二〇〇六年由休閒鞋公司TOMS率先發難。布雷克・麥考斯基（Blake Mycoskie）是個富有的連續創業家，他在創辦最新一家新創公司（推廣混合動力車的線上駕訓班）之後，到阿根廷放了個小假，結果在一個村莊目睹當地兒童打著赤腳。「何不開創一門讓這些孩子有鞋可穿的『營利』事業呢？」麥考斯基在《TOMS Shoes：穿一雙鞋，改變世界》（*Start Something That Matters*）一書中寫道。「也就是說，或許慈善不是解方，創業才是。」麥考斯基回到他在洛杉磯住的帆船，發想出一套在後續十年間啟迪無數新創公司的公式：TOMS每賣出一雙鞋，就捐另一雙給有需要的兒童。比起鞋款設計，這種與人為善的形象更是TOMS成功的關鍵，因為與其說賣產品，不如說他們賣的是理念。

照這個模式起家的公司還有Warby Parker（你買眼鏡、我送眼鏡）、Nouri Bar（你買一支能量棒，我餵飽一個飢兒）、Sir Richard's（你買保險套，我送保險套）、Charity Water，以及幾百家諸如此類的公司。送圍巾給阿富汗婦女？當然好。我買牛仔褲你就清理海洋垃圾？快去吧！這些故事都有絕佳的公關效果，對這些大半走網路銷售的品牌來說是鎮站之寶，更讓創辦人成為一場接一場座談會的嘉賓，暢談他們如何改變世界，佐以貧童穿著他們家鞋子笑開懷的照片畫龍點睛。這類商業模式也符合創投家的期待，因為贈送產品的相關成本不過是行銷費用，實則有助於成長。

丹涅拉・帕比松頓（Daniela Papi-Thornton）在牛津和耶魯大學教社會創業學，她把這種現象稱為「英雄創業」。這是新創神話的子類別，幾乎只聚焦於特定個人，認為他們是推動社會進步的最大功臣。帕比松頓會有這層領悟，是因為她二十來歲時也曾奉行這一套，透過單車之旅為柬埔寨村民興建校舍募資。不過她後來才發現，那個村莊需要的其實是老師，然而她從沒想過應該先徵詢當地人意見。她說：「要蓋棟房子很容易，」但真正的結構性改變、真正有長遠影響的改變，「需要將人際關係和體系納入考量，委身投入也很重要。你一個外人不能就這麼闖進來一屁股坐下，自顧自地解決問題。」自從她開始教社會創業學，這正是她看到的現象：大家之所以採取某些方式解決問題，是因為這能讓他們當一人英雄。

「我說這是矽谷化的社會部門，」帕比松頓說，並指出常有商管碩士生來找她，說他們想當社會創業家——只要先搞清楚合適的社會議題和商業企畫就好。很多人跟她說想解決非洲的問題（說的通常是含糊一大塊叫「非洲」的地方），因為那裡最引人矚目，儘管美國國內也有同樣問題，就近著手是不是更有效？或是讓已經在莫三比克或索馬利亞努力的組織團體或政府來比較好？「如果這成了一種遊戲：從一個箱子抽個議題、再從另一個箱子抽個商業模式，那我們肯定做錯了什麼。」她說。「在社會影響力的世界，你會宣稱自己將造成怎樣影響，可是很多人其實只想當創業家而已。這就是差別所在。與現實嚴重脫節。」

當我決定著手研究理念如何驅策創業家時，這些明顯為社會企業的公司似乎是我該關注的對象，畢竟這條路線是最熱門的，然而我一直心存抗拒。後來我陸續訪問過社會創業學家或創業家（為資助視力研究而成立的T恤公司、讓你追溯工廠作業環境的服飾公司），但我覺得創業家還有更深層的理念，我只觸及了皮毛。我想更深入挖掘。

我最沒必要寫的，就是又一家總部可能位於波德市（Boulder）還是布魯克林的公司，他們上Kickstarter向群眾募資，產品是用回收保特瓶做的瑜珈墊，或是用回收瑜珈墊做的保特瓶。我不想報導浮泛的嬉皮或雅痞，不想看到巴塔哥尼亞背心。我想了解更深度的創業家理念，不是光看人在舞台上吹噓自己如何改變世界。前面那些例子感覺都太討喜、太整潔美觀了。我認為我得訪問那些你不會明顯認為以理念為重的人，否則這本書就無法揭露更多關於創業的真相。例如：在一個競爭激烈的產業中，普普通通的美國公司老闆，最好是藍領階級。有些事情必須確實有所改變，創業家得出於個人理念做出真切的犧牲與選擇，不只是空談好話和信條。

起初這個想法帶我找上B型實驗室（B-Lab），這個組織把重點放在三大基本考量：人、地球、商業獲利。巴塔哥尼亞、班傑瑞冰淇淋等公司已率先關注這些面向，而B型實驗室正式確立了一套認證審核流程，而且規模正迅速成長，已經認證了六十國近三千家「B型企業」，除了Eileen Fisher和Kickstarter這些知名企業，也有許多規模較小的公司，從紐約的私募金融事務所到哥斯大黎加的伐木業者都在其列。

和一般自稱有理念的公司相較，B型企業主要的差別在於，他們有法律義務改變企業治理規定，不論做任何決策都要考量對所有利害關係人的影響，而不只是為股東著想。「這不只是企業使命宣言，更將治理和問責性做有法律效力的結合，」B型實驗室的共同創辦人暨合夥管理人傑．科恩．吉伯特（Jay Coen Gilbert）說。「『我在乎人跟地球』和『我有法律責任在乎人跟地球』，是很不一樣的……這是向資本主義的基本運作原則提出重大挑戰，從只向股東負責，變成向利害關係人負責。」

B型實驗室總部位於費城郊區，緣起其實是科恩．吉伯特和共同創辦人從前創業時的負面經驗。一九九三年，他們共同創辦籃球鞋公司And1，還曾贊助美國職籃球星凱文．加內特（Kevin Garnett）和文斯．卡特（Vince Carter）。科恩．吉伯特與共同創辦人將And1利潤的五%捐給少兒教育組織，改善海內外上游工廠的工作環境，收購原物料與其他組件時也將環境永續納入考量。但後來美式運動用品公司（American Sporting Goods）在二〇〇五年收購了And1，而該公司老闆傑瑞．透納（Jerry Turner）無意延續這些高尚的舉措。

「我們看著這一切因為貪婪被全盤推翻，」科恩．吉伯特回憶道。「傑瑞向國際經銷商說明我們的服務宗旨時，自我介紹說『新官上任，改朝換代了』，然後就回頭切他盤裡的肉。這未必是為了市場競爭力，而是他自己想賺更多……感覺真的很糟，但糟糕的不是我們沒料到這種後果，而是我們也有可能同流合污。」看到他們的理念被棄如敝屣，科恩．吉伯特和朋友自問當初該怎麼做，才能讓理念即使在公司轉手後依然長存？答案就是B型企業。

科恩．吉伯特告訴我，如果有人想了解創業家的理念能發揮什麼作用，就得去讀一九七〇年問世的兩篇重要文章，作者都針對美式資本主義發表了看法，但兩者呈強烈反比。比較有名的那篇刊登在《紐約時報雜誌》（*New York Times Magazine*），題為〈增加盈利就是公司的社會責任〉（The Social Responsibility of Business is to Increase its Profits），作者是知名經濟學家米爾頓．傅利曼（Milton Friedman），他因為大力捍衛自由市場、反對政府介入商業活動，成為二十世紀影響最大的經濟思想家之一（在一九七六年榮獲諾貝爾獎）。傅利曼寫道，商人倘若認為「公司具有『社會良知』，並真心認為其職責是提供就業機會、消除歧視、避免污染，或任何當代改革人士可能拿來當口號的舉措，」就是在宣揚共產主義。「持此說法的商人是在無意間淪為傀儡，受數十年來動搖自由社會根基的知識界勢力所操弄。」

傅利曼宣稱，企業和創業家就該為顧客服務，以及更重要的——為股東服務，除此之外別無他人。創業家和主管若想像公務員一般拿公司盈利為民服務，不只在財務上不負責任，也根本是專斷獨裁。「除了普世性的理念和責任，公司並沒有任何理念、任何『社會』責任可言。」傅利曼寫道。公司的責任唯有一項：增加盈利。

因為傅利曼的思想，美國雷根總統和英國首相柴契爾推行的去監管制度有了靠山，股東價值的概念也躍居華爾街首重之事，刺激激進的投資人逼迫公司不斷增長盈利，不論代價為何。更有甚者，這在世人心中種下經商與理念不可兼顧的概念。商人（從而涵蓋創業家在內）的職責是盡可能為股東賺最多的錢，凡是偏離這個目標，就是背叛了美國跳動的資本主義心臟。

在帕羅奧圖，費利曼雖然不像作家艾茵．蘭德（Ayn Rand）那麼家喻戶曉（《阿特拉斯聳聳肩》〔*Atlas Shrugged*〕在那裡的影響力可能僅次於《賈伯斯傳》），他的思想還是主導了那個圈子的商業模式。矽谷創業家基本上就是被股東牽著鼻子走，因為每經過一輪創投募資，創業家的所有權、權利和理念就又減損一些，不計代價追求成長之必要則愈來愈迫切。

相對於傅利曼，科恩．吉伯特推薦的另一篇文章叫〈僕人領導學〉（The Servant as Leader），作者是名不見經傳的 AT&T職涯研究員羅伯．格林里夫（Robert Greenleaf）。一九六〇年代晚期，格林里夫眼見美國社會動亂和學生運動四起，於是愈來愈關切政府、大專院校和企業等等機構為何幫不了那些仰賴他們的人。他呼籲新一代的僕人式領袖興起、將理念置於工作核心。

「僕人式領袖以服務他人為優先，」格林里夫寫道。「這類型領袖與眾不同之處在於，他們著重的是確保他人最優先的需求得到照顧。這些問題是檢驗他們的領導是否有效的最佳方式，然而要實際檢驗並不容易：獲得服務者是否有個人成長？他們**接受服務時**是否變得更健康、明智、自由、自主，同時也更有可能為他人服務？**還有**，這對社會中最弱勢的族群又造成怎樣影響，他們是否將從服務受益，或者至少不至落得更加貧困？」

格林里夫的僕人式領袖具備完整的自由意志力（他跟傅利曼都堅信個人的力量），但也擁有愛、信任、同理、希望和社群帶來的力量。追根究柢，這世界一切的問題都出於個人不以他人為優先，不先講求服務再追求領導，也沒有將個人理念置於首位。「這一切都是基於一個假設，那就是改變社會（或讓社會運轉）唯一的方式是增加人口，夠多的人口，將來能改變社會（或讓社會運轉）的人口。」

我們該選擇費利曼的盈利還是格林里夫的理念？股東還是利害關係人？我們的社會文化日復一日爭執不休，主要就是在這些問題上拉鋸。而對創業家來說，這些問題代表了他們為個人的初心和理念所做的內在掙扎。

如果「理念」只是口頭說說

到了二〇一二年，茂傑這個老闆當得愈來愈得心應手。自從他買下NCC，公司業績近乎翻倍，營運是如此順暢，簡直像一塊點心在精確校準過的運輸帶上滾動向前。茂傑經濟無虞，年紀最大的兩個孩子都離家念大學了，他自己剛屆不惑之年。但就像大多數人生登頂的人，茂傑仍覺得若有所失。

「那種感覺愈來愈強烈，」我們在NCC附近一家義大利餐廳吃午餐時，他對我說。「我開始問自己：能令我含笑臨終的成就是什麼？我想以怎樣的事蹟為人所知？」如果NCC還要再成長，員工得有更強烈的使命感和方向感，茂傑自己也是。後來有一天，茂傑出席一場業界研討會，聽了一場關於領導力的演講。主講人是個尊樂香腸公司（Johnsonville Sausage Company）的人，他在投影片的某一段簡短解釋了何謂僕人式領導，茂傑聽了靈光一閃。「那是一種你會想支持的理念，」茂傑說，並形容那是他的覺醒時刻。「人天生就會從助人獲得成就感。」

使命從天而降，茂傑這下有了強烈的方向感，不過他起初只把這個念頭放在心裡。他說：「那時的我不是僕人式領袖。我是教練、指導員。」並說他的理念大多是從高中足球隊教練學來的。茂傑不多話，有點害羞，而且非常注重隱私。他承認自己不是會敞開談感覺或吹噓成就的人，非必要絕不會站到鎂光燈下。「其實我們一直都有一套企業理念，就貼在公司牆上，也會要求大家朗讀出來，但並沒有加以實踐。」可是他後來發現，不跟人分享他的理念對誰都沒好處。「你要是知道別人在乎什麼又心有同感，就更可能跟他們同心協力，而不是唱反調。」他說。「就這樣，這就是理念。」他要是想開始為人服務，就得讓大家知道他在乎什麼。

到了二〇一二年末，茂傑在NCC的耶誕節派對向員工發表年度演說，報告公司的業績和他為來年擬定的目標。演講到一半，茂傑停頓半晌，接著用比平常感性的聲音告訴大家：「隨著我自己成長發展、反思我的人生和事業，我醒悟到我的使命是幫助各位盡可能開創最好的人生。」

茂傑點到為止，沒再多說。且不論他還在釐清自己的理念是什麼，更重要的是如何加以實踐。他開始不著痕跡地幫員工解決私人的健康和財務問題，例如有個員工的太太得動攸關性命的手術，茂傑便更改公司福利條款幫他支付醫療費，也親自帶廠裡一個年輕工人去勒戒。收到員工家屬的感謝函和電郵，他很欣慰（他唸其中幾封給我聽的時候還哽咽了），但從沒向任何人提起。後續幾年，茂傑在年度演說中東一點、西一點提到他的理念，又在二〇一五年首度提到僕人式領導，並向大家簡短解釋。「我的職責是提供你們施展長才的機會，」他在演講中說，「拓寬你們個人的視野，讓你們發揮天賦，學以致用，或兩者兼顧。」

茂傑對個人理念緩慢的覺醒相當正常。我們一般人就算有理念，也很少生來就篤定世上什麼事情是自己心目中最重要的。理念是人生歷練的產物，受我們的人際關係、生活處境，和這一切的時空背景所影響。尼克．史沃吉（Nick Swauger）是NCC生產線經理，當初是茂傑在二十年前雇用了他，而史沃吉說，他親眼看著茂傑覺悟到自己負有比追求個人成就更重大的責任，茂傑的理念也在這二十年來逐漸清晰。「他最初發表那幾次演講的時候，重點是從『我』轉移到『我們』，」在員工認股委員會第一天會議結束時，史沃吉在教會的走廊上對我說。杰森．林克（Jason Link）擔任多年的NCC營運經理，他說這就像見證一個人初次找到信仰。

演講提到理念是很好，但終究只是口頭說說。在那些年間，NCC沒什麼實質改變。老闆在耶誕節演講時淚水盈眶、提了兩句領導力云云，不過在工廠和辦公室，製造組裝輸送系統的工作照舊進行。許多公司把理念張貼在牆上和官網上，有些有五大理念、有些是十大理念，還有些是洋洋灑灑幾十條。這些理念通常很相似，不出想當然爾的團隊合作、服務、勤勉、恆毅力、紀律，諸如此類。亞當·布萊恩（Adam Bryant）長年為《紐約時報》採訪企業執行長，他告訴我，這些人通常會在列舉四、五條公司理念後一臉茫然地轉向助理，不知接下來還有哪一條。理念說得容易，往往比空洞的口號好不到哪去，就像啤酒公司砸錢在超級盃時段播放觀念進步的廣告，卻未採取任何措施改善員工雇用政策，或是美妝製造商給洗髮精包裝貼上粉紅緞帶，同時繼續將有毒化學物質加進產品。

一回我在芝加哥訪問一位開金屬鍛造廠的創業家，別人向我推薦他時，說他是個堅守個人理念經營公司的人。他在訪談時滔滔不絕說了一長串理念，可是當我請他舉個例子，說明這些理念如何改變了公司的日常營運，他被問倒了。

「有啦，」他想了幾秒鐘以後說，「我們會送每月最佳員工搖頭公仔！」

還有呢？

「還有什麼？」

還有什麼別的改變？

「年終的時候，他們有機會抽中音樂會門票和明星簽名吉他！」

很多創業家心懷個人理念，經營起事業則跟一般沒有兩樣：上班打拚，下班回家。創業家的理念也未必要很良善。如同演員麥克·道格拉斯（Michael Douglas）在電影《華爾街》（Wall Street）裡的名言，貪婪也是一種理念，一種很強大的理念。別的不說，傅利曼呼籲公司專注於獲利的箴言，就是很多創業家和他們公司的工作動力。不過對那些公開宣稱更宏大的理念並承諾實踐的創業家來說，什麼是口惠而實不至，什麼又是真正的理念導向經營，差別在於犧牲。

茂傑希望NCC的營運符合他的理念，卻不曉得從何做起。然後有一天，他聽了一個叫肯恩·貝克（Ken Baker）的人演講，主題是員工認股制。聽貝克說員工認股制是一種刺激成長的機制，也是把理念傳播給全公司的方式，茂傑又靈光一閃。「策略、情感、財務——這在很多層面馬上打進我心坎裡。」他說。「天啊！我不懂的事可多了，不過我真心想搞懂這件事。」

員工認股基本上是種特殊的退休金方案，將公司的股權逐步轉移到員工手中。這套制度源於英國和早期美國的工商合作社，自一九七四年起正式寫入美國法規，在某些稅額能比其他形式的企業獲得更多減免。從創業家的角度觀之，員工認股也是一種獨到的退場方式。不是把公司賣給投資人、競爭者或其他外部買家，而是賣給員工認股計畫，也就是代表員工成立的信託。購買股權的資金通常是向外借貸，由員工分期償還。員工不必為了認股計畫額外出錢，而是由薪水扣除，就像一般的福利負擔。行員工認股制的公司有西南航空（Southwest Airlines）、亞瑟王麵粉（King Arthur Flour）和Wawa等等，最後這家加油站連鎖超商就是NCC員工每天早上買咖啡的地方。

「我聽到這一切，腦袋轟然一響，」茂傑回憶貝克演講的內容。「這涵蓋了我追尋的一切：團隊力量、當家文化、對公司的歸屬感，還有那種大公無私，因為這是在作財務犧牲。」

茂傑後來與貝克會晤，向他更深入請教員工認股制和貝克在新世紀工業公司（NewAge Industries）的作為。這家塑膠導管公司由貝克的父親瑞伊（Ray Baker）創辦，現在由貝克經營。貝克年紀七十出頭，身材高瘦，頭髮梳得一絲不苟，舉手投足充滿自信，神似聯邦調查局主管。我跟他約在新世紀公司廠房共進午餐，地點在費城北郊。他迎接我時帶著一份沙拉、一本探討純素食優點的書、一本納粹大屠殺倖存者維克多・弗蘭克(Viktor Frankl)寫的《向生命說Yes》(*Man's Search for Meaning*)[3]。他在用餐前先帶我參觀新世紀的工廠。他們生產各種粗細、形狀和容積的塑膠管:灑水系統長而厚重的水龍帶,麥當勞奶昔機的小管子,還有生技公司和藥廠用的精密鉑金矽膠管,最後這項產品在設有雙重氣密門的無菌室裡,由從頭到腳裹著防護衣的員工生產。

貝克六歲起就為父親工作,在餐桌上用釘書機裝訂商品宣傳小冊,中學時都在工廠當工友。大學畢業後,他協助新世紀工業從經銷商轉型為製造商。一九九八年,貝克買下父親和哥哥的股權,成為公司唯一的擁有人,並創立製藥產品分部,帶領新世紀工業成長到二〇一八年的五千四百萬美元營業額,雇有一百六十五名員工。

貝克的理念源於強烈的是非觀。他曾辭去一份逐戶兜售百科全書的工作,就因為這逼他騙人。「我老實繳稅、不說謊、不舞弊。對人尊敬以待,也不跟人斷絕關係。」貝克說。他不信教,但隨著年紀漸長愈來愈注重環保,把部分廠區改裝成太陽能供電,並把新世紀所有廢棄物回收或做生產能源之用。他提倡健康的飲食和運動習慣,逢人就鼓吹植物性飲食。「我只是想挽救這個世界,」貝克帶著淺淺的微笑說。「想幫人好好活著。」

貝克跟茂傑一樣,聽別人演講才知道有員工認股制,並立即心想:就是這個!當時他只擁有公司十%的股權,不過他為了買下公司全額股票訂立十年計畫,並將公司的財務調整到能進行員工認股的狀態(要有獲利且無負債才行)。他說:「我父親覺得我是腦袋進水才會想做製造業、進了兩倍水才會想把公司賣給員工。」二〇〇〇年,他透過公司的電子報暗示他將在二〇〇六年把三十%的股權賣給員工,這是他告訴大家「別走開,好戲在六年後登場」的方式。貝克說到做到,在二〇〇六年一場員工認股圈稱為「揭曉」的活動中宣布了認股計畫，一開始先讓員工認購三十%的股權，到了二〇一九年九月、我認識他不到一年後，股權已百分之百轉移到員工手中。

貝克之所以被員工認股制吸引，又透過賓州員工當家中心（Pennsylvania Center for Employee Ownership，他創立的組織）不斷向其他創業家大力鼓吹這個作法，不只是因為這讓新世紀的員工有了退休方案，更重要的是它對公司文化起了潛移默化的效果。「這是分享式資本主義的範例，」他在我們一起進行他每日「走動式管理」的時候這麼說。他不時停下腳步問候員工，每個人的名字他都叫得出來。「你要是細看，會發現這並不是在白白贈送。如果員工不努力增加公司營收，這項投資就不會成長。」因為員工認股嚴格來說就是讓員工變老闆，理想上他們的思維會因此轉為較接近創業家看待個人事業的思維。「當家心態跟員工心態有差，」貝克說。「老闆做事的方式不一樣，不過人不是打從娘胎出生就懂得當老闆。」

貝克注意到，自從他推行員工認股，員工的行為日漸改變，不必主管三催四請就主動為公司的最佳利益著想。曾有個女員工身體不適，結果同事建議她當天改為負責比較輕鬆的職務，不只減輕她的負擔，也不至於影響團隊績效。有個堆高機駕駛開著機具兜圈子取樂，一個同事看了，訓斥他在濫用他們兩人都擁有部分產權的設備。還有人推掉了數千美元酬庸，拒絕推薦朋友來公司任職，而他告訴貝克，原因是他覺得這些朋友是打保齡球、喝啤酒的好夥伴，卻不是理想的共同老闆。公司的績效改善了，而貝克把這歸功於這種心態的轉變。業績提升，失誤減少，員工流動率之低前所

3　譯註：繁體中文版由光啟出版。

未有。

貝克對他在新世紀實施員工認股的成績無比自豪，不過他的理念也不斷遭到考驗。競爭對手、投資人和私募股權公司天天打電話給他，開價想買下這家公司。因為貝克仍持有新世紀過半的股權，他有決定權。「今天下午五點以前，我就能以一億美元賣了這家公司。」他說。「但我為何要賣？他們會說：『誰管員工和社群啊？想想你能賺多少錢。』私募公司的作風是最大化股東價值——傅利曼那一套的基本道理——他們在商管碩士班教你的也是這一套。開公司就為了這個嗎？」他問我。「並不是！公司是活生生、會呼吸的東西，不能濫用。任何人都不行，就連老闆也不行。你要是濫用它，是在殺雞取卵。」貝克在把剩餘股權出清給員工認股計畫、將擁有權完全移交員工之前，已著手為新世紀工業申請B型企業認證，不論未來由誰當家（含員工認股委員計畫在內），依法都必須遵循全體利害關係人的理念。

當家文化：共享公司經營權

未經考驗的理念沒有太大意義。機會有其代價，錢財不會平白到手，理想輕易就會被犧牲。「當情勢危急，財務模式成了存亡關鍵，」巴布森學院的凱澤教授說，這就是考驗創業家信念真不真的時刻。牆上漆得漂漂亮亮的標語，這時就知道是經得起考驗還是空話。青春叛逆的冰淇淋公司賣給了跨國集團。威克斯的先生原本是關懷社會的反資本主義者，後來變成支持共和黨政治理念的百萬富翁。自從Google蒐集用戶資訊、與政府情資單位和軍事承包商合作的情事曝光，他們的座右銘

「不作惡」如今聽來委實尷尬。有鑑於矽谷的新創模式首重快速成長、退場和股東權利，這應該不令人意外才對。創業家的理念有時是在面臨資金吃緊的關卡時消散，然而理念更常是透過一個接一個的決定慢慢被割捨，有如凌遲。

當我問茂傑，他在考慮將NCC轉型為員工認股制時，他的信念受過怎樣考驗？他說問題很單純，就是錢。私募股權公司和競爭對手屢屢提議買下NCC，開價落在兩千萬美元上下，這是能讓他翻好幾倍回收的高價。可是股權如果轉移給員工，賣給員工認股信託的價格勢必採用公平市場價值，就NCC而言是一千萬美元，而茂傑甘願接受這樣的損失。他說：「你得放棄那個價差，」放下那額外的一千萬美元。「所以你一定要相信無私和團隊合作的價值，也要知道這些東西在面臨各種難關時會如何耗損，然後堅持為你天天共事的人成就美事。」茂傑後悔嗎？「我擁有的夠多了，多那幾百萬有什麼意思？」他說。他名下有自宅和佛羅里達州一間公寓，也為家人存下豐厚的積蓄，足以應付未來所需。最重要的是他有一份熱愛的職業，也依舊是自己的老闆（茂傑先將四十二%的股分以五百萬美元賣給員工認股計畫，預計在接下來十年間將剩餘股分全部售出）。「就NCC而言，我對世界這一小角能造成的影響，遠超過對我個人所需的影響。」

二〇一七年五月五號，茂傑要NCC全體員工到工廠集合。他宣稱這是公司歷史上最重大的一天，員工紛紛猜想NCC可能要遷到占地更廣的新址，與競爭對手合併，或是被投資大咖收購了。有些人還盼著茂傑送他們全體去搭加勒比海郵輪。現場請來一位DJ，有氣球布置和外燴午餐，員工的配偶也受邀與會。

茂傑為今天的演講準備了三個月，在現場發表的四十五分鐘期間完全沒看稿。「我一直都說，人生最重要的有時不是得到什麼答案，而是問了什麼問題。」他穿西裝、打領帶，站在講台上如此開場。「我也知道你們心裡難免有這個大問題：今天開這個會是怎麼回事？我保證今天一定會告訴你們，不過我需要一點時間解釋。」接下來，他從今天在場最重要的人說起：那些幫他擴大NCC規模、每天為他帶來鼓舞的同事。茂傑提到了貝克（他也在場），並暗示他從貝克身上學到了什麼。他很欣賞貝克的想法的「精髓」，那「完全符合NCC的核心理念」。公司的性質將因為這個嶄新的想法轉型，從獨奏變成交響，從摩托車變成道奇休旅車，從河流化為湖泊。茂傑說，現場有一群人代表了一個新的組織，並向站在他身後的那群朋友點頭致意，他們都按他的要求身穿正式西裝。

但首先，茂傑從他自己這些年透過公司得到的個人成長說起。他重溫過去五年發表的演講，重點複述了個人理念，以及他如何發掘了服務他人的使命。「今天，你們將見證我用自己的錢擔保我所言不假，」他說。「這不是說說而已。」像NCC這種規模的公司，大多會因為成長過快而倒閉，或是迅速成長到創始人拿了收購支票走人為止。茂傑不會走人，還不會，不過他把公司四十二%的股分賣給了現場的某個人。他停頓了好一陣子，大家都緊張地盯著他身後那群穿西裝的人。

「員工請起立，」茂傑說，好像指揮一班畢業生似地抬起手來。「如果你現在人站著、又是NCC的員工，那麼你也是NCC的老闆。」茂傑身後的朋友應聲開始鼓掌，台下滿頭霧水的員工也跟著鼓掌。茂傑走過講台，揭曉NCC的新商標，看著商標下方大大寫著「員工持股企業」，這下大家紛紛醒悟過來。現場爆出歡呼，有些人大笑，有些人哭了起來，還有幾個人啞口無言（尤其是最粗勇的那群焊接工和技工）。

「大家走上前來擁抱我，」茂傑說，並形容那一刻是他這輩子最得意的成就，跟他參加高中美式足球校隊拿到冠軍不相上下。「他們真的排起隊伍等著向我致意，像婚禮那樣。」

史沃吉是NCC最資深的員工，他說這項慷慨的壯舉教他自愧不如。「這讓我覺得自己很特別，」他說。「我覺得身在公司有了新的意義，也新生一股珍惜之情。」

過了一年多，氣球早已消氣多時，為了使茂傑的理念在NCC的文化中生根，大工程展開了。員工認股制要發揮功效，當家文化是不可或缺的一環：員工要從受雇於人的思維轉為當家的思維，並負起相應的責任。NCC員工的十二名代表在各各他教會待了一整天，仔細擬出方案，由麥特·漢考克（Matt Hancock）從旁協助，他來自費城實踐顧問集團（Praxis Consulting Group），他們專精於協助公司進行員工認股轉型。

如同漢考克的解釋，員工認股制不是魔術開關，不是按一下就能翻轉公司的運作方式。對許多公司來說，這充其量是一種財務結構和福利方案。公司不會因為員工認股就自動充滿理念。很多在我們看來毫無理念的公司其實也行員工認股制，包括安隆公司（Enron）、雷曼兄弟控股公司（Lehman Brothers）、論壇報業集團（Tribune）、聯合航空（United Airlines）……他們的員工認股制不只沒有端正歪風，公司倒閉時還害得員工一分錢也拿不到。

「你要是仔細想想，就知道你的一舉一動會影響每一個人，」法蘭克·卡比奈羅（Frank Carpinello）有次跟漢考克開會時這麼說；他是NCC工廠技工，喜歡騎哈雷重機。「你是老闆。對我來說這感覺有差，因為你要是幹得好，身邊每個人都會賺得更多。」丹恩·鄧肯（Dane Duncan）是比較新進的員工，業餘參加基督教福音搖滾樂團，他說因為員工認股制，他覺得在工作場合分享個人理念比以前更重要了，而且員工認股有個地方「會促使你付出更多……那就是當家作主的位分。」

NCC員工認股委員會一起腦力激盪，發想各種能在公司內部建立並鞏固當家文化的作法，從如何開會到如何獎賞，這些作法會提升哪些核心理念，這些理念又要如何在日常作業中實踐。接下來一年間，NCC將開始實施「經營大賽」，教導員工開卷式管理（open-book management），也就是鼓勵全體員工檢視公司的基本財務成績（銷售額、利潤、開銷等等），鼓勵他們主動提出想法並加強透明管理，藉此提升績效。

根據密西根大學（University of Michigan）創業學教授、該校正向組織中心（Positive Organizations）前主任史都華．松席爾（Stuart Thornhill），公司如果有由理念引導的健全文化，那麼幾乎每一項重要指標（員工自我健康聲明、人員流動率、損失工時）都會改善。「有健全的組織，才有健全的財務績效，」松席爾說。「一般大家會以為這是零和遊戲，『我們沒有當好人的本錢，那會拖累我們』，不過研究結果一再顯示這是錯的。請問大家都想在怎樣的地方工作？覺得自己獲得重視又像個大家庭，還是除了薪水什麼都沒有？不必想太多就能了解這其中的力量。」多年來，各方面的學術研究都顯示，員工認股制除了存退休金還可能帶來更多好處，例如提升營業額、生產力、雇用成長率，並降低裁員率。

一天下午，我開車北上紐澤西州的普林斯頓市（Princeton），參加當地員工認股協會的一場聚會，主辦人是實踐顧問集團的共同老闆之一亞歷．摩斯（Alex Moss），就是協助NCC轉型員工認股制的那家公司。在萬豪酒店，六個來自員工認股公司的創業家、老闆和高級主管圍坐一張會議桌，從曼哈頓保險仲介到國防承包商都有。他們也代表了美國各種政治與經濟的思想路線——共和黨人、福音派基督徒、自由市場基本主義者，還有民主黨人、無神論者、進步派國家干預主義者——然而他們都堅決相信，共享公司經營權是促進改變的正向力量。

「我們剛成立時是家嬉皮公司，」數據福利公司（Mathematica）的財務長艾莉森・巴爾傑（Alison Barger）說，這是一家專門研究社會服務的政府承包商，宗旨是藉由改善政府資助的社服計畫來協助社會大眾……基本上就是共和黨人大多嗤之以鼻的社會安全網。「他們就是一群社會主義者，我得說服他們為什麼我們必須營利，」巴爾傑提到同事時這麼說。「不過這就是數據福利的特色。」他們在二〇〇五年轉為員工持股公司，因為創辦人擔心把公司賣給別人或公開上市，會導致公司的願景從關懷社會倒向獲利至上。

會議桌對面坐著比爾・瓊斯（Bill Jones），航太工業精密製造商賓州聯合（Penn United）的總辭與執行長，他的父親是三位信仰虔誠的公司創辦人之一。「我知道他們想教人釣魚，而不是幫人釣魚，」瓊斯說，指的是那則常被引用的譬喻。「可是爸不想當那個創造所有盈利的人，隨著公司成長，他也更能無愧地說我們該對自己做的事有信心。耶穌是木匠，我們像他一樣動雙手做事。」賓州聯合的員工認股制（瓊斯感謝耶穌賜給父親創立這個制度的信心）不過是遵循基督信仰觀的基礎，為全公司超過七百名員工培力，讓他們成為諺語所說的漁夫。「我們在普通人身上創造的財富很神奇，不只他們的家庭受惠，他們所屬的整個社區也是。」

那天傍晚，我開車回費城北部郊區與比爾・史托維爾（Bill Stockwell）見面，一路上，我開始懂得了創業家堅守的理念是如何超越了政治、宗教或意識形態傾向，而且這些理念是真實、有意義、可以實踐的。史托維爾年紀七十來歲，身材高瘦並蓄著一頭整齊的金色鬈髮，襯衫的袖子捲起，神似畫家諾曼・洛克威爾（Norman Rockwell）筆下的商人。他的曾祖父在紐澤西州一間車庫創辦了史托維爾合成橡膠（Stockwell Elastomerics），現在製造各種用途的客製化矽膠模具，包括電子設備的開關、波音飛機的窗沿密封條、太空探索技術公司（SpaceX）的火箭緩衝護墊等等。

史托維爾與茂傑大約同時宣布公司的員工認股計畫。他決定為史托維爾合成橡膠設立員工認股制，是因為他看到朋友把公司賣給私募股權公司或競爭對手之後，下場是多麼淒涼。他們待在佛羅里達州無所事事，閒得發慌，眼睜睜看著二十五歲的管理顧問把他們和家人建立的一切拆解得支離破碎。跟他們一路並肩打拚過來的員工，生活往往也一併毀了。「我保住了我的公司，其他人全被搞得亂七八糟，」史托維爾如此總結他們的結局。「鑰匙一拋給別人，再也拿不回來。」

我問史托維爾，他的理念是怎麼來的？就像茂傑，他也解釋那是隨著時間過去逐漸清晰。「我的理念得靠我自己培養，」史托維爾說。他的理念有很多來自他父親的以身作則，尤其在史托維爾接棒領導公司之後，因為他父親沒有就此退休，反倒為了指點下一代工程師回到工廠。一九九〇年代，隨著冷戰國防工業沒落，史托維爾被迫縮編公司，並回到工廠與父親和員工一起幹活。「那段駐廠的時間是我理念滋長的開端，」他說。「跟其他人一起揮汗打拚……我依靠他們，他們也依靠我。這是一種互相依存的共生關係。我們都有帳單要付、有家要養。我們非得找到出路不可。那是很寶貴的一段經驗。」這樣的經驗深印史托維爾的腦海，後來形成一套益發清晰的理念。

「你會發現這不只關乎我自己、不只是『我拿到了我的份』就好。」史托維爾說的是在主流思潮裡，普羅文化刻畫的創業家就是一心圖利。「我認為那確實帶給美國一種很負面的影響，」他說，並指出經濟民粹主義在政治傾向的兩端都在崛起，令人擔憂。「但看著這麼多從商的人都在力求自保，怎麼說呢，我也能理解。因為那動搖了他們對資本主義的信心。我是正港的資本主義者，但也認為資本主義得廣及廠裡每一個人。我們公司有九十一個資本主義者，員工認股制讓他們有機會更發達。」不只是透過加薪發獎金，或是矽谷新創公司那一套，像發樂透彩券一樣把投機性質濃厚的股票選擇權發給員工。員工認股制是讓員工擁有大餅的其中一塊，賦予他們把餅做大的能力，而會隨之壯大的就是美國夢的理想。

史托維爾願意盡其所能讓這個理念成真。他自掏腰包資助公司的員工認股計畫，而不是讓它背負沉重的債務，將來得由員工老闆來償還。他也推行其他措施來改善員工與眷屬的生活，他們有許多人來自費城最貧困的鄰里。這包括一個跨教派的服務計畫，參與計畫的牧師每週會探視工廠兩次，關懷員工和眷屬的個人生活並提供各種諮詢：物質濫用，配偶虐待，被禁閉的兒童，甚至還有自殺防治。而且這項服務二十四小時待命。

「我不想當公司毀滅者，我是真心希望這長久走下去，因為我們在做好事。」史托維爾邊說邊往桌上一拍。「公司就該從這裡向社區確立自己的價值。在個人的層次、家庭的層次，還有社區的層次。這不過是共和黨基本的善良信念罷了。不是現在那個共和黨，而是它的核心信念、它的理念的根基。」他說。「我們該做的不過是為餘燼送點氧氣。」

從佛蒙特州的鐵桿左派園藝用品商，到奧克拉荷馬州的死忠共和黨天然氣田老闆，那些追隨個人理念直至員工認股制的創業家，回歸到一個資本主義所為何來的根本概念。「美國是根據這個原則立國的：過去毫無能力主導個人經濟命運的人，在這裡有機會辦到，」實踐顧問集團的摩斯說，並指出改採員工認股制的創業家多半是出於兩大動機：堅定的個人理念，以及想照顧員工的家長心態。這些創業家把跟他們攜手建立公司的員工視為家人，不是為了盈利而運轉的小齒輪或可汰換的生產單位，而是親骨肉。

當我親眼看著自豪的商人一個接一個，在談到公司轉為員工認股制時拭去眼淚，空談理念和實踐理念的差異顯得格外突出。這不是勵志海報，更不是慈善捐款，而是真心認為他們應該獻身於比賺取利潤更崇高的使命。這就是驅策茂傑、貝克、史托維爾這些創業家的動機，相形之下，成就或名利都遠沒有那麼重要。他們永遠不會到社會創業高峰會演講，也不會打著拯救世界的道德消費旗幟來推銷自家產品。他們之所以實施員工認股制，是因為他們打從心底和靈魂深處認為這是該做的事，而身為創業家，他們有那個力量做到。

「世上行善或作惡的力量來自個人的思想、態度和行動，」格林里夫在《僕人領導學》中寫道。「我們的理念會有怎樣結果，亦即我們未來的文明會具有怎樣品質，都會由個人受到啟迪後產生的概念所左右。」

第六章　代代相傳：家族企業的傳承

在阿根廷門多薩省（Mendoza），一輛卡車抵達溫拿特酒莊（Bodega y Cavas de Weinert）的大門前，車上載的塑膠桶裝滿了剛採收的梅洛葡萄。卡車喇叭很快響了一聲，酒莊員工馬上趨前卸下這批珍貴的貨物，把它們倒進一個大金屬槽。槽中央有個巨型螺旋錐不停轉動，把葡萄扯下枝子碾成果泥，也就是釀酒的第一步。卸貨區的男人動作迅速，沒有多做交談。新鮮葡萄得趕在被三月的豔陽曬壞之前，先碾破再打進水泥發酵缸。

依篤娜．溫拿特（Iduna Weinert）是酒廠創辦人伯納多．溫拿特（Bernardo Weinert）的女兒，現年三十七歲，也是酒莊現任商務經理，她聽見卡車停車的聲音便往卸貨區走去。她照阿根廷人打招呼的習慣，在酒莊老闆莫塔先生（Motta）的臉頰旁懸空親一下，並盡可能擠出最燦爛的笑容，與莫塔小聊了一下葡萄園迄今的收成狀況。依篤娜從桶裡扯下一粒葡萄丟進嘴裡，嚼了兩下又吐出來，稱讚莫塔收成了一批好梅洛。

「我們今年不會釀出酒精濃度百分之十四到十五的卡本內吧？拜託拜託。」依篤娜向莫塔懇求，並提到去年葡萄的糖分遠高出理想範圍。

「今年不會，」莫塔說。「頂多百分之十三點五。」

「喔，感謝老天！」依篤娜說，又在他臉龐邊親了一下，隨即去察看葡萄汁輸入發酵缸的進度。

她與莫塔看似只短暫互動，然而這層關係關乎了溫拿特酒莊的存續。二〇一九年這批葡萄只是溫拿特連續第二年的收成，他們在幾近倒閉之前停產了好幾年。那段停產期間，溫拿特在供應商和顧客間的聲譽飽受打擊，要說服莫塔這樣的農民再度把葡萄賣給她的家族企業，需要超乎尋常的信心。自從依篤娜重返父親創立的酒莊，這兩年她與員工攜手恢復了中斷的出口業務，讓酒莊的品牌形象現代化，推出新式葡萄酒，將旅遊方案改為針對較高端的客層，並為這片歷史悠久的產業籌備翻修計畫。這日復一日的努力全是為了達成一項任務：讓溫拿特酒莊——依篤娜家族的事業——恢復正常運作。他們的生意連年衰退，在她的母國也還深陷錯綜複雜的詐欺官司。

莫塔的卡車駛離幾分鐘後，一輛老舊的豐田陸巡休旅車在莊園門口停了下來。「哦，」依篤娜饒富興味地咧嘴一笑。「看樣子我爸媽來了。」高齡八十七歲的伯納多走出駕駛座、打開後車廂，開始指揮酒莊員工卸下各種補給品，他六十九歲的太太瑟瑪（Selma）也從乘客座拎出大包小包。他們抬頭看到我在跟篤娜說話，我向他們揮了揮手，於是伯納多信步走來。我聽見莊園另一頭傳來人聲，轉頭看見依篤娜的弟弟安德烈（André）帶著女兒穿越草坪過來，也看到依篤娜輕鬆的微笑繃成生硬的笑容。她說：「這下有趣了。」在父親和弟弟靠近時僵在原地不動。

上回我在這座酒莊見到依篤娜和她的家人，已經是將近十年前的事了，不過她弟弟還是對我擁抱歡迎。她父親跟我握手（我尊稱他伯納多大爺〔Don Bernarto〕，他喜歡別人用這個正式的頭銜叫他），問我是不是還住在加拿大。「別忘了，」伯納多說，「你是我們家的一分子。」這是他正式歡迎我回來的方式。

等溫拿特家的人陸續散了，我才注意到他們沒有一個人跟依篤娜說話，好像當她根本不在場，不論她父母、弟弟，還是七歲大的姪女都一樣。她彷彿一縷幽魂，除了我和酒莊員工沒人看得見。

之前有人已經警告我，溫拿特一家的狀況一言難盡，依篤娜重返酒莊遠非經營家族事業那麼單純，但我渾然不知狀況變得有多糟。

「現在就這樣了，」當我問她剛才是怎麼一回事，她一聳肩對我說。「我們誰都不跟誰說話。」

深植於家庭之中的創業活動

在矽谷的新創公司神話裡，家庭無足輕重。新創公司只會存續一代人的時間，是個人或合夥人創立公司的過程，家庭不過是創業家回到家擁有的某樣東西。家庭常被說成經營事業的配件或絆腳石，像是馬斯克和賈伯斯的第一任太太，一旦老公認為她們對事業不夠犧牲奉獻就把她們甩了。又或者，家庭扮演著創業家功成名就的完美支持陣容（那些幸運的第二任、第三任妻子）。除此之外，家庭在這則神話中就沒有任何實質作用了。

有鑑於矽谷的創業模式將退場視為近期目標，創業成了一段有開始、中間經過和明確結尾的故事，只會持續一代人或更短的時間。反觀代代相傳的經營方式已然不合時宜，「家族企業」成了充滿矛盾的說法，與當代瞬息萬變的經濟局勢格格不入。有如傳接王位一般將公司交棒給有親緣關係的後人經營，好像經營之道竟能靠血脈傳承，還有什麼比這更逃避風險、進步緩慢、甚至違反企業精神呢？

然而在現實中，創業活動深植於家庭之中。根據美國智庫組織「家族企業研究中心」（Family Firm Institute），全世界有大約三分之二的公司行號由家族持有和經營。全美國的公司有超過一半是家族企業，上市公司裡也有一半是由家族經營。從沃爾瑪超市、瑪氏食品（Mars）、飛雅特汽車（Fiat）這類跨國績優股公司，到大家已不陌生、我在本書著墨過的獨立小店都在其列，例如多倫多的艾蘇菲一家開的同名敘利亞餐廳，費城的高科技製造商史托維爾合成橡膠則已傳承到第四代。

在葡萄酒這一行，家族企業不只歷久不衰，也依舊與產業脈動緊密相繫。義大利的安蒂諾里（Antinori）、法國的拉菲（Château Lafite Rothschild）、澳洲的雅倫布（Yalumba）、德國的維爾盛（Hans Wirsching）、美國加州的灣堤（Wente Vineyards）……隨手一挑，你往往會發現你手裡這瓶葡萄酒無論來自世上哪個產地，那家酒莊都在同一家族內傳承兩代、四代，或十幾代了。酒莊背後的家族姓氏，不止關乎酒評或法國酒鄉勃艮第的哪棟莊園，更代表了一個品牌的精髓：它的傳統脈絡和價值，手藝精良的職人，以及數十年、數百年的鞠躬盡瘁。

家族企業在世界各地或許屢見不鮮，卻與創辦人憑一己之力創新發明的標準故事大相徑庭，以致於我們往往只認得創辦家族企業的第一代，也不懂得珍惜它們為何重要。這實在可惜，因為我們要是忽略家族企業家的經驗，那麼關於創業、關於人生密不可分的兩大要素——工作和家庭，我們也就對其中一些重要課題置之不理。創業家如何整合家庭和工作的需求？當你對自己創造的事業放手的時刻到來，它會有什麼命運？你會託付誰來接手？倘若你是接手某一門事業的人，要怎麼讓它在屬你所有的同時，又不損及歷史傳承或將它託付給你的人？若是長期持有一間公司，這些問題就是經營的關鍵。

那份傳承的重量就是我想一探究竟之處。不只是與家人攜手經營公司的創業家，也包含我這樣的人在內：出身有許多成員創業的家庭，某方面也承襲了想過創業生活的渴望。我父親自行創業，他父親也是；我母親自行創業，她父親也是……諸如此類，不勝枚舉。到了我們這一輩，我弟和我都創業，現在還加上我太太，而她雙親和祖父母也不例外。然而我們都不在同一家公司，甚至不在同一行工作。我們家族流著創業的血脈，但成員從事的工作南轅北轍，彷彿毫無關連。我不禁猜想，這世上是不是有種超越世代的東西……一種會代代傳承、富有創業精神的思維？那種傳承會以什麼樣貌展現？在門多薩的葡萄酒產業，這種傳承又如何在創業家和他們家人的生活中彰顯？

如果在公司與家人之間豎起一道牆

我跟依篤娜[1]是在二〇〇四年交上朋友的。當時我住在阿根廷擔任自由記者，剛開始為《葡萄酒鑑賞家》雜誌（*Wine Spectator*）寫報導，名義上是他們的南美洲特派記者，儘管我對葡萄酒一無所知。一天，有個朋友帶我去跟依篤娜的哥哥布魯諾（Bruno）吃午餐，我告訴布魯諾我幾週後要去門多薩參加年度收成慶典，於是他介紹我跟他妹妹聯繫，安排一趟溫拿特酒莊之旅。

我給他們的第一印象很糟，遲到四小時不說，又因為整個下午都跟其他記者一起品酒，人到的時候已經醉得有點厲害。溫拿特一家為我預備的豐盛午餐這時都涼了，不過依篤娜還是笑臉迎人，拍我一下當作接受我的道歉，一邊領我走進酒莊高大又精雕細琢的木門，告訴我溫拿特酒莊的來歷。一八九〇年，一個西班牙家庭興建了這座磚造木桁架的建築並創立豐鐔酒莊（Bodegas Fontán），到

1　作者註：本章將提及多間家族企業的多個不同世代，所以我略去多位受訪者的姓氏，只以名字相稱。

了一九二〇年代結束營業。酒莊在後續數十年間數度易主，經常處於無人聞問的閒置狀態，後來由伯納多大爺在一九七五年買下。在阿根廷葡萄酒業，伯納多是一匹黑馬。他是德裔巴西人，父親在一個小鎮開了一家雜貨店和乳品工廠。伯納多向來夢想要自立門戶。他從大學輟學去當卡車司機，然後開了一家物流公司，貨運業務很快擴大到南美各地。因為門多薩是阿根廷和智利的貨運樞紐，當時住在里約熱內盧的伯納多經常來這裡出差。

門多薩是種植釀酒用葡萄的理想地點：該省東部地勢平坦，氣候乾燥，陽光普照且土壤富含礦物質，西部的安地斯山脈又為葡萄園提供可靠的灌溉水源。自十九世紀起，隨著西班牙墾荒者和義大利移民種起葡萄，阿根廷各地開始產葡萄酒，不過這門產業在過去幾十年間才興旺起來，尤其在門多薩，而這要歸功於當地人成功栽培出馬爾貝克葡萄，門多薩最著名的品種。伯納多注意到智利出口巨量葡萄酒到巴西，門多薩的出口量卻很小，從中嗅到了商機。最簡單的入行辦法是買座酒莊，儘管伯納多對葡萄酒一無所知，他就這麼辦。

溫拿特酒莊與釀酒師拉烏・德拉摩塔（Raúl de la Mota）合作，專門釀造傳統葡萄酒，在大橡木桶裡花長時間熟成（兩年、五年，甚而十年）。他們的葡萄酒因此別具一格，尤其門多薩的葡萄酒產業在一九九〇年代現代化之後追隨歐美的風潮，使用木材氣味較濃、容量較小的新橡木桶釀酒，熟成期也比較短。溫拿特葡萄酒的口感比較圓潤細膩，風味獨特，最終也比鄰近其他酒莊來得更傳統。溫拿特的第一支陳釀是一九七七年的馬爾貝克紅酒，自從裝瓶四十年來，品酒界仍普遍認為這是當地特有風味的最佳典範之一。

我們穿越酒莊，步下燈光昏暗的樓梯進入他們知名的地窖，一路上依篤娜將這一切娓娓道來，而這些地下酒窖正是酒莊得名的原因。這些拱頂磚牆的酒窖在十九世紀由歐洲工匠建造，也是酒莊的心臟。裡面全年濕度充足並保持涼爽，即使在門多薩的酷暑和寒冬中也一樣，而且空間似乎綿延不盡……酒窖和儲藏室一間連著一間，磚砌的弧形拱頂和天花板挑高八公尺。溫拿特酒莊在巨大的木桶中熟成葡萄酒，有些桶身高達近五公尺，封藏的酒量足以分裝一百五十萬瓶。

依篤娜的父親在她和哥哥出生前就買下酒莊，不過他們一家和他的卡車公司還是留在里約。依篤娜在那裡念私立英國學校，雖然她說得一口國際學生的漂亮英語（以及無可挑剔的阿根廷西班牙語），依然是個不折不扣的巴西人，從偏深的膚色（她母親出身該國北部的熱帶地區）、對海洋的熱愛，還有能跳森巴舞到深夜的本事都看得出來。在她孩提時代，門多薩和酒莊只是她父親的一項投資，兼作他們家度假的住處。「這是我們以前每隔六個月來度假的地方，」她說。「我們會待幾個星期，可是原本那位釀酒師拉烏大爺的個性很嚴肅，不喜歡有小孩子在旁邊，所以我們完全沒幫公司做任何事。」

情況在一九九〇年代晚期改觀，那時伯納多退出卡車公司，溫拿特舉家遷往布宜諾斯艾利斯。當時依篤娜還在念中學，對這樣的變遷滿心畏懼，不過後來很快對釀酒萌生興趣。他們去門多薩的時候，她會跟近年接替拉烏的瑞士釀酒師雨果．韋伯（Hugo Weber）一起待在實驗室，分析葡萄糖分在精心調控下緩緩發酵成酒精的化學之舞。「我很喜歡在實驗室工作，」依篤娜說。她父親鼓勵她大學讀化工系，這有助她將來進入釀酒業，不過依篤娜念了兩年覺得非常不快樂，想做別的事情。她尤其想回到巴西。於是她輟學改教英文，住在家裡，想釐清接下來該何去何從。「那時候我不想進葡萄酒這一行，」她說。「我想做別的，至少先有點不同歷練再說。」

一天，伯納多請依篤娜陪他去紐約，在一場品酒大展上當他的助手。溫拿特酒莊向來注重出口業務，而美國市場對阿根廷葡萄酒的需求正迅速成長。伯納多幾乎一句英語也不會說，依篤娜能幫他翻譯。依篤娜對葡萄酒一無所知，起初覺得那種場合很沒意思。「每個人都把這些酒誇上天了，」她說。在那場品酒展初次遇見的人，做作得教她受不了。「我當時心想：『這個圈子不適合我。』」

後來她巧遇黎巴嫩一家小酒莊的老闆，他的葡萄酒風味獨特，而且他講起這些酒有趣的來歷時整個人超有戲。「我醒悟到品酒其實是在演戲，」她帶著一臉淘氣的笑容說。「我剛好在高中學過戲劇。」依篤娜這麼說真是太輕描淡寫了，她根本是個十足的戲精。她講話中氣十足，不管在哪現身總是引起全場矚目，而且她最喜歡有觀眾了。她為品酒會發明了「依篤娜．溫拿特」人設，一個誇大版的自己，揉合了南美牛仔貴族和巴西美豔歌姬的特質，利用她性格的長處介紹父親的葡萄酒，幫忙把這些酒銷往世界各地。「依篤娜搖身變成業務高手，」伯納多大爺對我說，「尤其是出口市場。」

回到阿根廷以後，公司凡有需要，依篤娜就會幫忙：整理文件、翻譯、協助撰寫行銷素材等等。她鑽研釀酒化學，上了一門侍酒師入門課，也進修出口貿易和物流管理。溫拿特酒莊在布宜諾斯艾利斯一帶的品酒會逐漸改由她主辦。「我好像就這麼自然而然進了公司，」她說，並指出因為她十分外向，加上這一行的女性從業人員依然罕見，所以她很快與國內外記者打好關係，成為家族品牌的代言人。「我最大的功能就是當吉祥物啦。」

隨著時間過去，他們一家人在公司扮演的角色也更形確立。伯納多大爺是老闆兼總裁，主掌酒莊的營運（含葡萄酒的風味在內）和財務。布魯諾是念資工的，在二〇〇三年加入經營團隊，負責國內市場（他跟依篤娜一直很親，但兩人性格完全成對比）。依篤娜負責國際市場和公關，至於小弟安德烈後來也搬到門多薩，在酒莊處理生產相關事務。全家只有瑟瑪和伯納多大爺前一段婚姻的孩子（他們不住在阿根廷）沒有正式參與公司營運。

依篤娜在酒莊位於布宜諾斯艾利斯的辦公室工作了十年，一年有一半時間都在出差：到歐洲參加酒展，訪視亞洲出口市場，然後回到加拿大和美國再前進南美洲，在打開新市場之餘也擴大原本的市場。她一天人在路易斯安那州巴頓魯治的遊河船上，為賭場大亨主持品酒會，隔兩天又在首爾的宴會上為人侍酒。她熱愛這份工作，在品酒會和葡萄酒宴上如魚得水，憑著「依篤娜．溫拿特」的人設擺脫葡萄酒業古板的作風。她輕易就能察覺誰也是這一行的邊緣人——那些跟她一樣是戲精的人。他們會一起跳上餐桌歡笑起舞，再一起出去吃吃喝喝，取笑他們遇見的那些打扮得正經八百的老古板。我記得一回在紐約某場品酒會上看見她，她在知名的四季酒店餐廳泳池廳的另一頭放聲高喊，為拜倒在她魅力之下的觀眾倒酒。

那些年間，依篤娜從不覺得自己是創業家。「我心裡覺得自己是員工……真的，」她說。「我跟別人說『我幫我父親做事』，但我覺得很綁手綁腳。」她父親是老闆，並讓溫拿特酒莊每一個人清楚知道：這是他的公司——他的，別無異議。他做決策時會徵詢依篤娜和布魯諾的意見，但最終還是照他的意思定案。兄妹倆感到愈來愈不滿，覺得公司經營方式有嚴重缺陷。品牌定位四十年如一日，會計是一本爛帳，伯納多也拒絕為銷售、行銷和資料庫建立基本的管理系統。他們慢慢看著其他酒莊開始趕過溫拿特，尤其在他們率先幫阿根廷葡萄酒打開的國際市場。伯納多是拉丁美洲典型的「patrón」（老大／主人），堅決擁護傳統。依篤娜覺得他好像把公司當成個人計畫在經營。他興致好才會發薪水給依篤娜和布魯諾，兄妹倆常得為了這件事請示父親。「好啊，你們想拿多少？」他們的父親會這麼反問，好像當他們是伸手要零用錢的青少年，實在教人懊惱。

「即使只是要我們偶爾這麼想一想，我們也很難把孩子看成獨立的個體，」溫蒂・塞吉-海沃（Wendy Sage-Hayward）說。她在溫哥華擔任家族事業的顧問和教授，有過幾個葡萄酒業的客戶。「我們還是把他們當孩子看待、像是我們個人的計畫。即使孩子長大成人，我們依然覺得他們是小孩。要跳脫『家長對孩子』、進入『成人對成人』的互動，非常困難。還有一個問題，就是他們在情感上對親手創辦的公司有強烈的占有慾，很難放手或與人共享。這害得下一代很難插手，也很難被當成可靠又能帶來創新靈感的生力軍。我們要是能看出孩子的能耐，願意放手並邀他們分擔經營責任，就會得到很耐磨的互動關係。」

公司創辦人要是覺得孩子在眼界、思想和風險耐受力上無法和自己比肩，不足以延續自己一路走來的功績並發揚光大，就不會讓兒女涉入經營，不是對他們置之不理就是小看他們的意見，或是不讓兒女得知要事。「家族企業若要真正成功，就得體認到這是個包含三大要素的系統。」麥克・麥葛蘭（Michael McGrann）說，他在費城經營一家叫特洛斯集團（Telos Group）的家族企業顧問事務所。家族企業的三大核心是：公司、家庭、個人成員。很多創業家將事業與家庭完全切割，或是不讓家人知情，對於公司整體狀態只透露有限的資訊。「要是不把家人扯進來，可以辦公室門一關就回家，」麥葛蘭說，並解釋創業家往往認為只要繞著公司豎起一道牆，就能保護家人免受公事影響。然而長此以往，這對公司和家庭都不利，因為每個人都在黑暗中摸索，實際上也沒有任何屏障真的能隔開家庭和家人的事業。羅麗・尤尼恩（Lauri Union）是巴布森學院家族企業研究所所長，早先曾出力整頓過祖父在北卡羅萊納州的金屬浪板公司，而她說，這種隔閡最終將導致家庭流失企業經營的能力。公司第二代被剝奪了成長的機會，感到備受壓抑、無法施展。他們無從實踐自己的想法，最終與家裡開的公司漸行漸遠。「年輕一代的想像力和創造力，被老一輩想保有主導權的渴望蓋過，」她說。「這是得不償失。家庭要如何設想該怎麼營造更好的世代平衡？你要把晚輩拉進來一起經營，鼓勵他們打造個人願景。要是那麼做，就會開啟新頁了。他們要是處處受限，到了五十歲，那些能力已經全被壓抑光了。」

家族事業傳承的難題

親人進家族企業任職，未必就會成為創業家。有些人不過把這當成謀生方式或家傳財富，另一些人則不想跟家裡開的公司扯上任何關係，不論那些公司經營得多麼成功。雖然將家庭和商業結合有其複雜之處，很多人還是追隨家人的腳步加入經營行列，因為他們察覺這其中有營生或發揮才智的機會，或是對那門事業有份感情，又或者，他們想整頓前人的傳承。傳承這個詞的意義十分沉重，不過在葡萄酒產業備受推崇。這也是為何同樣是一瓶酒，拉菲酒莊的售價是溫特拿酒莊的十倍有餘，即使表面看來平平是同款產品。不過對家族企業的創業家來說，傳承有時代表多重意義。「我認為傳承是活的。」芙列妲・赫茲・布朗（Fredda Herz Brown）說。她是家族公司研究中心（Family Firm Institute）的創辦人。「有些家庭可能會覺得傳承絕不會變，但你永遠都在改變它。我認為關於傳承的概念之一是它既開創契機，也帶來負擔。對有些人來說，傳承成了沉重的包袱。」傳承有時既代表過去，也是未來的模版，既個人又集體，是束縛也是解放的力量。

我在門多薩多個家族酒莊訪問創業家時，發現傳承顯然各以不同的方式影響了他們。賀南．皮蒙塔（Hernán Pimentel）與母親梅希荻．狄亞斯（Mercedes Diàs）、妹妹康絲坦莎（Constanza）合力經營凱嵐酒莊（Bodega Caelum），對他來說，他們創立酒莊是為了打造一份共同的家族傳承。賀南的父母在一九九〇年買下這片六十公頃的土地時，跟葡萄酒業或門多薩毫無淵源。他們在布宜諾斯艾利斯開一家大型麵粉廠，不過梅希荻是熱愛園藝的農學家，著手在這片土地上種植番茄，大蒜和洋蔥。三年後，隨著阿根廷葡萄酒打開全球市場，她把蔬菜全數剷除，改種馬爾貝克和卡本內蘇維濃葡萄，把收成賣給鄰近的酒莊。

有十四年的時間，梅希荻都為別的酒莊種葡萄，她的孩子則在布宜諾斯艾利斯發展（賀南是聯合利華的工業工程師，負責生產AXE體香噴霧）。後來梅希荻在二〇〇九年離婚，在門多薩愈待愈不快樂。種葡萄或許很賺錢，但終究對自己的產品沒什麼主導權。「你要是賣葡萄，卡車沒先跟你講好、也不先開價就會出現。真的是一切規矩都由買家來定，你種的東西要是品質精良更是這樣。這不是好事。」賀南向我解釋。此時我們在他們裝潢現代的酒莊裡，從一間小品酒室眺望種得整整齊齊的葡萄園。他們逐漸感到自家產品未獲得應有的重視，酒莊常把他們家的葡萄跟其他農園的次等貨混用。「你要是自己種葡萄自己釀酒，唯一會種的就是高級葡萄，絕對是這樣。可你要是只賣葡萄，心裡只會想收成有幾公斤重，不會想別的了。」

事態很明顯，他們應該合力開一家酒莊。這一家人有母親照顧葡萄園，兒子懂得裝設工業生產設備，還有個當上侍酒師的女兒。梅希荻已透過種葡萄為全家合力創業播下種子，現在她的子女將與她攜手用這些葡萄釀酒。「對我們來說，最重要的就是用自己種的葡萄釀自己的酒，」賀南說，一邊把鼻子伸進一個橡木桶嗅了一下，又附耳到桶上開的那個小洞。「你聽得見發酵的聲音，」他說。我也俯身過去，聽酵母消化葡萄汁發出的嘶嘶細響。

很多人覺得家族企業令人窒息。想想看，你每天都要跟父母、手足、阿公阿嬤和孩子共處，每一天喔。你跟他們同時起床，同車去上班，共進午餐、一起開會出差又一起回家，然後又共進晚餐，睡在同一個屋簷下——餘生都如此重複。賀南從前一個月在布宜諾斯艾利斯見妹妹一次，現在一星期見到她六天，整天待在一起。他承認，他們一天到晚惹對方不高興。

「我的生命是母親賜給我的，想到這確實教人激動，」賀南對我說。「不過這裡的規矩是大家都要全力以赴。我們在公司外是母親和子女，但在這裡是合夥人。要是我媽進來的時候我正在電腦上忙，然後她問我一件從書架抽本手冊就有答案的事，我會說：『去書架找，不要煩我。』」

即使日日都有怨氣和摩擦，到頭來，全家人攜手把凱嵐酒莊打造成共同的傳承，還是值得。「這是信任問題，」他說。「我妹妹往我臉上瞥一眼就知道我在想啥。我也知道我能把事情百分之百託付給她。要是面對一個員工，不論他薪水多高，我還是得想一套管控方法，例如管理遊客買酒的現金……我要從何管起啊？我對我妹完全不必操這個心。」對他母親也一樣，他完全信任她的葡萄園。這種不言而喻的信任讓他們能全然放心、專注於手上的工作。當他們攜手打造共同的傳承，每個人的動機都清楚又合一。

至於溫拿特家，他們共同的使命感從二〇一〇年開始消散。當時篤娜聽說父親未支付葡萄園農工合理的薪資，卻又在巴塔哥尼亞一片葡萄園上動工蓋酒莊——之前他與依篤娜和布魯諾開會時才說好不要蓋的。「我說：『我受夠了！』」依篤娜回憶道。「我真的待不下去了。要是我對一家公司的內部動向一無所知，也不認同我發現的事，我是不可能代表這家公司的。」她跳上飛往里約的班機，根據阿根廷法律規定發了正式的辭呈電報給父親。六個月後，布魯諾也離開了公司。兄妹倆都去意堅決。

伯納多對於他們的離職也大失所望，因為他認為他不只給了孩子自我教育、從事理想職涯的全副機會，也讓他們有機會在酒莊業占有一席之地、透過工作成績證明自己。「父親永遠會對孩子抱著幻想，」他說，並指出在家族企業裡，孩子很難招架別人的期望，因為他們為了證明自己配得上那份工作，得比其他人更努力、更精明。「你不是反手就把鑰匙交給他們，」他說。「這要一步一步慢慢來。」但他也逐漸看出依篤娜渴望獨立自主、布魯諾想發揮資工長才，但這家酒莊絕對無法依他們想要的方式滿足他們。伯納多理解他們對酒莊改變的步調感到不耐，也承認孩子得追隨自己的夢想，然而他們的離開對他個人依舊是一大打擊。「天底下的父親都一樣，孩子無法成就夢想，你也會懊惱，」他說。「家家有本難念的經。孩子不會得到完全平等的對待，只有一個人會當家，沒其他人的份。這是難處所在。」

少有家族企業成功交棒給第二代，傳到第三代或以後的又更少。家庭、個人成員和公司可能會以不健康的方式重疊，偏心待遇會挑起個人情緒，手足會相爭，親情會在公司得面對的經濟現實中消磨殆盡。公司創辦人的孩子往往無意追隨父母的腳步，寧可從事其他職業或開自己的公司。

家族企業的變革

話說回來，即使有諸多難處，代代相傳的經營模式也可能具備很多優點：這可以帶來長遠的經濟保障、鞏固家族認同，也可以提供後代出了家族企業便無緣接觸的選擇。門多薩葡萄酒業的許多家庭都對家族式經營情有獨鍾。

有天上午，我從門多薩市開了一個半小時的車，南下安地斯山麓丘陵間的葡萄產區烏克谷（Uco Valley），去見祖卡迪（Zuccardi）家族的兩名成員。在烏克谷一帶，祖卡迪是眾人看齊的家族事業典範，每一代都將傳承發揚光大，他們最新也最宏偉的無限寶石酒莊（Piedra Infinita）就是集大成之作。這片宏偉的園區於二〇一七年開幕，主要以水泥打造，旨在向安地斯山脈致敬。我就在那裡與荷西・亞伯特・祖卡迪（José Alberto Zuccardi）和他的兒子瑟巴斯欽（Sebastián）共進午餐，享用風味絕佳的牛排佐紅酒。

祖卡迪家族的事業始於一九六〇年代。那時荷西・亞伯特綽號「提多」（Tito）的父親亞伯特來到門多薩，為農場和葡萄園架設灌溉系統，並買下一些土地，後來為了示範自己的技術也種起葡萄。荷西・亞伯特在一九七〇年代中期加入父親的事業，專門負責釀酒，尤其是為出口市場釀造具價格競爭力的葡萄酒。一般公認，幫阿根廷馬爾貝克酒款打進國際市場的功臣就是荷西・亞伯特，以及尼古拉斯・卡帝那（Nicolás Catena）這類大型家族酒莊的老闆。如今七十多歲的荷西・亞伯特聊到祖卡迪一家三代如何共事，難掩得意之情。公司商務運作主要由他坐鎮指揮，三個孩子則在家族事業中各自找到一片專屬的天空：米凱（Miguel）創立了一個高級橄欖油品牌，茱麗亞（Julia）為家族旗下兩座酒莊開辦旅遊方案，年近四十的瑟巴斯欽則把他們的釀酒技術提升到全新的高度。就連荷西．亞伯特高齡九十三歲的母親艾瑪（Emma）也天天來酒莊上班。伯納多大爺就稱許祖卡迪是家族企業分進合擊的最佳典範。

荷西．亞伯特身材矮小，頂著一頭灰髮並蓄著淺淺的落腮鬍，一臉開朗的笑容。他告訴我，企業是由一個人或橫跨數代來經營，差別在於時間。「下一代能根據上一代打下的基礎繼續耕耘，不過在葡萄酒這一行，做什麼都要花很長、很長的時間，」他說。「沒有任何事情可以一年搞定，五到十年算短的了。家族企業有長期投資的機會。我們能以公司的形式深耕一般企業不可能做的事。」

荷西．亞伯特說這話時，正為我斟一杯二〇一七年的康克多馬爾貝克（Concreto Malbec），這支酒以兩年前收成的葡萄釀造，那些葡萄樹又是十多年前種下的，所在的葡萄園業已耕耘了數十年，伴隨這家半世紀歷史的公司一路走到今天（然而祖卡迪在全球葡萄酒市場上仍屬後起之秀）。矽谷講究快速疊代，在產品和商業模式間快速軸轉隨即退場，與釀酒這一行南轅北轍。釀酒事業如同葡萄樹，年復一年緩緩茁壯，公司和家族企業精神的根基也隨之愈扎愈深。

要有那種投入得具備穩固的獨立自主性，這也是祖卡迪一家的核心理念。企業集團擁有的酒莊一定要向股東負責，為他們的投資達成年度或季度獲利，所以不論什麼計畫都得為此縮短時程。昨天有家大型國際投資集團剛來拜會祖卡迪家族，提議買下足以主導公司的股分，價碼很可能高達幾千萬美元或更高。在阿根廷這種經濟前景不明的國家，這絕非等閒之事，不過瑟巴斯欽還沒聽他們開價就一口回絕，連考慮都不考慮。

「我們不想要投資人或外部協助，」瑟巴斯欽對我說。他的雙唇被門多薩的驕陽曬得龜裂，又被葡萄酒染成紫色。「自由是我們唯一的考量。」為什麼？「因為在家族企業裡，我們做的決定不只事關金錢，也是一種處世哲學，」他說。「短線決策不利於長期發展。我們作決策時都想得很遠，因為這一切並非歸我所有，我只是在保管家族傳承。我承接下來，為下一代好好保管。」

緊守傳承不是會害公司變成一潭死水、難以變革嗎？

荷西．亞伯特說其實恰好相反。變革是他們家主要的目標。每一代經營者都得騰出空間，讓下一代用自己的方式革新公司。要是革新沒有發生，公司會凋零，終至倒閉。「一個創業家籌謀的時候，會需要空間來發展能力，」他說。「我在孩子的計畫中擔任幫手與顧問，重點其實就是讓這些計畫能真正實行。」荷西．亞伯特的父母便是如此，放手讓他把家族的酒銷往全球，而他自己一脈相承，尤其是放手讓瑟巴斯欽實踐他對烏克谷的雄心壯志、翻轉祖卡迪家釀酒的方式。

瑟巴斯欽說他自己和手足有機會在酒莊施展身手，都要歸功於荷西．亞伯特，不過荷西．亞伯特從沒強迫孩子為他做事。他們都是在受到公司感召時入行的。瑟巴斯欽直到高中才開始正式為父親工作，而且他想做祖卡迪家當時沒生產的氣泡葡萄酒。「所以我問爸我能不能試試，他說：『好啊，從葡萄到市場，你來種、你來賣。』」瑟巴斯欽回憶道。「所以我是以創業家的身分進公司的，在十九歲跟三個朋友成立了一個獨立部門，釀造銷售這支氣泡酒。我爸媽還是有幫我賣，動用他們的人脈、提供資源，不過這支酒讓我打從一開始就在公司獨當一面。」

幾年後，瑟巴斯欽開始負責向其他農民收購葡萄，就此迷上了烏克谷的葡萄園，那裡位於祖卡迪自家果園的南方，海拔也高得多。「我跟我父親說：『烏克谷就是未來，我們得在這裡置產。』而他叫我動手做研究。」瑟巴斯欽拿不同品種的葡萄做實驗，測量海拔高度並將土壤的特定成分分門別類，單位細至每平方公尺。成果就是無限寶石，一座耗資數百萬美元興建的酒莊，徹底翻轉了祖卡迪家釀酒的方式。瑟巴斯欽一反常識，種植多種新品種葡萄，各株葡萄以不同水量灌溉、在不同時間採收，端視植株所在的土壤組成或環境因子而定，而他是使用高科技來追蹤分析。他為很大一塊葡萄園區取得有機認證，在多孔混凝土缸裡發酵葡萄，而且不用人造酵母，以凸顯葡萄的精華風味。這些葡萄酒既有趣又挑戰品味，風味強勁而奇特，而且價格高昂，尤其在阿根廷國內。祖卡迪家族只花了十年多一點的時間，就從寥寥幾支葡萄酒變成坐擁超過四十支不同酒款，到了二〇一八年，聲譽卓著的《品醇客》雜誌（Decanter）還將瑟巴斯欽選為南美洲年度釀酒師。

「新一代比較開放，」克勞迪歐．穆勒（Claudio Müller）說。他是緊鄰門多薩國界的智利大學（University of Chile）的教授，研究商業策略與家族企業，而根據他的研究紀錄，比起非家族經營的競爭者，智利的家族酒莊更可能採行環保永續的措施。穆勒認為，這是出於家族酒莊深耕累積的企業經營精神。「他們能在一路走來的同時採納新技術，對市場適應得更好也更快。這可能包括栽培新種葡萄、採用生物動力或有機的新農法，大致來說就是把新思想引進這門傳統產業。」基本上，這就是對自家公司以外的世界也養成一種傳承的心態，這適於長期願景的發展，而不是重視獲利勝於一切。

維克蘭．巴拉（Vikram Bhalla）在印度為波士頓顧問公司（Boston Consulting Group）主持家族事業業務，而他解釋，在印度和阿根廷這類開發中經濟體，家族企業往往比其他企業更積極進取，會借更多債、為追求成長更常進行併購——隨著每一代接棒，對風險的胃口也愈來愈大。這來自保羅．伍菲德（Paul Woodfield）所說的「代間知識共享」，他是紐西蘭研究家族葡萄酒企業的學者。知識能夠日積月累，形成下一代產生經營靈感的基礎，也賦予他們信心加以實踐。

費德利戈．卡索奈（Federico Cassone）與手足在一九九九年創立卡索內家族酒莊（Bodega Familia Cassone）時，地點就選在祖父五十年前買下的葡萄園旁。對於那片果園裡的葡萄樹，土壤和環境條件，他們承襲了累積半世紀的知識，這為他們帶來嘗試新作法的信心，在酒莊成長的同時不斷挑戰風險。例如幾年前，費德利戈想嘗試改變葡萄園的土壤。「是真正改變我們的風土喔，」他說，並向我講起他為了種出更好的葡萄，將尤加利樹皮混合果莖和果皮等有機資材，用來覆蓋土壤，主動調整家族土地的土質。他們之所以能這麼做，原因無他：他們早就把這片土地摸透了。成果如何？他們請我品嚐如此釀出的一支卡本內蘇維濃粉紅酒，果香明顯，好喝得不可思議。「我們會這麼做，是因為『我們』有信心，」費德利戈對我說，並指出是家族對這份事業的感情激發了他們的創業精神。「我能告訴別人這些酒就是卡索奈，因為這是依照卡索奈家想要的風味釀造的，不是因為哪個市場要求它們要有什麼味道。沒人比我們更大聲捍衛這些酒。沒有什麼比這些酒更能代表我們家的精神。」

盧卡斯．費司特（Lucas Pfister）也跟我說了類似的話，他經營家族的小型葡萄園「蘇菲園」（Finca Sofia），就位於烏克谷和門多薩市之間的主幹道旁。費司特的父親在布宜諾斯艾利斯行醫，因為一次搭飛機時結識了伯納多大爺，在二〇〇四年買下這片產業當作投資。幾年後，盧卡斯開始管理葡萄園，之前他在歐洲學釀酒又在義大利工作過，而近年來他開始將自釀的葡萄酒裝瓶出售。他的酒風味強烈，生產過程盡可能不多加外力干預，用腳而非機器碾壓葡萄。這是為了得到比較自然的葡萄風味，凸顯費司特家族甫自土壤萌生的傳承。

「我就只有這座葡萄園，不是說五十公里之外還有一座，」當我們搭著他的小貨卡行駛在葡萄樹間的泥土小徑，巡視幾週後要採收的葡萄，盧卡斯對我這麼說。「這裡不能摻進任何雜質。我只想要我們種的葡萄，就這樣。而且對我們家人來說，把他們的葡萄釀成我的酒，他們感到再欣慰也沒有。所以我得顧全這一點，從這裡著手。或許有一天，家裡另一代會接手做下去……那就太美了。」

我們在傍晚的陽光下行駛，後來穿著短褲髒T恤的盧卡斯在某一區停車，那裡的葡萄樹看起來萎靡不振，只抽出寥寥幾枝綠芽。他解釋，他們在廢耕近十年後才重新開始照料這些葡萄樹，至於廢耕的原因，是溫拿特酒莊有一年在收成後倒他父親的帳，導致他們無力維護這些葡萄樹。他跟父親都不埋怨溫拿特家，不過依篤娜說，這就是她離開家族事業的主因之一，而且她一點也不想回頭。

創業傳承

依篤娜在二〇一〇年搬回里約時，當地景氣一片大好。巴西經濟飛升，數百萬人隨之脫貧，主辦奧運和世界盃的前置作業為這個城市注入無比樂觀和鉅額投資。她進法律學院進修了幾個月，隨後到跨國食品集團雀巢(Nestlé)任職，將Nespresso咖啡產品賣給巴西各地的高級餐旅業者。這份工作既有趣又高薪，她從前賣酒學來的本事恰好能派上用場。「那段日子太棒了，」她說。「我有一輛車、一支手機，天天上頂級餐廳吃飯。最棒的是我每月二十九號都會領到薪水，好像變魔術，噹啷——錢就出現在我戶頭裡！」她幾乎天天跟父親通電話，父親也等不及聽女兒又立下什麼豐功偉業。可是當依篤娜問起酒莊，伯納多只說一切都好。

二〇一二年，依篤娜回門多薩過耶誕假期，結果伯納多告訴依篤娜和她的兄弟，他要把酒莊的一半股分賣給米蓋爾・羅培茲（Miguel López），布宜諾斯艾利斯一個成功的商人，而且羅培茲當晚會來家裡吃飯。依篤娜覺得這樁交易好得有點可疑。「這傢伙出現在我們家，我一看到他立刻覺得這絕對是騙局，太明顯了。」依篤娜回憶道。「但實情是我們別無選擇。」她離開酒莊以後的兩年間，溫拿特酒莊的財務愈來愈困難。國外市場的銷售衰退，阿根廷的政經情勢使得出口貿易變得既耗成本又困難，酒莊的債務節節高漲。羅培茲同意擔任酒莊的合夥人並扛下債務，同時讓伯納多大爺繼續主持他心愛的酒莊。「我累了，」伯納多告訴我他想找人合夥的動機，而依篤娜和布魯諾相繼離開是一大主因。「我想找個合夥人分擔一點我扛的重擔。」依篤娜說這很令人難過，但她無能為力，而且到了這時候，她對酒莊已經沒什麼感情了。假期過後她又回到了巴西。

只不過，依篤娜為雀巢工作了幾年開始倦勤。薪水是很優渥，她也有大把閒暇時間投入新嗜好，例如她組織了一個開放水域游泳隊，不過大企業的日子單調重複，大半都在跟各部門間的政治問題周旋。她很想念自己在葡萄酒業那個人設，更重要的是她的名號跟公司有種很個人的關係。「我不再是溫拿特家的一分子了。」她說。在雀巢，她不過是云云員工的其中之一。

二〇一四年，依篤娜辭去工作，創立品牌行銷事務所「美酒精華」（Wine Essence），客戶是想拓展巴西市場的阿根廷和智利酒莊。與酒莊、進口商和經銷商合作時，她對葡萄酒產業和巴西飲食市場的了解使她如虎添翼。「這家公司真的是我的！」當我問她終於創業的感覺如何，她這麼說。「這輩子第一次，我有了屬於自己的東西。」伯納多告訴我，他知道依篤娜總有一天會自行開業。依篤娜就像他跟他父親，也渴望當自己的老闆才能擁有的獨立自主。創業只是遲早的事。

我自己的家族很少有人特意打算當創業家，我們是莫名就受到創業吸引。我們開過有員工的公司（毛衣工廠、五金經銷商），或是獨力當律師、作家，和快閃零售商。「我們是那種沒人會想雇用的人啦！」我表哥艾瑞克（Eric）很喜歡這麼說（他開了一家移民顧問工作室），不過這是真的。我們家凡有人進大公司工作，往往以辭職或被解雇做收，因為那些束縛實在教人難以忍受。我們的靈感多到滿出來，又太想照自己的方式做事，就像我父親決定自立門戶之前，他去面試的最後一家法律事務所說的：「賽克斯，你創業性格太強，不適合在這裡工作。」他們說得沒錯。我們有如就業市場中的野生動物，過不了馴化的生活。

依篤娜不自覺追隨父親的腳步成為創業家，就跟我一樣，於是我也不禁心想，創業是否有種跨世代的特質？一種在家人間代代相傳的創業精神，不論他們是否經營同一份事業？

「我們家沒有傳統可言，就算有也只有一項，就是別把過去想得太浪漫，」當我拿這個問題請教瑟巴斯欽，他這麼說。「我們的傳統就是做從前沒做過的事。我們家的傳統是創業。一直以來，推動我們的能量都是新的計畫。」目前他正在復耕聖胡安省（San Juan）廢棄的葡萄園，並從頭學釀苦艾酒。他的手足、他的父親，就連他的祖母，也都在從事類似的個人計畫和業務，而我採訪過的其他酒莊主人和創業家也一樣。創業是祖卡迪家最主要的傳承，其他都在其次。不是公司、公司資產，或是酒的風味，而是堅信身為創業家自有其價值。「我們家重視的不是安逸度日，而是走出舒適圈。」荷西．亞伯特說。「這沒什麼好或不好，我們家就這樣。」

二〇一五年，《創業研究期刊》（Journal of Business Venturing）有篇論文把這稱為「創業傳承」（entrepreneurial legacy），也就是家族圍繞著「過去的創業成就或百折不撓的特質」建構敘事，激勵下一代也成為獨當一面的創業家。雖然這篇論文只探討同一家族企業內的創業傳承，不過這個概念也能廣及我這種似乎承襲了某種創業傾向的人。「家族事業實際上是一個家庭在創業行為方面的傳承，」巴布斯學院的尤尼恩教授說。「家人未必要持守同一家公司，也未必要展現同一種創業行為、或持續特定的創業行為。家族擁有的是創業傳承：家裡過去有成員創業，於是他們希望孩子和後代也走這條路。」創業傳承是創業家的後代與生俱來的，不論他們選擇走哪條人生路，這份傳承都如影隨形。

「我生在一個創業人的家庭，」蘇菲雅・沛斯卡孟納（Sofia Pescarmona）說；我在她與妹妹露西雅合力經營的拉歌酒莊（Bodega Lagarde）與她碰面。「在一個創業家庭裡做沒人做過的事，家人會覺得很正常、太好了，絕不會認為那不妥或很奇怪。」沒人教過沛斯卡孟納怎麼創業。她的祖父自義大利移民阿根廷，一九六九年就買下拉歌酒莊，不過她直到二〇〇一年才加入經營，那時她三十歲，酒莊處於倒閉邊緣。她毫無相關經驗（之前她任職於布宜諾斯艾利斯一家電信巨頭公司），只得從做中學。「我父親是直接把我丟進游泳池裡。」沛斯卡孟納說。不過她也表示，他們家在門多薩開的建設工程公司立下創業典範，帶給她信心和風險承受力。這滿足了她嘗試新事物的渴望，也讓她得以使酒莊成功復活。

「創業是種生活方式，」她說。我們穿過她幾年前開闢的有機菜園，此處產出的新鮮蔬果供應她開的得獎餐廳，在那裡，慕名而來的遊客在遮蔭下享用悠長的午餐。「創業家的生活方式會賦予你一種自由。孩子看了，也會在自己的人生裡尋找那種自由。他們覺得這一切理所當然……晚上工作……週末工作……都不是問題。你要是個創業家，到了凌晨三點還是創業家，沒有停下來的時候。我的孩子（當時都十歲出頭而已）也看到我生活中有難為的時候。是好是壞他們都看在眼裡。」

過去一年半，我太太蘿倫開始在家工作，我不禁想，我們又在告訴我們的兩個孩子怎樣的創業家故事（我在門多薩採訪時也帶著他們到處跑）？他們最終會從中學到什麼教訓？但願那跟我自己的父母給我的創業傳承相去不遠：有二十年時間，我母親年年都跟死黨寶拉在我們家辦兩次女裝批發特賣。她們從蒙特婁的供應商叫來連身裙、上衣和配件，一排又一排塞滿我家地下室的遊戲間。我跟丹尼爾會躲在衣架之間，看著朋友的媽媽穿著胸罩走來走去，我們的媽媽則在特賣結束後整理一疊疊厚厚的鈔票。我父親曾得意地告訴我們兄弟倆，出身寒微的他是怎麼開了法律事務所，服務多倫多日漸成長的華人社群，後來又成為私人投資家，使出渾身解數搶占投資契機。他很喜歡說他如何前一刻接到通知，下一刻就飛到香港簽約，結果搞到凌晨五點還待在餐廳的廚房，跟客戶把電話簿往牆上扔，對賭會翻開到哪一頁。不論好壞他都開誠布公。一九八〇年代的經濟榮景，還有十年後的房市衰退。有些交易意外成功，另一些則以失敗告終。他對創業知無不言（現在也還是），因為他很珍惜創業帶給他的一切，也希望我們懂得欣賞。

「有些家族企業的主事者會刻意拿事業當話題，分享他們對成長、風險和商機的看法，」家族企業顧問麥葛蘭說；我其實是透過父親認識他的，因為他們兩人一起研究家族企業顧問服務。「這是可以教導和激發的，這是一種思維。」

話雖如此，即使我父親一再想教我極其實用的專業技能，例如合約分析、交易審核、策略思考，或想挑起我追隨他當律師或從商的興趣，不過我多年來從旁觀察他權衡投資機會，有時還跟著他工作，最後從他身上承襲的是對創業的熱愛，對機運的珍惜，發掘到機運的興奮刺激，機運發展不如預料時（通常鮮少如你預料）又會學到怎樣的慘痛教訓。還有，當家作主會帶給你怎樣的獨立和自由，而那又是多麼得來不易。我父母的創業傳承讓我當起自由作家更得心應手，在尋求合作、商議合約、自我行銷與建立人脈時更有信心，主動出擊而不是等機會上門。這就是創業思維：一種專注於尋找機會並投身一試的世界觀。

當然了，也有很多創業家無意傳承事業，甚至積極保護家人免受他的事業干擾。我外公史丹利．戴維斯（Stanley Davis）開過五金經銷公司，曾帶我母親去參觀公司在蒙特婁的倉庫，甚至讓她在那裡打工一個夏天，但從未積極鼓勵她擔任更長期的職位。我岳父霍華是卡車零件經銷商的第二代，那是他父親與人合開的公司，不過霍華從不在家聊生意經，也未鼓勵孩子對公司的興趣。他對卡車零件毫無熱情，純粹是為了把握賺錢機會才在那裡上班，等他在五十九歲過世，股分便賣給了公司合夥人。

霍華跟他太太法蘭一樣，打從心底想自立門戶。他們剛結婚時曾攜手合作，進口菲律賓藤編家具和墨西哥花器，到處去多倫多的跳蚤市場擺攤。蘿倫小時候就睡在他們擺在攤位底下的搖籃裡。但後來她妹妹出生，霍華需要穩定收入養家，於是進家族企業工作。因為他的犧牲以及這麼做為全家帶來的財務保障，法蘭得以繼續她的創業生涯，在不定期的市集擺攤賣首飾。而蘿倫也認為，父親此舉最終也讓她得以自立門戶（雖然她在大學畢業後還是為法蘭工作過兩年）。

「他一直都想創業，」蘿倫在我最近問起她時說。「我們能過那樣的生活全要歸功於他的犧牲。」霍華從沒逼孩子像他一樣追求穩定工作。他積極鼓勵他們做自己的事、追隨自己的熱情。他為家人提供的財務保障（一直持續到他過世之後）讓蘿倫有信心自立門戶當生涯教練。當大家聊到創業和得天獨厚的條件，說的就是這種財務支持，而我跟蘿倫都受益於此。這都多虧了我們父母的犧牲和成就，在我們事業剛起步時幫我們繳房租、付買房的頭期款。即使我們夫妻倆為此既不感到特別得意，也不特別慚愧，但我們都坦然承認自己確實享有殊遇。

現在我們兩個一起延續了家族傳承，在有需要時互相提供想法、鼓勵和金錢來支持我們共同的創業志向。從前蘿倫當獵人頭專員而我在掙扎寫書時，是她負責養家。現在我事業比較穩固而她才剛上路，換我成為她的依靠。但比財務支援更重要的，是我們鼓勵對方大膽創業並堅持不懈的情感支持，就是這份支持讓我們成為創業之家。「如果你只是個在銀行上班的，我應該辦不到這一切。」一回我們罕見地在週間共進午餐（可惜她還是習慣就著辦公桌吃沙丁魚罐頭），她這麼對我說。「那為我創業開了綠燈。你不准否認！」

當事業與家族成員互相交織

依篤娜重返家裡開的酒莊，情勢發展得出人意料之快，結果也跌破大多數人的眼鏡。自從二〇一二年那底定命運的一夜，溫拿特酒莊多了羅培茲這個共同老闆，並很快開始分崩離析。雖然依篤娜的父親也是老闆，不過羅培茲運用財務和法律手段奪下了全面控制權：總裁職位、酒莊房產貸款、酒莊建築本體、公司在巴塔哥尼亞的資產全落入羅培茲手中，就連伯納多和瑟瑪在布宜諾斯艾利斯的公寓也不例外。在羅培茲指示之下，溫拿特酒莊自二〇一三年收成季之後不再釀造新酒，而是將地窖中的龐大庫存陸續裝瓶。羅培茲將這些酒運往他在布宜諾斯艾利斯持有的倉庫，收現金賣出，販賣所得由他獨吞。公司就這麼被由內掏空。

「那段時間慘不忍睹，」依篤娜說。「國際市場完了，沒人除草，酒莊狀況糟到釀酒師一天不願待超過三十分鐘。那陣子我年年回來度假，因為每次都想酒莊恐怕快沒了，這是來看它最後一眼。」不過她還是拒絕插手。她在巴西過得很快樂，生活事業兩得意。

可是到了二〇一六年底，依篤娜回酒莊過耶誕節假期，她父親對羅培茲的詐騙和操弄感到「傷心欲絕」，而他想趁還有能力時試圖挽回。於是依篤娜開始徵詢多位律師，想知道他們家還有什麼選擇。她告訴我這麼做是出於關心父母，但也不無其他因素。巴西經濟陷入嚴重衰退，暴力犯罪很快在里約猖獗起來。依篤娜自己的公司也受大環境牽累，但隨著她花愈來愈多時間處理溫拿特酒莊複雜的法律問題，她的創業本能啟動了。酒莊的情形壞到不能再壞，但根據她在這裡工作十年的經驗，她知道只要由對的人掌舵，還是大有可為。「我不過是看出這家公司有多大的潛力。」

二〇一七年三月，伯納多開始與布宜諾斯艾利斯的年輕會計師安東尼諾・維季（Antonino Virzi）和律師黎安鐸・阿利亞斯（Leandro Arias）合作，他們專精於棘手的商務糾紛。溫拿特一家暱稱維季和阿利亞斯「二人幫」，而他們兩人想到一個辦法，或許有些微機會反將羅培茲一軍，那就是申請法律干預：在公司即將倒閉或證明管理不當的情況下，讓法院接管。他們認為羅培茲與酒莊簽的合約可謂詐騙無誤，但因為伯納多手頭沒有現金，酒莊又深陷債務泥淖，於是維季和阿利亞斯跟伯納多談了個條件：假如他們倆打贏這場官司，從羅培茲討回來的股分就是他們的報酬。想到有機會重回戰場，伯納多振奮不已，興沖沖地把這兩人介紹給依篤娜認識。「他覺得這是奪回公司的機會，」她說。「也能讓這家公司真正發揮全副潛力。」結果一位法官還真的批准了法律干預程序。酒莊的股分全數凍結，伯納多和羅培茲也被暫時解除職務。法院指定一名律師接管公司兩星期、撰寫報告呈交那位法官審理。

那兩星期間，依篤娜都從旁協助律師和酒莊人員準備報告，並很快發現溫拿特酒莊就是她的未來。那時有巴西的咖啡公司和門多薩其他酒莊想聘用她，不過該怎麼選很明顯。就像她在七年前離開阿根廷一樣，這回她也旋風般強勢回歸。「它能在我們手裡恢復榮景！」當我問她最終是什麼原因促使她回來，她這麼說。「這片地方就像葡萄酒界的迪士尼樂園，總有一天你得捫心自問：『你到底要不要參一腳？』這也有趣太多了。為別的酒莊工作、幫他們在巴西賣酒，或是幫雀巢賣咖啡膠囊，都完全沒得比。」依篤娜說，並解釋創業家最享受的就是接受挑戰。「對我來說，回歸是為了接下恢復酒莊榮景的挑戰。」伯納多回憶他那時警告過女兒，回來可是她自己的選擇，她勢必要割捨開公司當老闆享有的自由，恢復酒莊員工的身分（何況酒莊現在由法院接管），還要面對隨之而來的一切緊張狀況。他說：「她是打從心底追求獨立自主的人，但我樂觀其成。」

後續一年間，在法院進行干預程序之際，依篤娜與維季和阿利亞斯合作，設法讓酒莊起死回生。起初家人很支持她，但隨著干預程序在二〇一八年三月幾近結束，伯納多總算快要拿回酒莊的擁有權（羅培茲的股分則歸維季和阿利亞斯所有），溫拿特一家卻開始失和。伯納多大爺以為一等法律干預程序結束，他就會光榮重掌自己創立又經營超過四十年的酒莊，不過法官的裁決有個條件：禁止伯納多回鍋擔任董事長。

「這實在教他難以釋懷，」依篤娜說。「失去總裁的頭銜很傷我父親的心。『我是創辦人』，他說，『如果不是總裁，那我算什麼？』」（伯納多不同意依篤娜的說法，他說除了頭銜，一切與過去沒有兩樣。）

尤尼恩教授表示，說到交棒給孩子經營，這種情緒往往是第一代創辦人最主要的關卡，也是一大難關。「『我算什麼』指的是創立公司的那個人。要是把這個身分傳給下一代，這下我要以何自居？」她說。「這形同生死大事。」赫茲．布朗說，要真正交棒，創業家得承認自己大勢已去。「放棄那個位分，基本上就是接受人生走到哪個階段，」她說。「創業家很難承認：『我的人生如今走下坡了。我建立了這一切，現在卻得交給別人。』」

否認阻擋不了現實。門多薩隨處可見人去樓空的家族酒莊廢墟，倒閉原因都是主事者放不了手，因為他們害怕冒險、害怕接受變革，儘管創辦人當初就是靠著變革確立自己的地位。沛斯卡孟納天天看著創辦酒莊的第一代固執地繼續掌舵。「高層領導人要是太強勢，永遠難以為繼，」她說。「樹要是長得太龐大，樹蔭會害得底下什麼都長不出來。」

溫拿特一家人與公司的糾葛愈來愈複雜。干預程序展開幾個月後，依篤娜開始與維季交往，這位會計師如今持有酒莊四分之一股分並負責日常營運（又因為他是經理，基本上就是依篤娜的上司），而這家酒莊冠的可是依篤娜的姓氏。阿根廷就像很多拉丁美洲國家，家族事業通常由子承父業。雖然依篤娜的哥哥布魯諾已經跟公司毫無瓜葛（也絕少和父母說話），她弟弟安德烈依然在酒莊工作和生活，姊弟倆很快陷入衝突。「依篤娜的到來給家裡製造了很多難處，」伯納多嘆一口氣對我說。「她那副桀傲不馴的性子和職場作風，很多人恐怕都吃不消。」考量到每個家庭的糾紛各有錯綜複雜之處，事情全貌無疑比我的朋友依篤娜告訴我的更複雜。無論如何，結果是一個女兒為家裡開的公司工作，但她效力的家族卻不願再認她這個家人。

這教人情何以堪，卻也不幸是經營家族企業時常得面對的現實。情緒、關係和醞釀已久的齟齬在公私之間互相蔓延，家族內部為了經營傳承的問題，屢屢導致公司和家庭的衝突與破裂。葡萄酒產業也不例外，傳奇家族也會因為公開的鬥爭和訴訟分裂，就像加州的蒙岱維（Mondavi）和嘉露（Gallo）家族王朝，這還只是區區兩例。「我從沒想過會鬧到這步田地，」那天在酒莊與她父母和弟弟打完尷尬的招呼，我立即向依篤娜表示關切，而她這麼回答我。「干預程序剛開始的時候，我父親很高興我回來公司。」但現在依篤娜覺得他們把她當成密謀篡位的叛徒，她父母甚至不再邀她共進耶誕節晚餐了。

「感覺很糟，」當我向伯納多大爺問起家裡的近況，他這麼說。「一旦有了不和，家族和事業的傳承也跟著走樣。而到頭來，這是最重要的傳承。家家難免都有失和的時候，而當家老闆最希望的就是全家守在一起、家人都回來一起打拚，就算得再等幾代人也好。有時創業家有時間達成這個心願，有時等不到。」他嘆一口氣說，又提到他已經八十七歲了，雖然工作起來還是充滿熱情，可是歲月不饒人。

「這就是我的現實。或許情況不必這麼複雜。或許我是犯了一些錯，但你全心壯大事業時會當局者迷，想不到哪裡不妥，事後回頭看才明白。」他說。他開了這家酒莊，花了四十年使它成長茁壯，並透過教育、提供機會，並培養孩子他最自豪的創業理念，讓他的家人也可能傳承這份事業。「最近我反省了很多，」他說，「不過我做了這些事也盡力而為，對我來說也就夠了。」

所以說，為何依篤娜還是待了下來，即使這些紛紛擾擾害得她自已和家人付出高昂的代價？她已經回來兩年，依然未持有公司任何股分（她父親拒絕還在世就交出股分，不過依篤娜最後會繼承其中一部分），而且酒莊雖然有付她薪水，她大可以另謀待遇優渥很多的工作。

起初依篤娜告訴我，她擔心她要是離開，爸媽不知道會怎麼樣。與羅培茲的訴訟仍在進行，要是法院判決有個閃失，他們還是可能失去一切。「我爸媽會流落街頭。到時候我要怎麼辦？」我點點頭，看著這位跟我有十五年交情的朋友，毫不掩飾我的懷疑神色。「我跟你講，」她雙手一攤，彷彿在表示她沒什麼好隱瞞的。「我頭已經洗下去了，而且就算這是出於我的私心，公司恢復狀況很好，看在眼裡真的超有成就感。員工、進口商、葡萄農……現在都信任我們，我們是下苦工贏回這份信任的。就算我走人，我們家也不會重修舊好。雖然這很不理性，但我們要是失去一切，他們一定會怪到我頭上。這無關道義，我看到這其中的機運，我喜歡我要共事的人，我在這裡也能做點什麼。」

她在兩年前重返酒莊時，除了挪威一家小型進口商和英國一家品酒俱樂部，他們沒有出口到國外市場。到了二〇一九年三月，他們的葡萄酒再度於十個國家上市，都是依篤娜一次又一次親自出差、一批接一批親手出貨修復了關係。酒莊的草坪剪齊了，建築物得到修繕，遊客不只更常來訪，消費金額也提高了。最重要的是，溫拿特酒莊又開始釀酒，而他們在大木桶裡長年陳釀的傳統風格，如今在葡萄酒界從落伍復甦為一股風潮。依篤娜希望在年底之前，溫拿特的酒能銷到十五個國家，公司也能執行更多計畫，例如開一家新餐廳、推出多款入門級葡萄酒。

依篤娜說，這些都不是憑一人之力辦到的。雖然她負責領導，但她的團隊愈來愈專業，也有心接班經營溫拿特酒莊，儘管這意味著他們家在公司的份量將會減弱。眼下的挑戰十分艱鉅。溫拿特酒莊損失了十年光陰，光是要恢復從前的動能，年度營業額就得成長十五到二十%，並且得持續成長多年。競爭對手已經虎視眈眈，積極提議買下酒莊經營權、為他們清償債務。改變已然展開，但要活化酒莊的傳承恐怕已然太遲。

「我的目標是讓酒莊恢復運轉，讓我們在這一行重占一席之地，」依篤娜說。「沒有任何計畫比這裡更有挑戰、更刺激了。我們的產品跟門多薩其他人都不一樣，所以獨一無二。關鍵在於這個地方。今天這要是一間現代的酒莊，我早在幾年前就說掰掰了。」她說，並且對空送了一個飛吻。「不過這個地方很特別。」

讓溫拿特酒莊仍保有優勢的那種獨一無二，是來自她父親的傳承，其中包括伯納多大爺在四十多年前預先設想並裝瓶的頭幾支陳釀，那時依篤娜都還沒出生。他是個終其一生都在權衡風險、建立事業的創業家，不過依篤娜希望他餘生能在巴塔哥尼亞釣魚、品味自家美酒，因為她已經不想在父親手下做事了。最終，她將繼承酒莊的部分產權，繼續壯大父親創始的基業。

根據矽谷的新創公司創業神話，家庭是你下班以後的事，不可與工作混為一談。你在工作時應該吃廉價外帶、在辦公室打地鋪，直到成功退場為止。這些犧牲是那則神話和它所有附加條件的一部分。然而更重要的真相是，家庭跟工作該如何交集，每個創業家都有作主的自由——為了育兒，你可以選擇以比較緩慢的步調打造事業，也可以試著納入你的家人，與伴侶合夥或是雇用你的孩子，把目標放在建立一門沒有退場機制，而是能長久傳承、超越你人生長度的事業。

這不表示創一門家族事業的日子必然比較輕鬆，家庭也未必會比較和樂。反之，這代表工作和家庭的挑戰會結合在一起：手足間的嫌隙會牽連你的工作，業績轉差會害晚餐時間低氣壓，又或者你無法妥善處理事業傳承，在準備交棒時犯錯，最終可能導致家庭破裂。話雖如此，祖卡迪一家就讓人看到結合家庭和事業最理想的結果：穩固的世代連結，共同的使命感，從其他經營型態得不到的某些自由。

「要是能選，我還是會再來一次。」當我問依篤娜是否對家裡的後續發展感到後悔，她這麼對我說。「我一點也不後悔，也不難過。其實，我感覺再好也沒有。」傳承就是她的動力，而所謂傳承既是她父親建立的酒莊，也是伯納多大爺傳授給她的那種更開闊的創業精神。「有時我把自己看成是父親的翻版，」她說。「他曾經告訴我們：『人生如叢林，要求生存，得付出一切代價，在所不惜。』嗯，一切代價，在所不惜。」

第七章　創業這班雲霄飛車

在加州聖華金河谷(San Joaquin Valley)的小城特洛克(Turlock),賽斯・尼希基(Seth Nitschke)來到勞氏居家建材百貨(Lowe's)的走道上,彎腰察看一桶桶五金零件。時間接近中午,這是尼希基走訪的第二家五金行。他有片牲口圍欄破了,他想找個零件接回上面的電線卻遍尋不著。「真該死,」他說。「誰叫你是老闆,只好為了找個四塊錢的零件耗一個半小時,就為了把蠢事搞定。」

一整個上午,尼希基大半都開著牲口拖車在郡裡到處跑。他的草飼牛肉公司「馬里波沙牧場」(Mariposa Ranch)分散在多個地點:他養的兩百多頭牛在馬里波沙郡四片土地上吃草,散布在優勝美地國家公園西南方的山麓之間。此外他在特洛克市租了一間小型飼育場、辦公室和倉庫,為他屠宰和冷藏牛肉的包裝場則位於鄰近的莫德斯托市(Modesto)。「我有三、四成的時間都在把東西移來移去,可是一塊錢也沒賺到。」他在我們走回他的道奇公羊小貨卡時對我說。他的狗泰格和布勒在車廂裡狂吠,我們再度前往另一家五金行。尼希基說,他載著牛隻和補給品從家裡「通勤」到辦公室、飼育場、放牧地,再開車回家,一天總共有四小時都在開車。

尼希基四十二歲,體格精瘦,蓄著硬挺的紅色落腮鬍加山羊鬍。他一身標準的美國牛仔打扮:藍哥牛仔褲與牛仔布外套、長袖襯衫,腰帶上的扣環是他參加牲口評審比賽贏來的,頭上自然也戴著草編牛仔帽。他開玩笑說他是個有槍的鄉巴佬,不過他是加州的鄉巴佬,所以他從不聽鄉村音樂

（而是超崇拜衝擊合唱團），一有機會就去衝浪，有種淘氣的諷刺幽默，講話引用古羅馬將領和弗蘭克這類當代哲學家的次數，遠多過引用聖經。他在弗雷斯諾市（Fresno）市郊一個農業區長大，離特洛克不遠。雖然父母不是農民，他依然在中學時代對牧場工作萌生興趣，為美國未來農民會（Future Farmers of America）擔任農展的牲口評審。他在大學主修畜牧學並與太太蜜卡（Mica）相遇，後來在美國中西部為農業巨擘嘉吉公司（Cargill）做了四年牲口採購，有時一天要經手四千頭動物。

二〇〇六年，尼希基返鄉創立草飼牛肉公司「開放空間肉品」（Open Space Meats），近來才更名為馬里波沙牧場。當時蜜卡剛生下他們第一個孩子亨利（Henry），尼希基動用了兩千五百美元存款買下三頭牛並架設官網。很多人認為比起關在飼育場長大的牲口，草飼放牧對動物和環境都比較友善，肉也更美味營養。尼希基說他的商業模式相當簡單：牛吃草、長胖，然後變成牛排。「我挑一頭牛，花七百塊買下來，最後它的價值會翻四倍。」

自公司成立十三年來，亨利已長成瘦高的少年，也多了兩個妹妹：十歲的艾兒（Elle）和四歲的夏綠蒂（Charlotte）。起初公司穩定成長，把肉品直接賣給加州各地的顧客、肉舖和市場，客戶還包括為史丹佛與Google這等組織機構供膳的大型外燴公司。即使一開始前景看好，馬里波沙牧場的營收從幾年前開始停滯不前，尼希基這位牛仔創業家也陷入前途未卜的窘境。

他的問題很簡單，最大的問題就是他沒有土地。為了在草地上放牧，他要向四個地主租地，每天只好把牲口、馬匹、設備和員工載來載去，他自己也跟著疲於奔命，消耗時間、油錢和精力。「我要是住在這裡就不用應付這些鳥事了，」尼希基說。這時我們剛開進那幾片放牧地的其中之一——從特洛克離開後又開了超過一小時的車。近來他剛錯失買下一座牧場的機會，再加上北加州的房地產漲勢毫無趨緩跡象，他買地的機會愈來愈渺茫。

因為氣候變遷，在聖華金河谷務農愈來愈不穩定。上回降雨是六個月前的事了，在乾枯的草地周圍，化為黑炭的樹幹歷歷呈現森林大火的痕跡。更別提創業家揮之不去的煩惱：政府法規和稅金造成的負擔，不論哪個政黨都對他們的處境漠不關心，要找到可靠的員工難上加難。這些年來尼希基換過一個又一個業務、牧牛人和司機，也雇用過許多兼職幫手。最近有個牧場工給他的卡車引擎灌了機油而非汽油，車子當場報銷。尼希基被迫再買一輛他其實負擔不起的新卡車。

「這或許是不用大腦的牛仔體力活，但至少我罩得住。」尼希基邊說邊往下爬進一彎小溪。上星期它突然暴漲，沖走了一段圍欄。「圍欄壞了，不過我會修好。這我罩得住。我罩不住的是說修了但其實沒修的員工，因為他連放下他媽的Snapchat[1]十分鐘也辦不到。」

馬里波沙牧場在二〇〇六年開張時，草飼牛肉在美國還前所未聞，但如今市面上充斥著從巴西、烏拉圭、紐西蘭進口的平價草飼牛肉。銀彈充裕的矽谷大咖、名人、前創投經理人紛紛做起國內的草飼牛肉生意，就連尼希基自己的舅子也不例外，這既提高了供應量與競爭，也壓低了價格。扣除成本和他押在牛隻、庫存與租地的五十萬美元營運債務，馬里波沙牧場每年能為他賺三萬美元養家。尼希基跟很多農民一樣也得兼差，為人當飼料業務員以打平收支。

「你看過《商業內幕》(Business Insider)報導有人靠著養草飼牛變億萬富翁嗎？」尼希基在修好圍欄後爬出溪溝。「沒有嘛，從來沒人寫過。每個以為靠這能馬上發財的人，一下海很快就覺悟了。」他停了半晌喘口氣，摘下帽子，抹去前額的汗水。陽光下的氣溫高達三十七度，工作又苦、又熱、又髒。「我還是不確定這有沒有前途，過了十三年還是難講。」說完他隨即宣布：「我們去吃塔可餅吧。」

創業家如何面對失敗

我最初考慮寫這本書時，想聚焦於身為創業家的意義。不是經濟方面，而是更為深刻的意義。當個創業家的生活是什麼感覺？我知道答案遠比新創神話更為複雜。這則神話就從聖華金西側丘陵的另一頭、一片更有利可圖的谷地升起。我知道創業往往教人受盡情緒折磨，人生就此徹底改觀。創業既是一種工作，其實也是一種生活，而在這樣的生活裡，無常是唯一的常態。創業既美好又可怕，既振奮人心又把你嚇個半死，既肯定自己又掏空自己……而這一切往往在同一天發生。

我會知道這一切，原因是我從我這輩子唯一跟過的老闆——也就是我自己身上看到這一切。每當朋友問我：「你整天到底在幹什麼啊？」、「那你在什麼地方工作？」，他們真正想問的是我到底怎麼為自己工作。在既不保證會成功、報酬也無從預期的情況下，一個人怎麼有辦法下得了床為自己開工？那是怎樣一種生活？

為自己工作一直都是很艱難的事。這種生活在兩種恐懼間擺盪，不是擔心工作不夠多，就是擔心工作太多。創業使你日日與自負打架，早上才對某個靈感一頭熱（「這點子超棒的！」），下午就一整個自暴自棄（「你這個冒牌貨」）。

身為創業家，你做的一切都很個人，但也還是很困難，因為實在太個人了。矽谷創業神話對這個不討喜的真相略而不提，反倒用充滿男子氣概的口號慫恿人接受失敗，把創業形容得極其浪漫並

1　編註：一款圖片分享應用軟體，可拍照與錄影。

高舉風險行為，鮮少承認人真正要為此付上的代價。而這令人難以下嚥的真相關乎了身為創業家的意義、人超越經濟考量真正想創業的理由，還有即使創業的光環耀眼，為什麼極少人決心創業（每十個美國人裡只有一個）。

我想了解創業家的初心有怎樣的黑暗面。不是那些光榮勵志的時刻，而是對個人來說極其艱難的時刻。我想了解創業家如何面對失敗——不是應該視為成功的墊腳石那種浪漫的失敗，而是撼動人生、危及生計跟自我認同、實實在在的威脅。在距史丹佛兩小時車程以東的聖華金河谷，在那些比起別的行業，對身為創業家這回事最切身有感的農民身上，我找到了我想了解的真相。

以為忙碌才是好事：炫苦

「聖華金就是搞定很多老派苦差事的地方啦。」尼希基說。我們坐在綠洲（Oasis）裡，這間滿布灰塵的加油站兼超市買得到索普餅、墨西哥捲餅、塔可餅。「這裡不像洛杉磯那麼性感、舊金山那麼優美，也不像矽谷那麼創新。」然而聖華金河谷是加州的農業中心，從草莓和羽衣甘藍到牛排和杏仁，本州自用與出口的食物大多是從這裡長出來的。當你從霧氣繚繞的海岸或白雪罩頂的內華達山脈驅車進入聖華金，在你面前展開的是一望無垠又灰沙瀰漫的棕色平原，幾片綠地點綴其中，隨處可見小貨卡、農用機具，以及伸張農民用水權的告示牌。

聖華金河谷是人定勝天的範例，這片沙漠地帶鮮少降雨，什麼東西都覆蓋著一層淺褐色的沙塵。十九世紀末、二十世紀初建立的廣大灌溉運河網為本地引進生機，水源滋潤了乾涸但肥沃的土壞，於是對許多流離失所的貧困家庭來說，這裡彷彿成了應許之地，尼希基家族就在一九三〇年代為躲避西部平原沙塵暴而遷居此地。雖然大型農業公司是強大的經濟發動機，聖華金河谷還是為貧困所苦。在特洛克和鄰近的莫德斯托這些城市，犯罪率居高不下，遊民、用藥成癮和其他社會問題也很嚴重，就連弗雷斯諾這樣的大城也不能倖免。加州和聯邦政壇只注意人口和金錢集中的沿岸地區。「我們是那種事後才會被想到的人，」尼希基說。「我們生產這麼多食物，自己卻吃不起。這片河谷住的都是窮人。」

尼希基家有一棟寬敞的屋子、兩輛車、三個健康快樂的孩子，三餐不愁沒得吃（很多是不能賣的瑕疵品牛排就是了），也有足夠的閒錢去迪士尼樂園或海灘度假。不過他們也坐困一門成長停滯的生意，沒有改變現況的簡單出路。二〇一八年七月，我初次與尼希基通電話時，他提議我九月下旬去找他，他預計那時他應該會談成一樁交易，買下自己的牧場，位置就在馬里波沙郡那座綠洲加油站附近。那座牧場要價七十萬美元，他們夫妻倆盤算後覺得這是值得承擔的風險，有望扭轉現況。擁有那片土地能將他們生活許多面向（放牧地、辦公室、倉庫、住處）集中於一處，節省時間金錢並調和家庭與工作的步調，他們也能開始累積資產。整個春天和夏天，銀行都鼓勵他們更積極大膽，所以他們為即將成交的牧場重整財務和生活，出租市中心的自宅貼補家用（他們自己搬到市郊賃屋而居），也為遷居新牧場提早幫孩子辦了離校手續。

在我抵達的三週前，銀行突然改變心意，拒絕貸款，這下他們也買不起那座牧場了。「原本都敲定了……說翻盤就翻盤，」尼希基說。「我們原本都規劃好的，這下前途未卜。因為事情這麼發展，我們的生活被搞得一團混亂。」租屋處的合約要重談，孩子得在最後關頭找到特洛克的學校註冊，封箱膠帶貼了又撕，就連網路都要重接。希望破滅，一切退回原點。

「大衛，你被人踢過卵蛋對吧？」當我問他聽到噩耗是什麼感覺，他這麼反問。「就是那種感覺。你整個人跌趴，撞得腦震盪，醒來以後發現每個人都生你的氣。」

尼希基創業十三年來歷盡起起伏伏。他回憶他第一次開車送貨去南加州，顧客在門口擁抱歡迎他，結果回程他把空冷藏盒灑得滿高速公路都是。「我絕對會把公司搞垮！」他一邊閃行車、一邊把盒子撿回來時這麼心想。開公司要面對重重挑戰——下錯訂單、牛隻生病死亡、帳戶突然被取消——讓他的生活充滿無常。

「那種『我在搞屁呀？根本瘋了！』的想法……你懂吧，焦慮跟著你回家、陰魂不散的感覺？」他說。「是啊，我每天大概會有兩次這種感覺。」錯過那座牧場是公司、尼希基和家人的新低潮，他不確定該怎麼克服，只知道他非克服不可。他說自己就像在諾曼第海灘登陸的士兵，設法躲到了沙丘後，在汪洋大海和納粹的機關槍之間進退兩難。「你不是放手向前衝鋒，就是坐在原地、到頭來還是被槍斃。」他在我們開回特洛克的漫長車程中說。他已經投入太多成本、工作太努力，現在無法放棄。「錯過那座牧場不代表我再也不會有牧場，但絕不是一時三刻就會有。」他說。「所以這恐怕代表我們得住在特洛克，把拔每天得開一小時車去牧場，有夠爛，但把拔會把事情搞定。」

把事情搞定。咬牙撐過去。愛拚才會贏。死了以後隨你愛睡多久。如此豪邁地形容自己要如何堅決才能熬過難關的人，不只有牧場老闆，一整代的創業家也逐漸把這些話當成了座右銘。這是新創公司神話透過報導、演講，還有馬斯克這些男性的暢銷傳記反覆宣揚的觀念。矽谷神人吹噓自己趴在辦公桌睡覺，全年無休，永不放棄。記者艾琳・桂費絲（Erin Griffith）在《紐約時報》撰文，說這種日漸風行的現象叫「炫苦」。因為這種職場文化，創業家競相在社群媒體貼出狂熱的口號，昭告天下他們有多愛星期一（T.G.I.M!）[2]，共同工作空間也掛出霓虹招牌鼓勵租客 #HustleHarder[3]。在 WeWork 一個共同工作空間，她看到一個冰鎮儲水壺塞滿了葡萄柚和小黃瓜片做裝飾，小黃瓜的瓜皮上還精心刻出「累了別休息，完工再休息」的字樣，簡直像有人特別指定用這濃濃北韓風的手法呈現這則訊息。桂費絲寫道：「對永恆打拚大教堂的會眾來說，花時間做任何無關工作的事都讓他們有罪惡感。」

我弟丹尼爾開了一家針對大麻產業做房地產投資的公司，自從他創業一年半以來，我也目睹他信了這套說法。他電話不離手，就連吃飯時間也一樣，無時無刻都在查看電郵和社群媒體。雖然他就住我家附近，往往忙到沒時間跟我吃個午餐、喝杯咖啡，或是接小孩散步回家。我常聽他說昨天又熬夜很荒唐的時間，凌晨一點……兩點……三點。「大衛啊，這就叫創業家。」每當我問他這是何苦，他總會如此自我辯護，而且顯然意有所指，因為他那個自以為很懂的懶哥哥竟然每天不到十一點就睡了。丹尼爾把這種形象投射到加拿大大麻產業的其他人身上，這一行競爭激烈，從業人員之年輕進取與新創科技業不相上下，也有炫苦的傾向。「身為創業家不只要孜孜不倦，還要常常很疲倦。」有次他熬了個特別漫長的夜，隨後在推特這麼寫。

在他發這則推文的前一天，我們倆從多倫多往西開了一小時的車，去參加父親投資的一家公司

2　譯註：Thank God It's Monday!（感謝老天，今天星期一！）的縮寫。
3　譯註：拚上加拚。

的年度會議。我們早上七點半出發時都沒吃早餐，可是當我提議停車買點吃的，他卻回嘴：

「哪有時間吃東西，大衛！創業就是要保持飢渴。」

「小丹，那不是要你真的餓肚子啦。」我說。

「就是！大衛，就是真的餓肚子。」

有天上午，我跟克里斯多夫．歐涅斯（Christopher Oneth）約在特洛克市中心喝咖啡聊這件事。歐涅斯是心理治療師，近來剛在莫德斯托附近開業提供諮商服務（他開玩笑說：「這下我正式成為創業家了。」）。多年來，歐涅斯為很多創業家做過諮商，尤其是農民，促使他們來找他的問題（睡眠不足、伴侶失和、物質濫用）不過是他們工作方式出狀況的徵兆。「人的各種天賦都有相應的弱點，有時你會在天賦中迷失。」我們坐在橡樹樹蔭下喝咖啡時，歐涅斯這麼對我說。「對創業家來說，他們是在自己的工作中迷失。」迷失自己的意思是模糊了工作、家庭、專業和個人生活間的界限：晚上和週末也工作，電話永遠擺在身旁，隨時準備上工，老是心繫公事。

歐涅斯說，警消和醫護人員也有將工作和身分認同混為一談的傾向，不過創業家又更形強烈。創業家這重身分難免會將一個人的自我意識和專業表現綁在一起，當表現不如預期（也鮮少會符合預期），創業家就會落入心理陷阱並為之所苦。「創業家往往非常能幹……做！做！做個不停！」他說。這也導致他們以為忙碌才是好事——工作、打拚、咬牙硬撐——在不順遂時更把忙碌當作心理依靠。這釀成了惡性循環，創業家的個人問題導致他們靠工作解悶，因此加重了壓力和耗竭，個人問題隨之惡化，又迫使他們更埋頭工作。「我們對自己的行為上了癮，」歐涅斯說，並指出這種不良習慣比任何毒品的威力都更強大。「當我跟創業家這麼說，他們會告訴我：『我要是罷手，事業就會垮掉。』他們被下意識的恐懼推著走，我想這是因為大家都希望創業的美好故事成真。」

對於掉進這種惡性循環的創業家，歐涅斯有何建議？「我跟他們說：『你絕對、肯定不會有把事情全部搞定的一天！』因為事情只會一直來、一直來。」

在返回市區的漫長車程上，我把那天稍早跟歐涅斯的對話告訴尼希基，問他怎麼想。尼希基說：「我的心理陷阱是：我是打造、創立、投資這門事業的人。我知道我要是不雇人，就只能做我這副身子能做的事。」可是放手實在困難，他凡雇人總是失望，交出掌控權幾乎是不可能的事。「等你成了自己的老闆，才知道以前的老闆都不算難搞。」他笑咧了嘴說。「我這個老闆超難搞，超不會溝通規劃，老是找自己的碴，當局者迷又跳不出來，對別人比較沒同理心。我是說過我能咬牙撐過去，可是對我身邊的人來說就是另一回事了。」

我們來到特洛克市郊的農地，在尼希基的租屋處停車。泰格和布勒在後院撒開腿兜圈子，尼希基踢開夏綠蒂的玩具，翹高了腳坐下。因為對街就是酪農場，外加那裡生出的巨量糞肥，他們家到處都是蒼蠅。我問他對馬里波沙牧場有什麼夢想？「要是我有夢想能告訴你就好了。」他說完深深啜了一口藍帶啤酒。「現在的目標是存活。我們很會養牛，要是更加把勁能有兩倍成績，可是這要怎麼辦到？現在我們只做得到足以保持樂觀的程度……創業家不是都樂觀得太超過嗎？天底下永遠恰恰好有足夠的東西支持你走下去。可是等到歲末年終，你看著自己的財務狀況說：『我拚死拚活就為這點錢？』這能持續多久？三萬塊這樣賺，很辛苦。」

兩隻狗在這時狂吠起來，跑向前門柵欄，是蜜卡載著孩子和滿車日用採買回來了。亨利和艾兒幫爸媽把吃的拿進廚房，夏綠蒂給自己穿上溜冰鞋。

「媽媽，我們這週末要幹嘛？」亨利問蜜卡；她把馬里波沙牧場生產的一包牛絞肉放進水槽解凍，準備煮義大利麵和肉丸當晚餐。

「在牧場幫你爸的忙吧。」她說。

「還有呢？」亨利問。

「不知道耶……或許去教會。」蜜卡邊說邊把一壺水燒開。

「所以基本上就老樣子囉，」亨利說。

「是啊。」

在後院，尼希基又喝起啤酒，夏綠蒂穿著輪鞋溜來溜去。他接了一通顧客打來的電話，沒看任何紀錄就從腦海叫出對方的訂單，細至每塊肉的精確重量，並安排好宅配。接著他在夏綠蒂兜回他面前時把電話遞給女兒：「親親，找妳的。國稅局。」

雖然尼希基的家人並未正式在公司任職，馬里波沙牧場還是免不了成了家族企業。在牧場的廣告手冊和網站上，他們自豪地放上孩子的照片，三張小臉洗得乾乾淨淨，湊在一起露出可愛的燦笑，亨利還戴著一頂特大號的牛仔帽。這種形象健康、十足美國風情的農民，就是支持草飼牛肉的善良消費者想花錢買單的對象。公司成立的頭幾年，蜜卡與尼希基一起在辦公室處理訂單和帳務，但隨著孩子一個個出生，她改為在家帶小孩。現在夏綠蒂快上幼稚園了，蜜卡近來也重回大學念書，接受教師培訓。然而多年前拍下的歡樂照片，掩飾了一家人在生活中為牧場付出的實際代價。

晚餐後，我拿這件事問蜜卡。

「那是賽斯的寶貝，」提到牧場她這麼說。「他的第一個孩子，他的一切。他吃睡呼吸都離不開它。這座牧場定義了他這個人。這條路並不容易，為了保住這份事業，我們犧牲了很多。」

怎樣的犧牲？

「金錢、時間、生活條件……我們不論做什麼幾乎都是配合牧場。這門事業主宰了我們生活。」她邊說邊用叉子把碗裡吃剩的沙拉推來推去。「我是說，我們四十幾歲了，名下還是什麼財產也沒有。我們真的年紀不小了。你看我們為了成就這份事業的夢想捨棄了那麼多，這又為我們帶來多少不愉快。要是窮得怡然自得那還好，窮得不開心就很糟了。聽孩子說：『我們希望妳跟爸爸不會不開心。』感覺真的很糟。」

蜜卡盡可能排遣自己的壓力，靠得是一群讀經小組的密友給予的穩固支持，加上她提醒自己這家公司是他們夫妻攜手創立的，因為他們兩人都相信草飼是生產食物的正確之道。至於賽斯，他靠的是每天早晨健身、聽冥想Podcast節目。不過蜜卡還是對家庭為創業付出的代價深有所感。在她小時候，她父親在洛杉磯開了一家環境顧問公司，最後以破產做收。創業失敗的壓力導致她父母離異，而蜜卡過了幾十年還沒走出創傷的陰影。她說：「我一點都不想創業。賽斯也知道。」

一直以來，都有人說創業家把公司視為家庭的一份子。一群芬蘭學者在二〇一九年著手驗證這回事，他們比較了創業家提到公司和孩子時腦部的活化反應，結果發現創業家跟家人或公司的心理連結幾乎是一樣的。不過公司畢竟不是家人，它沒有感覺、不需要情感關懷，也無法回報創業家的愛。然而，很多鼓吹創業迷思的人都大力推崇該以公司為第一優先。

「想想創業家在媒體上的形象：割捨一切的孤狼，吃泡麵果腹，五個人擠一間公寓，為了成功大家全豁出去了，任何犧牲在所不惜！」在南非執業的顧問威廉・顧斯（Willem Gous）說。他的工作是協助創業家過好日常生活。「怎麼說呢，那不叫創業家。我們很多人都有車、有房、有孩子。可是他們把這檔事浪漫化了。用那種方式過日子可長可久嗎？你能這樣說嗎：『對啊，管他的，老婆孩子閃邊去，他們可以等沒關係。』當然不行！孩子的童年一去不復返。」歐涅斯告訴我，創業家的生活優先順序失衡時，人際關係就會崩壞。創業家忘了他們首先是太太、先生、家長或伴侶，然後才是創業家。

有天在帕羅奧圖，我和一位年紀四十出頭的軟體業創業家喝咖啡，他正在跟老婆辦離婚，也與他剛創辦的創投基金的合夥人分道揚鑣，而且最近心臟病發，還在休養。「因為身為創業家要經歷的風風雨雨、起伏不定，我失去了家庭，」他告訴我。「我最新開的公司是主因，但也只是剛好累積到臨界點了。」事業順遂時，他總是在出差、工作、拚命抓住投資機會和投資人，沒把時間精力和注意力放在家庭上。經營不順時，壓力和焦慮隨之而來，而這又危及家庭的財務狀況。於是他一心只想讓事業成功，搞到忘了付家用帳單或是接女兒放學。

尼希基家瀰漫著與牧場失之交臂的傷痛，就像從聖華金河谷乾燥的土壤揚起的褐色細塵，吸多了會傷肺。蜜卡和賽斯分別坐在餐桌兩端，他們的肢體語言說明了一切。蜜卡的雙臂當胸交疊、翹著二郎腿，身體從先生的方向轉開。賽斯垂著頭，無精打采地攤在椅子上。夫妻倆有好一陣子沉默以對，只聽得見在Xbox上玩《要塞英雄》(Fortenite)的亨利跟澳洲隊友拌嘴，然後賽斯說起他的家族，他們原本是在阿肯色州墾荒的德國移民，為了逃離沙塵暴和三K黨來到加州，住在勞動營幫人採莓果為生。「我們家來到這裡的時候是佃農，現在我還是個他媽的佃農！」

蜜卡說，賽斯或許該找份能真正善用精力的工作。我知道這種找個「正經工作」的建議有多傷創業家的自尊心。這有如手榴彈，我可不想在它爆炸時待在附近。我這個客人怎麼看都在主人家打擾得太久，該告辭了。我謝過他們招待晚餐，起身說我明天再來拜訪。

「大衛，」蜜卡在開門時對我說。「你來的不巧，我們這星期剛好特別不順。」

把自己綁上雲霄飛車的創業家

那星期稍早，我去特洛克一位牧師的教會辦公室拜訪他。當我們聊到他會給陷入難關的創業家怎樣的建議，他的回答很出人意料。創業家常喪失靈魂，但不是大多數人預期的那樣，在他們失敗的時候。「我比較常在創業家成功時看到他們心靈孤立，」這位牧師告訴我。「為什麼是成功的時候呢？因為這害人驕傲自滿。」

這番話讓我想起幾個月前，我跟我朋友克雷格・卡納瑞克（Craig Kanarick）聊天，他開的公司Mouth（精品食材電商）近來剛宣告破產。我跟父親一起投資過Mouth，可是當我跟卡納瑞克聊到失敗的經驗，他回想自己身為創業家最難熬的時候，想到的是他在一九九〇年代晚期最成功的日子。那時他與人共同創辦數位行銷公司Razorfish，後來成長到在九個國家擁有兩千三百名員工，顛峰時期的市值達四十億美元。卡納瑞克在一夕間成為網路新創潮的創業偶像，上過《連線》雜誌（WIRED）和知名談話節目《六十分鐘》（60 Minutes）。他頂著一頭藍髮，穿著狂放不羈，與名人一起跑趴狂歡，頻頻登上媒體的社交八卦版。外在風光掩飾了他內心的掙扎。

「創業這條路很兩極，」卡納瑞克說。「因為我雖然覺得春風得意，卻也懷疑別人想揩我油水。

跨國旅行才沒什麼好嚮往的，我睡在超不舒服的機艙和旅館，頭昏腦脹又時差。為了公司、員工和品牌，我得應付難以承受的壓力和憂慮……我要是醉醺醺走在街上，被員工撞見怎麼辦？對了，還有，創業是一門高度競爭的運動。你開一家公司跟全世界較勁，拚命工作就為了讓它賺錢，但你又要擔心對手，於是為求勝出加倍拚命！有時整個人會變得有點疑神疑鬼。」

這一切累加起來，使得卡納瑞克登上事業顛峰時感到高處不勝寒。「公司公開上市的時候，我在帳面上擁有兩億美元，」他說。「可是我沒人能說這件事。我能跟誰說？高中同學？女朋友？」他一度為自己買了一只高級名錶，卻羞於告訴別人。「我想身為創業家注定會寂寞。你有那個自負，覺得能憑一己之力解決問題。沒有一點狂妄或自我中心是當不了創業家的。你得慧眼獨具，相信自己是對的，否則就沒辦法在別人看衰你的時候成功。」這就是有名的創業雲霄飛車（又或者像尼希基說的，「在吃了一個墨西哥捲餅、喝了四罐啤酒之後搭雲霄飛車」），而且不論甘不甘願，每一個創業家都把自己綁上那班車。

「你要是把自尊心押在創業成績上，那班雲霄飛車只會震盪得更劇烈、更頻繁，不過創業家大多是這副性子，害自己不堪其擾。」傑瑞・科隆納（Jerry Colonna）說。他是創辦重開機事務所（Reboot）的總教練，協助過許多科技業的創業家和執行長（是卡納瑞克介紹我們認識的）。科隆納個人生涯早期是創業投資家，中年卻罹患憂鬱症，也醒悟到他不只想改善自己與工作的關係，也想幫別人改善這層關係。矽谷的新創神話粉飾了創業家最糟糕的習慣。「那種（新創公司）原型製造的問題之一是一套荒唐的信念，說什麼你得『全力以赴』、為成功赴湯蹈火，把自己燃燒殆盡，沒做到這個地步都該感到羞愧和恥辱。你要是這麼做又失敗了（就像九十八％的新創公司在創立前兩年發生的事），會把這看成是你個人本身很失敗的證據，」科隆納說。「然後你就會困坐在那邊自問：『我算什麼？』」

科隆納此話中肯，我在職涯路上就屢次騙自己信了這套鬼話。「你要是只根據新書賣不賣來評判自己，你就完了，」他說。「你上了那班雲霄飛車。『我什麼也不是。我想騙誰啊？我就知道自己從來都不怎麼樣，只是在裝而已，現在全世界都要看破我手腳了。』然而你又夠世故，知道這不是你的錯，但這依然是你的痛處。這是自尊心在作祟嗎？絕對是。但別落入自我折磨的陷阱，因為那只是你的自尊心在作祟。」

不論創業家處於顛峰或低潮，這班雲霄飛車一樣危險。與科隆納聊的幾天前，我在科羅拉多州採訪了一位軟體業創業家巴特・羅朗（Bart Lorang），他是全面接觸公司（Full Contact）的執行長，也是創業投資家，而他等不及要告訴我創業讓他每天付出怎樣的代價。「當你為自己工作，沒人能分擔責任，」他說。「公司出的每個問題、每次搞砸，最終都要怪到你頭上。每一天你照鏡子都在看著罪魁禍首，每次出錯真的都要怪你自己。在規模比較大的公司行號，你往往有機會說自己是受害者，把錯歸咎給別人。」

我問羅朗對創業雲霄飛車有什麼看法，他坦承他個人的低潮「其實就是現在」。羅朗想讓全面接觸的營收增為四倍，工作時雷厲風行，也因此打擊了士氣，導致數名員工離職。「這六個月以來，我每天一覺醒來都想：『我真的想進辦公室，一整天淨承受狗屁倒灶的事嗎？』我老婆從沒看我這麼焦慮過。結果兩星期前我身體吃不消了，帶狀皰疹發作。這就是我現在的處境。我已經學會享受並接受這些時刻，但很不容易。我也曾經憂鬱、有自殺傾向，我也自問：『這是我想做的事嗎？』很多創業家都走過這樣的心路歷程，覺得受困於自己開創的事業。這種感覺一波一波地來。」我問羅朗打算怎麼突破這個由成功而非失敗造成的惡性循環，他回答，他一定得讓公司的估值衝上十億美元，晉級傳說中的獨角獸。然後呢？然後他會漂亮退場，「過他想過的生活」。我知道這話是騙人的。雲霄飛車害人既反胃又嚇個半死，但大家一下車，把呼吸調順，馬上又再跳上車。

科隆納告訴我，因為新創神話在網路上形成同溫層，雲霄飛車的難度有增無減。「震盪的幅度和頻率更強……這跟我們吹捧特定類型的創業脫不了關係。這使得創業這條路起伏更大、更教人吃不消，」科隆納說。「我一個初出茅廬的創業家，衡量自己的標準不是專業技能、處事寬厚、收入日漸成長、給員工賺錢養家的機會……這些都是很寶貴、很高尚的事。」他說。「我沒有以此為榮，反倒一再拿自己與被理想化的特定典範相較，然後敗下陣來。」

事關金錢，這些情緒衝擊更形強烈，然而金錢往往不是肇因，只是以數字顯示的晴雨表。有天我人在加州時，收到弟弟發來一則簡訊：「這句話是你書裡寫的：創業最精采的地方，就是當你看著自己的銀行戶頭，發現你擁有的資本如流水轉眼不見，於是你嚇得手足無措。」蘿倫差不多也在那時發現她戶頭裡只剩一千美元，震驚不已。兩年前她還是全職雇員時，存款曾超過十萬美元。「我那時候真是嚇死了，」過了幾個月她這麼說，而且她因此陷入自我懷疑的無底洞。她的公司在創立第一年的業績自然成長，現在卻已停滯不前。客戶喜歡她的教練服務，可是這門事業若真要對我們家的財務有所貢獻，她需要更多客戶，或是另闢途徑觸及更多受眾。她不確定下一步該怎麼走。

「我真不知道走不走得下去，」我從加州回家後，她對我說。「我是說真的。不知道自己做的對不對，感覺好痛苦。爛死了。是我行銷的方式不對嗎？大家不需要我的服務嗎？還是這根本一文不值？我他媽一點頭緒也沒有耶！不知道走不走得下去就是最糟糕的地方。」

創業與心理健康關連的研究一直在演變。有些研究顯示自雇和整體健康有正相關，另一些研究則確認了創業家普遍對事業過於執著。精神科教授麥克・費曼（Michael Freeman）也為創業家提供教練服務，而他近來做的一項研究顯示，與一般族群相較，創業家出現某些心理問題的比率較高，例如罹患憂鬱症的比率將近兩倍、注意力不足過動症是六倍，成癮問題是三倍。很多研究想驗證這些病症與創業成功與否有無關連（例如，注意力不足過動症患者天生適合創業嗎？）但無論如何，創業的負面效應確有其事。

我們多半都在工作時感受過壓力，但創業家因為在財務和心理上都是工作的主人，壓力更形沉重。壓力未必是壞事。我父親向來認為壓力於創業家有其必要，才能讓他們誠實面對現實，逼他們起床，不會自滿鬆懈。尤特・史戴分（Ute Stephan）是倫敦國王學院（King's College）研究創業學的教授，她表示，關鍵在於創業家遇到的是哪種壓力。「挑戰型壓力」與創業家所謂的高潮相關，因為成長機會隨著這種壓力而來。「短期間承受這種壓力很提振士氣，尤其在你能掌控局面的時候。」我也在我弟弟身上看到這一點，他雖然老是熬夜工作，可是我從沒看他這麼快樂過，因為他總算在做自己想做的事。至於蘿倫，每次她又冒出什麼新靈感、斬獲新契機，會整個人欣喜若狂。

不過壓力也有陰暗面，也就是史戴分說的「障礙型壓力」——超出創業家掌控範圍的壓力：經濟轉壞，與員工、顧客或合夥人起衝突，或政府變更監管規定。「這不會帶來任何好處，就是讓人倍感壓力而已。」她說。我父親儘管覺得壓力有其好處，自己壓力臨頭時也倍受折磨。他會睡得很糟，因為擔心公司和財務在夜半驚醒，血壓也出問題，又因為家族病史，他的血壓特別令人擔心。他父親山姆（我們叫他「阿公」）也是創業家，但屢戰屢敗，一生在蒙特婁的成衣業做垮了好幾家公司。

我寫的第一本書雖然以害他喪命的燻肉三明治作為開場白，實情卻遠沒那麼壯烈，他之所以心臟病發身亡，是因為長年無度地承受障礙型壓力，負面影響日積月累所致。創業家有時會為失敗付出終極的代價。

美國務農創業的殘酷現實

從尼希基家在特洛克的住處往南開，穿越綿延一百六十公里的杏仁、葡萄果乾和其他經濟作物農園，你會抵達荷蘭酪農場（Holland's Dairy），德霍普（De Hoop）一家在漢福鎮（Hanford）鎮郊的農場。德霍普是來自荷蘭的酪農，一走進他們家美麗的農莊，他們的出身不言自明。成排的木屐，裱框的荷蘭語祈禱文，四處擺著描繪荷蘭鄉間風景的藝術品，從瓷器到浴巾處處飾有風車圖案。他們把我迎進香氣四溢的廚房，女主人艾莉（Ellie）正忙著準備有六、七道菜的晚餐，在場的還有她丈夫亞特（Art）、二十一歲的兒子艾瑞（Arie）、二十五歲的女兒卡塔琳娜（Catharina）；他們另有三個孩子住在別州。

德霍普夫妻都出身荷蘭的酪農家庭，自從家族在一九五〇年代移民美國，現在他們有五十個親戚在全美各地從事酪農業。亞特和艾莉自一九九〇年起經營荷蘭酪農場，那年艾莉的父親把這家公司送給他們當結婚禮物。艾瑞和亞特開車載我參觀飼育場，我們行經幾千頭哞哞鳴叫的乳牛，荷蘭酪農場的經營型態顯然迥異於尼希基的草原牧場。這是一家中型飼育場，有三千六百頭乳牛。他們一天要給牛擠兩次奶，每日營運二十小時，全年無休。乳牛住在多個有遮棚的長形牛欄，裡面鋪著水泥地面。牠們把頭伸出金屬柵欄，從欄外的飼料槽攝食。這些飼料混合多種食材，有玉米、苜蓿和高粱，米糠和杏仁殼，甚至還有乾燥的雞屎，全堆成小山用拖拉機搬運。拖拉機也花大量時間搬運場內無止盡累積的牛糞，這些牛糞得移到別處乾燥再運出農場。飼育場外有種植飼料的農田、一間小型太陽能發電廠，還有兩萬四千棵杏仁樹——這是德霍普一家為了多樣化收入在五年前種下的。今年是他們第二次有杏仁收成，採收工作剛展開不久，亞特在中途下車察看一排果樹。

「你看看！」他從地上抓起一把杏仁，又好氣又好笑。「滿樹都是堅果（nuts）！快把我搞瘋了[4]……我沒在開玩笑！」他外包採收工作的公司做得差強人意，有時留在樹上的堅果比合理殘留量高出一成，足以害他們由盈轉虧。「你看那棵樹上的堅果，媽呀！開快一點，我不想看到，」他在我們坐回小貨卡時對艾瑞說。「沒被好好搖過的果樹就像薪水小偷。你看嘛！這滿地杏仁肯定值好幾千塊！」

亞特之所以沮喪，不只是因為杏仁被糟蹋了。酪農業正陷入危機，他們失去農場的前景愈來愈可能成真。牛奶屬於大宗商品，荷蘭酪農場按行情價賣給顧客（主要是乳酪廠），而行情已連年下跌，從二〇〇九年每一百磅十七美元的高峰，跌到我在二〇一八年秋季來訪時的每一百磅十四美元左右（要打平收支，價格要落在每一百磅約十五．五〇美元）。美國酪農飼養和產奶的技術實在高明，導致供過於求，如今他們是在虧本賣牛奶。受影響的不只有加州的酪農，全美各地皆然，這十年來全國估計有多達一半的酪農場關門大吉。

4　譯註：nuts也有發瘋、狂熱的意思。

「我們實在太有效率，用自己的本事害死自己，」亞特說。他們的生產力在這三年處於顛峰，然而這段期間的虧損估計達兩百萬美元。雪上加霜的還有他們掌控之外的其他因素，例如加州法定基本薪資即將調漲，杏仁樹遭線蟲蟲害，新頒佈的環保法規不准他們耕種某些農地，因為那裡的土壤含有珍貴的微生物「神仙蝦」。水源也是一大問題，這個問題又因為加州乾旱日益頻繁更形嚴重，一部即將上路的新法規還可能把聖華金河谷高達四分之三的灌溉用水改道導入海洋。

回到農莊，我們喝了艾莉用剩餘乳清調的萊姆水消暑，這是她正在實驗的產品，或許會拿來賣（她說：「跟我們說你覺得怎麼樣，我們什麼都會試。」）。我們接著就座吃晚餐，餐桌上堆滿他們自產自製、色香味俱全的食物。胡椒肉丸來自他們宰的一頭乳牛，還有奶油四季豆、剛出爐的麵包、烤馬鈴薯等等。大家手牽手聽亞特做謝飯禱告。

「感謝主，讓我們每日工作生產我們的食物，也讓我們有工作可做。」阿們。

德霍普一家處於抉擇關頭。他們都認為加州的酪農場來日無多，卻又看不到簡單的出路。他們愈是生產牛奶愈賠錢，至於多角化經營其他產品，例如堅果，需要大手筆投資外加五到十年才能轉虧為盈。他們是可以把牧場賣了，但然後呢？「我是酪農家族的第四代，」亞特說。「我除了給乳牛擠奶沒做過別的事。所以我們要怎麼辦？」

「還有個希望就是景氣會循環，」卡塔琳娜說，「但大家對未來都不樂觀。」

她父親聽了點點頭。「要是不能在加州當酪農為生，真的教人很難接受。」

「大家同病相憐，」艾莉說。「上星期我們有個朋友說：『我不幹了！我想把牛賣了。』可是政府要從他賣牛所得課三十%稅金，所以你別無選擇，只能繼續奮鬥。」

飯後艾莉請大家到後院用甜點，我們來到一小間雞舍旁，坐在一串串燈泡下，一輪橙色的穫月高掛空中。擠奶場就位於幾百公尺外，我們捧著荷蘭製瓷器，享用艾莉做的牛奶布丁佐新鮮莓果，耳裡卻聽著牧牛人對著牛隻呼喊、吹口哨，用西班牙語唱歌的聲音，伴隨著液壓擠奶器的嘶嘶作響，空氣中瀰漫著揮之不去的牛糞味，場面真是絕無僅有。

對德霍普一家來說，咬牙硬撐要付出的不只有財務代價。上一回他們財務出狀況，差點害亞特賠上一條命。二〇一〇年，隨著牛奶價格下跌、經濟擴大衰退，銀行要求荷蘭酪農場提早償還營業貸款。農場被歸入「特殊資產」，基本上就是警告他們即將破產。

「有一年時間，我的身體大出狀況，」亞特說。壓力引發種種生理反應，例如失眠、血壓飆高到他頻頻昏倒。

「他處於送命邊緣，」卡塔琳娜說。「醫生說他隨時會心臟病發。」

銀行接著把他們的貸款利率調漲三倍，又將他們的資產評等降級。「真是屋漏偏逢連夜雨，」艾莉說。於是他們著手出售農場，不過艾莉的兄弟開始與銀行周旋，幫忙重談貸款條件並讓他們多撐了三十天。他們花了三年償還貸款，再花了三年彌補虧損，接下來三年重又陷入經濟困境。二〇一六年，亞特得了裂谷熱，一種在聖華金河谷日漸普遍的真菌感染性肺疾，尤其好發於農民。他活力全失，有兩個月每天睡二十個小時。醫生說他的選擇很簡單：離開中央谷地，或是等死。「我自認是條水裡來火裡去的硬漢，不過醫生的話讓我緊急煞車，」亞特說。「不論那是不是最低潮，你遲早有一天會醒悟這樣下去不是辦法。」他說。

這讓我想起那天稍早，我在艾瑞帶我參觀飼育場時目睹的一幕。有頭乳牛倒在地上氣喘連連，渾身叮滿蒼蠅，動彈不得。牠病了好幾天，我問艾瑞這頭牛要是沒有好轉，他打算怎麼辦？他往躺在小貨卡上的步槍比了一下。他說，他有幾千頭牛要照顧，一顆子彈比請獸醫便宜，也比讓牛受病痛折磨更人道。有時你就是得認賠殺出。

受挫的農家遠不只有德霍普一家人。氣候變遷、大宗商品價格下跌、川普的貿易戰、中小型家族經營農場的整併潮……這些因素累加起來，造成美國農業一個世代以來最嚴重的經濟危機。「我們大受打擊。」姚幸・康坦狄（Joaquin Contente）說。現年六十九歲的他是韓福鎮的酪農，也是加州農民工會主席。「二〇〇九年以來，我的農場方圓八公里之內至少有二十五家酪農場關門大吉，再也不會恢復營業。有些人安全下莊，還持有值錢資產並轉賣出去，其他人就沒這麼好運了，有些農場是被勒令停業拍賣。」

我們在韓福鎮一家簡餐店吃早餐，裡面滿是康坦狄所謂在「唸咖啡生意經」的農民，就著咖啡聊務農大小事。「每個星期，不管我遇見哪個農民，大家想的都是『接下來怎麼辦？』」康坦狄說，並接連往咖啡杯裡攪進四枚奶精。因為美國農民大多是男性，有強烈自尊心且社交風格保守，於是傾向壓抑情緒。「農民是你所謂的創業家裡最獨立的一幫人，」他說。「所以他們陷入困境時也比較難向別人尋求慰藉，於是注定孤立無援。」

那種孤立無援加上益發嚴重的農業危機，在全美農民社群裡導致了明顯的後果：物質濫用、婚姻失和、家暴、健康問題都愈見頻繁，令人憂心的是自殺率也提高了。雖然各方對近年的官方統計各有不同解讀，數據確實顯示美國農民的自殺率在各行各業名列前茅，包含加拿大、澳洲，甚至印度在內的其他國家也是如此。其他因素或許也導致雪上加霜。農民接觸的殺蟲劑和其他化學物質已證實會使某些心理問題惡化，比起都會區居民，他們也更容易取得致命凶器（毒藥、槍枝、繩索）。康坦狄、德霍普家和其他人都說他們有認識的酪農在近年自殺。

邁克・羅斯曼（Michael Rosmann）是愛荷華州的心理師和農民，現在已是全美國協助農民應對輕生念頭的名師，而他說，比起別的創業家，農民在時機歹歹時更得咬牙打拚、承受更多風險，同時又自我孤立。「這些人格特質有助於務農，但也跟壓力調適不良有關，」羅斯曼說。尤其農民對他們的事業有種其他創業家罕有的深情。農民住在自己的土地上，真心關愛他們牧養的牲畜。他們務農的地方也是家園，農事的節氣循環主導了他們生活的每一方面，從何時起床就寢、吃的東西、工作時間，到他們與世界的關係都不例外。有太多事情非他們所能掌控——天氣、水源、病蟲害、在遙遠的異國首都議定的貿易協定和監管法規——然而土地永遠都在，他們與土地的連結隨著代代相傳益發深厚。羅斯曼說，很多農民覺得失去土地跟死了孩子或配偶沒有兩樣。

「一家農場要是倒閉，對他們來說往往代表愧對祖上三代，」泰德・馬休斯（Ted Matthews）說。他是明尼蘇達州鄉村衛生處處長，近年來站在第一線處理農民自殺危機。「在情感上，行情怎麼變化、時局如何都不重要。重要的是他們失去了農場，傳了五代的農場，而這全是他們的錯。他們覺得自己一無是處，原因不是重點。」

失去農場的恐懼不只事關金錢，更關乎存在的意義。「農民的個人認同跟土地緊緊相繫，那就像斬斷他們的手腳。換做其他人破產，你不會看到這種反應，」萊利・瓦特（Riley Walter）說。他是弗雷斯諾一位處理破產程序的律師，為聖華金河谷一帶的農民服務，近年來也協助成立自殺防治熱線。「酪農是如此看重身為酪農這件事，整個人的身分認同跟牲口是分不開的。」萊利說，就算他們改為別家酪農場工作，依然心碎無以復加，從他們的神情就看得出來。

要是情況看來沒有絲毫光明的出路，死意就可能萌生。我第一天跟尼希基吃午餐的時候，他開玩笑說，一年前他的馬「泡泡」把他摔下馬背，而他竟然沒死，這是他錯過最令人扼腕的機會。「不然那會是我為事業做過最棒的決定，」他說。「我會蓄著一臉漂亮的落腮鬍喪命，所有債務一筆勾銷。」這是尼希基招牌的黑色幽默，卻也暴露了真實的心聲。

從失敗中學習？

創業失敗其實非常普遍。根據美國政府統計資料，全美只有三分之二的公司能熬過創立的前兩年，又只有一半會存活到第五年。歷時數十年或更久的公司是特例而非常態，不分產業、不論一人公司或雇有數百人的企業皆是如此。然而矽谷的新創神話為失敗蒙上格外浪漫的色彩，接受失敗彷彿榮獲勳章、通過成年禮，是最終邁向成功的先決條件。創投家和倍受景仰的新創界人物自信地告訴有心師法他們的人：不要害怕失敗，要積極、坦然、熱情地接受它。快速失敗，向前失敗，向上失敗。失敗到你像浴火重生的鳳凰般成功升起為止。

不過在真實世界，創業失敗是一種扭轉人生的恐怖經歷，毫無榮耀可言。人一旦創業就賭上了金錢和住處、健康和家庭、自尊和認同，最終還有他們的生命。這一切都可能在公司倒閉時大受衝擊。「對很多創業家來說，失敗的確是導致人生不變的事件，」研究創業失敗對個人健康影響的史戴分教授說。「說失敗是好事的人，是暗示你應該能從失敗經驗學習，下一次做得更好。但要是一場海嘯把你的公司整個捲走呢？你能從中學到什麼？」

在矽谷，創業失敗的人能另起爐灶再開別的公司，很多人就是如此，即使開第二家、第三家公司，資金依然輕鬆到手。「在矽谷，破產是『OPM』，」破產事務律師瓦特說。「『燒別人的錢』（Other People's Money）。倒的是公司，不是你自己，大家也比較能接受這樣的失敗。」可是出了矽谷那個菁英小圈圈，農民和幾乎所有其他行業的創業家都無福消受那種選項。銀行再也不會貸款給他們。個人名譽就此掃地。身為創業家，他們通常只有一次成功的機會。「農民往往無法東山再起，」瓦特說，「因為從頭開始的代價太高昂了。」

即使是科技業也為美化失敗的風氣付出了代價。「如今美化失敗的迷思恐怕已毫無助益，」布萊德．費爾德（Brad Feld）說。他是知名創投家，長年撰文探討創業家的各種心理健康課題，包含他自己的心理問題在內。「失敗是創業不容忽視的一環。那感覺真的很糟，是很不堪的打擊。不過我們還是要承認失敗是創業必經之路，這是重點。講得很浪漫，說什麼失敗是好事，並沒有幫助。」

科隆納告訴我，所有創業家都低估了事業失敗對情緒的傷害。為了確保自己挺得住職涯中不可避免的情緒難關，包括事業失敗在內，創業家得用心培養自己和事業**以及**生活的健全關係。創業家也得好好睡覺、規律運動，吃得健康並養成其他良好習慣，但更重要的是他們需要一群人來相挺。創業是一條孤獨的路，一個人得獨自思考，心靈也往往遺世獨立，這可以是種解放，但也有其危險。創業家要知道他們並不孤單。他們需要一群人來分享創業路上的恐懼、經驗和難題。對有些人來說，例如德霍普一家，那群人來自教會，會眾也是荷蘭裔酪農。至於科技業的創業家，他們的社群是由其他創業家、顧問和業師組成的「生態系」，幸運的話，也包含那些眼中不只有投資，也真心關切他們把錢交給哪些人的投資家。

不過對大多數創業家來說，挺他們的那群人是家人和朋友，而對親友敞談經營事業的難處、為自己工作的挑戰，並非易事，尤其當你身處的社會文化將脆弱貶為軟弱。在二〇一七年一場訪談中，創業家范納洽建議粉絲切割正在「變魯」的朋友（會抱怨難處的人），改與「贏家」結交。這則小訣竅的本意是幫創業家增加「衝了」的勝算，像范納洽那樣，但我擔心這會在創業家亟需幫助時衝垮他們的生活。

有天晚上，我在特洛克的旅館打電話給我弟丹尼爾，問他近況如何。我知道那陣子他過得並不好。他為讓公司上軌道不斷打拚，所經歷的顛簸開始讓他吃不消了。他前晚又熬夜到凌晨兩點，吃外帶果腹，埋首筆電工作。他既不運動，除了跟人開會也不出家門一步，我跟丹尼爾說我很為他擔心。接下來一個小時我們聊開了，就是我幾月以來一直想跟他聊的一番話——坦白又充滿關懷，只是我太害怕，也可能是太擔心，以至於開不了口。

他向我解釋，這家公司是他的夢想，雖然壓力爆表，他很高興自己走過這一遭，因為他終於能為了打造他真心認可的事業而打拚。他知道這要付出什麼代價，也願意再忍受個一、兩年，直到他走上可以功成身退的位置。他並不想一輩子坐雲霄飛車。他想要有人生、有家庭、有放下工作的餘裕。可是他很高興我拿這件事問他。我也很高興我問了，雖然我所做的不過是讓弟弟知道我關心他罷了。

以自己喜歡的方式過生活

「起來啦，亨利，」賽斯邊說邊打開小貨卡的車門。他兒子睡著了，腿上亂糟糟攤著吃剩的麥當勞早餐。「該趕牛了。」

星期六清晨，我在他們家吃晚餐的隔天，我們在日出一小時後回到馬里波沙郡的山麓。空氣涼爽，一隻白頭海鵰從我們頭頂掠過，一對鹿在附近觀望。賽斯給牛仔靴裝上馬刺，騎上他的馬「泡泡」，亨利則跨上一台越野沙灘車，我危巔巔地坐在後座。我們鑽進崎嶇不平的山地，開始尋找牛群的蹤影。過了十分鐘，我們遇到十幾頭牛在嚼著乾枯的草葉。賽斯跟亨利說他要騎進溪溝找其他的牛，吩咐亨利跟我把這一群趕到柵欄邊。

「來，把牠們趕下山坡！」賽斯說完策馬奔馳，很快不見蹤影。亨利拉動排檔，沙灘車往前急衝，我為了保命死死抓住車身。牛群撒腿狂奔，不論牠們向左或向右，亨利都會騎到側面包圍，但牛還是一直散成兩群。「只有一個人實在很難把牛趕到一起，」亨利說。接著又是幾分鐘來回迅速（而且嚇死人）的猛衝，然後他停下車掃視地平線，等他父親過來。過了幾分鐘，賽斯從山丘那頭騎過來，馬前只有四頭牛。

「牛呢？」他問亨利，意思是我們有沒有看到其他的牛。

「大概在溪邊吧，」亨利說。

「好吧，真該死，牠們要是憑空消失倒還省事。」賽斯看著地面，雙手搭在馬鞍上歇了一會兒。

「牠們這個夏天很不好過。我前幾天拖到這裡的小母牛……掛啦。土狼啃了牠的骨頭。」

他又策馬離開，我們在山丘頂上等到他回來。我問亨利喜不喜歡跟父親一起工作？「喜歡啊，」他說，並使勁把一塊乾牛糞踢得老遠。「我爸的工作超好玩，我喜歡。可是大半時間都晾在旁邊等，沒做什麼事。」突然間，我們聽到一陣呼喊和蹄聲，抬頭看到整群牛排成一線向我們走來，賽斯和兩隻狗押隊。賽斯高坐在馬鞍上，陽光在他頭頂閃耀，十足的牛仔本色。我跟亨利回到越野沙灘車上，幫忙把牛群趕進畜欄。

「幹得好，亨利，」賽斯邊說邊舉手跟兒子擊掌。「讓牠們休息吧，我們去吃塔可餅。」

我們從綠洲加油站回到家時，蜜卡和兩個女兒都在家。夏綠蒂在獨角獸睡衣外頭套了一雙牛仔靴，艾兒興沖沖地想幫爸爸的忙。「那好，」賽司對她說。「我們上工吧。」賽斯帶艾兒進牛欄，交給她一支寬大的金屬槳板，吩咐她站到分隔兩個牛欄的柵門旁邊。「慢慢來，動作一定要慢，」他說。幾十隻牛就在這個封閉空間裡轟隆隆地踏走。「站直不要駝背，頭抬高，ＯＫ？」他告訴艾兒。「別這樣，艾兒，妳好像垂頭喪氣的小狗耶。」

賽斯回到馬背上，開始把牛一隻隻帶離牛群往艾兒的方向推，並指示她關上柵門任牛踱開，或把牛導進比較小的圍欄。小圍欄裡的牛要上拖車運往另一片草地。除了賽斯指示「這隻好」、「這隻不要」的聲音，他們都很緊張，沒有說話。艾兒這個小女生體重不到五十公斤，卻得面對一噸重的牛。蜜卡和亨利在圍欄旁看著，夏綠蒂吵著要人幫她把靴子穿回去。氣溫飆升，夏綠蒂在一旁哀求，賽斯全神貫注，空氣中瀰漫著昨晚對話殘留的不快，場面十分緊繃。但等到最後一隻牛被分開，艾莉的雀斑臉露出大大的笑容。賽斯把她拉上馬鞍，父女倆一起繞著小圍場打轉。

「親親，想當老大嗎？」賽斯一臉得意的笑容問艾兒。「我要去綠洲買啤酒，妳可以把牛趕上拖車。」

稍後等蜜卡帶孩子回家，我跟賽斯開了十五分鐘的車去他租的另一座牧場，車上載著二十幾頭牛。他已經幹了一堆活，但離收工還早得很。賽斯把牛隻運送完畢，停妥拖車，收拾乾淨，還得再一連工作十四個小時。不過今天很順利，尤其有家人陪他一起。

「我幾乎都自己一個人幹活，有時感覺好像你是唯一在乎的人，」賽斯說。「每天基本上都獨來獨往，但至少感覺不寂寞。可是哪天要是很不順，或是有個人問題、生意問題要解決，你確實會心想：『真希望有人來幫我做決定。』」

身為創業家，賽斯既不明顯成功，也不明顯失敗。他就像大多數自立門戶的人，做自己真心喜愛的事並以此為生，卻也覺得遇上瓶頸，想有所突破卻看不到明確出路。「我不知道，真的不知道。感覺滿沮喪的，」他說。「未來顯然不樂觀，或許我們該有所覺悟。我們得想出讓生意成長的辦法，或是找個退場的法子。這不代表我們要放棄畜牧，但或許該收掉賣牛肉的業務，專心幫別人把牛養大養肥就好。」無論如何，抉擇時刻都到了……冒更多風險、借更多債，或是收掉公司。韓福鎮的德霍普家也這麼說，他們都認為年底前非得做重大決定不可。是走是留？繼續奮鬥或賣了農場？

純粹從經濟角度衡量，尼希基和德霍普家早該收手不幹了。他們的經營成本有增無減，牛肉和牛奶的價格卻在下跌。畜牧業的併購潮絕對會持續下去，監管法規和自然環境只會愈來愈棘手，不論財務、家庭或生命，他們承擔的風險必然會提高。然而不出我意料之外，兩家人最後都決定繼續奮鬥。「我們家現在基本上就是壓低身子挺過風暴，」五個月後卡塔琳娜寫電郵告訴我。「我們生來是當酪農的料，這也是我們的身分認同，所以要放手沒那麼容易。」

尼希基也一樣。「我很喜歡我做的事，」他邊說邊鬆開拖車的門拴，放牛群走進一個小圍欄。「我喜歡照顧動物和大地，騎馬在外頭待一整天。我喜歡跟放心把全家交給我們餵養的顧客聊天。」然而驅使他繼續向前最大的動力是恐懼，他不想退回創業前的生活。尼希基形容，他從前兼差賣飼料的工作是「你想像得到最無聊的死法」。比起破產，他最大的夢魘是被迫穿上馬球衫和西裝褲賣人壽保險，而且是去橘郡那種除了雅痞什麼都沒有的無聊郊區。「重點是，」他說。「我超痛恨單調乏味的日子，我真的受不了那種生活，有沒有搭雲霄飛車都一樣。我不想回頭在別人手下工作。」

尼希基跨上愛馬「泡泡」。我問他當初要是知道他的事業、家庭和人生會走到今天的地步，還願意從頭再來一次嗎？他搔了搔鬍子才回答：「要是早知如此，當初我會做不同選擇。但我現在很快樂，也知道我一路走來很幸運。」在二十一世紀，還有誰能當個真正的牛仔，又靠這個吃飯？「蠢斃了！我是說，你看看我……根本他媽的荒謬嘛……我是個鄉巴佬欸！是啊，我願意再來一次。」然後他問我：「你願意嗎？」

「當然願意，」我毫不遲疑地回答。為自己工作比我以為的困難多了。當自己的老闆無比寂寞，寫書這條路失敗的機率遠高於成功，我為此緊繃的神經從沒有放鬆的一天。我是幻想過不同的人生，有薪水可領、職責明確的那種穩定人生。每天進公司做我的差事，只要工作一直都在，感覺就很有保障。這當然是把受雇於人說得過於浪漫，與職場現實完全脫節，畢竟當員工自有其壓力和意想不到的難處。但時不時，這重幻想仍會掠過我的心頭。

這時我會抬起頭來看看自己擁有什麼，並猛然醒悟。我擁有做自己想做的事，而且隨時想做就做的自由。我想實踐的點子都是我自己的，想去哪出差也隨我高興，而且這一路走來的經歷，我會永遠銘記在心。**我照自己喜歡的方式工作**。我這人除了一張厚臉皮什麼證照也沒有，竟然花了一年時間到紐奧良的髮廊串門子、到紐約衝浪吃可頌，到阿根廷逛酒莊，還到加州幫牛仔趕牛——有什麼事情比這更他媽的荒謬？我們往往以其他行業的經濟標準（是賺是賠）來衡量創業的成敗，可是創業的內涵比是賺是賠更為豐富。創業是我們這群人都選擇的生活方式，除了靠創業賺到的錢，我們能依自己的心意過那份生活，這同樣是豐厚的回報。這代表你能在馬鞍上主導自己的命運，期待明天會更好，也期待更好的明天會帶來的一切。這未必符合邏輯，卻又莫名地完全合理。

「我要是走著走著又想到什麼蠢主意，老兄，我們就會做下去。」那天下午稍早，尼希基這麼對我說。現在尼希基高坐在馬鞍上，日頭開始往矽谷後方落下，他變得哲學起來。「人之所以為人，關鍵在於我們有能力接受未經驗證的事實。」他說。「我要是不再相信自己的故事，農場明天就會關門。我們要是不相信任何事，不相信自己，也沒有信仰，還能信什麼？」

說完，尼希基對牛群長嘯一聲，馬刺一蹬，奔入夕陽的光輝之中。

第四部

創業家的初心

第八章　人生太短，靈感太多

那是個潮濕的熱天午後，我在波士頓租車行取了車，展開北上新罕布夏州傑弗遜鎮（Jefferson）的兩小時車程。正當我穿越一片松樹林，霧氣驟然升起。滿天烏雲密布，傾盆大雨開始打在車上，接著是冰雹猛砸並有如冬雪似地在路面堆積起來。公路上每輛車都靠邊停下，閃著警告燈號等待暴雨過去。不到三分鐘，我儀表板上的溫度計從三十三度驟降到十七度。一瞬間夏去秋來。當我向加油站一名員工提起這狂野的天氣，他聽了只聳聳肩說：「這大概就是氣候變遷吧。」並把發票遞給我。

一小時後，我開上通往「茶隼」（Windhover）的碎石車道，這是約翰．亨利．克里平格（John Henry Clippinger）位於華盛頓山山陰的農場。克里平格與朋友彼得．賀胥堡（Peter Hirshberg）在屋外環廊的柳條椅上面西而坐，眼前可見一座池塘，幾隻自由漫步的雞和一匹馬，田野、農場和遠方的山巒，形成一小方美國風情畫。賀胥堡穿著球鞋牛仔褲和拉鍊絨毛衣，克里平格則穿著我在他身上見過的唯一一套打扮：登山長褲、陳舊的襯衫和西裝外套，腳上套著懶人鞋，沒穿襪子。克里平格體格結實、雙手粗厚，講起話來中氣十足，寬臉上頂著稀疏的髮絲。他們倆埋頭就著筆電猛打字，除了背景中的風鈴聲和鳥鳴，只聽得見敲鍵盤的聲音。賀胥堡時不時會以濃濃的鼻音冒出一句「哦，很有趣」或是「啊，該死！」，克里平格會感到好奇似地悶哼一聲。賀胥堡會大略轉述他剛收到的電郵，克里平格低哼一聲表示了解（「嗯——哼——」），然後兩人繼續埋頭打字。

在賀胥堡協助之下，克里平格與人共同創辦了加密貨幣公司「Swytch」，現在首次代幣發行即將結束，他們正忙著做最後衝刺。Swytch是以區塊鏈技術為基礎的平台，宗旨是讓世界各地的人有效測量、驗證並方便地交易可再生能源。這個商業靈感與它採用的科技極其複雜、也不斷演進，但Swytch要是如克里平格預期的順利運作，將推動經濟體系加速轉型，擺脫對石化燃料的依賴。

「首次代幣發行」是指公司第一次向投資人公開發行加密貨幣，這場為期一個月的發售活動將在今晚十一點結束，屆時克里平格、賀胥堡和公司其他成員就會知道Swytch的戶頭有多少資金，能實際用於打造公司的科技平台。

「我們現在真的只欠臨門一腳了，」克里平格說。賀胥堡剛起身進屋去，想說服波多黎各一個加密貨幣投資大咖趕在最後期限前，把之前含糊承諾的幾百萬美元轉帳給他們。「我們站在世界重新設定的歷史臨界點上，所以你要怎麼重新設定世界呢？你要是夠自以為是，相信自己有解決方法，怎能置之不理？採取行動是道德義務。」

克里平格雖然信心十足，認為他最新創辦的科技公司真能改變世界，不過他並不是睜大熱切的雙眼、繞著史丹佛推銷新創公司的創業神童。Swytch是克里平格創業以來開的第六家公司（還是第五家，他數不清了），隨著他將在今年秋季稍晚迎來七十五歲生日，這家公司也將集他畢生功績於大成，不論技術、智識或哲思皆然。我之所以來到美國距矽谷無比遙遠的另一端拜訪他的牧場，這就是原因。世人往往誤以為創業是年輕人的遊戲，為了真正了解創業這回事，我得親眼看看一個創業家投入畢生最後一場大役，並反思身為創業家的意義時，是什麼模樣。

年輕就是優勢？——中年後的高齡創業

「年輕人就是比較聰明。」祖克伯在二〇〇七年說出這句名言，當時他年方二十三歲，已經踏上成為億萬富翁之路。蓋茲、賈伯斯、馬斯克、布林、賴利．佩吉（Larry Page），當然還有祖克伯自己——這些矽谷新創神話裡最知名的創業家都二十幾歲就開了公司，個個不是剛大學畢業就是即將輟學。因為這個緣故，矽谷看重稚嫩的臉龐更勝飽經風霜的那些。屢屢有人指控科技業年齡歧視，矽谷對青春年少的狂熱不輸好萊塢，統計顯示，比起熟齡族群創辦的公司，創投家更偏好投資年輕人創辦的那些。新創公司孵化器Y Combinator的創辦人保羅．葛蘭（Paul Graham）覺得三十二歲是創業家的年齡極限，因為人過了那個年紀疑心就太重了。創投家維諾德．柯斯拉（Vinod Khosla）認為，「三十五歲以下的人才能真正帶來改變」，超過四十五歲「基本上不會有新想法了。」新創公司孵化器和加速器更強化了這種年齡偏差，例如提爾的獎學金，世界各地大專院校愈開愈多的創業課程也是。

然而在二〇一八年初，美國全國經濟研究所發表了〈年齡與高成長創業〉（Age and High-Growth Entrepreneurship），這份報告揭露了出人意料的事實。即使世人咸信年輕人創辦的公司比較出色和成功，實際上恰恰相反。「我們發現，年齡確實可以預測事業是否成功，且極其準確，但預測方向與許多觀察人士與投資家所言恰恰相反。創業成功率最高的是中年或年紀更大的族群。」論文作者如此寫道，並指出就成長最快的新公司（尤其是科技產業）而言，創辦人平均年齡是四十五歲，正是所謂的中年人士。「即使觀察年齡層最低的創辦人，我們仍持續看到，鮮少有證據佐證表現出色的公司其創辦人多半特別年輕。世人普遍推舉年輕是創立高成長公司的關鍵，此一觀感顯然大為失準。」

那份研究報告出爐八個月後，我認識了克里平格。我們都到首爾擔任一場科技論壇的講者，有天早上在吃早餐時聊了起來。我馬上對克里平格和他正著手創立的公司深感興趣。這家公司承諾的可是解決全球氣候變遷的難題，而克里平格具備向來吸引我的創業家特質：百折不撓的熱情和樂觀，一點架子也沒有，對世界懷抱永不饜足的好奇心。但除此之外還有一點，那就是他的年紀。坦白講，看到有人七十幾歲還創業，真的很意外，何況是開Swytch這麼雄心萬丈的公司。倘若近來那份研究顯示年輕創辦人的神話大大失真，這個終其一生不離創業的人就體現了更寬廣的現實。

克里平格生於辛辛那提州一個富裕的家庭。雖然父親是檢察官，克里平格生性叛逆，十二歲就夥同其他男孩組成竊車集團。「我們用短接發動汽車，我還被警察追過。那是我這輩子做過最刺激的事。」他微笑著說。我們坐在環廊上喝威士忌，賀胥堡在屋裡講電話。「現在我的前額葉長全啦。」

克里平格後來進了耶魯，在一九六六年畢業。起初他對藝文學科感興趣（「我想當畫家和哲學家。」），但後來主修結構人類學，研究語言運作的原理，並很快愛上電腦和電腦統整資訊的方式。克里平格也對社會正義運動投入很深。一九六四年，他創立了重議遠東政策美國公民聯盟（Americans for Reappraisal of Far Eastern Policy），是率先反對越戰的學生團體之一，又在一九六五年前往阿拉巴馬州賽爾瑪市（Selma），與馬丁·路德·金恩博士一起為公民權利遊行，並花多年時間為市中心的街頭幫派分子諮商，勸導他們遠離暴力。

克里平格繼續到賓州大學（University of Pennsylvania）攻讀高等學位，拿到模控學的碩士和博士。他主修新型態數位有機體的適應機制，並投入新興的電腦系統設計領域。他的研究重心是訓練電腦理解、組織並使用自然語言，也就是今天大家耳熟能詳的人工智慧與機器學習的前身（他做過一個實驗，讓電腦模仿精神分析師如何答覆病人）。克里平格深受這個概念吸引：只要適當的架構就位，合作型系統（電腦網絡、人群，或更複雜的系統）就能自行組織和運作。他說：「我感興趣的是人如何根據不同的信念塑造科技，科技又如何影響這些信念。」

克里平格對修馬克的《小即是美》以及反文化的回歸土地運動日漸傾心，在一九七四年買下一座農場，並依一種當地鳥類和一首詩取名為「茶隼」。他蓋了一座穀倉，安裝電路，親手接了水管管線（「接得很差。」），又弄來雞隻和馬匹，設法飼育一種罕見的家牛但以失敗告終。他也種牧草，並在這片一百一十五公頃的農地持續種植至今。

克里平格往返新罕布夏和麻州劍橋市兩地居住，開始在劍橋將自己的靈感做商業應用。他在一九八二年開了第一家公司，叫「貝特街研究中心」（Brattle Street Research），用機器學習技術生成詞句搜尋資料庫，語料來源是《華爾街日報》的報導。他拿自己的住屋抵押貸款十五萬美元，用來成立這家新創公司（在當時可謂豪賭），而他至今仍對當年征戰商場的往事津津樂道，像是曾有華爾街股票經紀人當面罵他是「胡說八道的書呆子」，但克里平格還是得說服他們他的電腦系統真能用來交易股票，有些經紀人還綽號什麼「瘋子漢克」的。

「對我來說，身為創業家有個特別的意義。」當我問克里平格對創業家一詞怎麼看，他這麼回答。他在辛辛那提或耶魯的同學鄰居養尊處優，選擇了安穩舒適的生活並任職於銀行和法律界，但他不想過那種人生，因為那「無聊得要命」。不過克里平格也記得有人第一次叫他創業家時，他覺得被輕蔑了。「我一直很想打造或資助某些特定類型的東西。所謂創業家，就是甘冒個人風險去實踐一般人想不到但大有可為的靈感，做別人想不到的產品、切入別人看不到的市場。透過科技，你為未來開創各種不同的可能，並因此發明了未來。」他告訴我，創業在根本上就是為自己作主。「不論是好是壞。我想這就是創業的要義。」

貝特街研究中心的生意很好，克里平格在四年後把它賣了。他加入永道會計師事務所（Coopers & Lybrand，現更名為普華永道〔PricewaterhouseCoopers〕），為這家業界巨擘擔任高科技顧問部的主管，原因是他家裡剛添了新生兒，他也想進大公司學點東西。在大企業做了幾年高薪又創新的工作之後，他又技癢了，想實踐自己的靈感（他承認：「我不喜歡為別人工作。」）。一九九五年，他創辦脈絡媒體公司（Context Media），一個基於演算法運作的出版平台，會根據指定主題自動建立網頁。

「我覺得約翰是出於改變世界、造成實在影響的渴望而創業，」亨利克・桑戴爾（Henrik Sandell）說。他在永道認識了克里平格，並與克里平格共同創辦脈絡媒體，不過這家公司在幾年後倒閉。「他認為，你要是不設法做點什麼東西出來，就沒有為改變盡一分力。這其中的挑戰在於，你很難不想得比做得快。可是當你著手開一家公司，得定下來確實端出成果。」

接下來登場的是雷行（Lexim），另一家語料庫搜尋公司。當時正逢一九九〇年代晚期的網路創業熱潮，雷行很快募得三千萬美元，又在科技股泡沫化時同樣迅速地賠光。「遇上那種事，你就點金成石了。」克里平格說完哈哈大笑。這段期間他一直保有教學研究的職位，並開始將他的創業靈感應用於學術界。他協助哈佛大學的伯克曼網際網路與社會研究中心（Berkman Klein Center for Internet and Society）成立法律實驗室，後來又在麻省理工學院與人共同創辦創新與數據驅動設計智庫（Innovation & Data Driven Design），兩個單位的宗旨都是檢視法律、治理和科技如何交集，並讓克里平格在實踐靈感時享有較高的自主性。他也經常與各組織機關合作，例如世界銀行、阿斯本研究所（Aspen Institute）、聖菲研究所（Santa Fe Institute），同時擔任許多公司的顧問。

創業：一個人在世界上的位置

克里平格每一次創業，不論是賺是賠、是營利公司或非營利研究機構，都有前幾次創業累積的經驗、知識和哲理為基礎。而這一路走來，他的中心目標都是設計能自我組織的系統。「我們現有的各種系統既笨重又難以預測，還容易受政治左右，」他如此解釋推動他創業生涯的核心問題。「所以你要怎麼創立負責又去中心化、挺得住那些系統問題的組織機關？」你要怎麼將高尚的目標融入科技，達成長遠又實在的改變？

「為了打造數位機構所做的實驗，其範圍和規模可以超越實體世界中的任何作為，結果也能容易地測量、彙整與詮釋。」克里平格在他二〇〇七年出版的《一人成眾：個人身分的未來》（*A Crowd of One: The Future of Individual Identity*）寫道。「這是科技帶來的指望。科技能幫我們重新認識自己。」克里平格在二〇一七年編輯出版了《比特幣、火人祭及其他》（*From Bitcoin to Burning Man and Beyond*），集結多篇探討科技和社會未來展望的文章，他在這本書又擴大探討前作的概念。「綜觀人類歷史可以看到一個恆常的主題，那就是我們自內心深處渴望一個正義、可以改良且有德的社會，」他寫道。「我們要如何設計更有效、透明、負責又能自我修復的組織機構？」

克里平格的女兒艾瑪（Emma）告訴我，她父親深信這套哲理，簡直到了痴狂的地步。「對他來說，這主宰了他整個人生，」艾瑪這麼說父親的創業雄心。「這不是讓自己每天早上喝得到咖啡的辦法。做什麼事全為了這個……都是出於一套更宏大的信念，他也一直將新科技、新思路、新時事納入他打算做的下一件事，不過他也能賦予他最大的熱情一個連貫的脈絡，以最與時俱進的手法呈現。」他對創業和人生如此廣納百川，經常害得親友既聽不懂也吃不消。艾瑪說，她常常沒辦法跟爸爸聊她自己的事業（在盧安達推廣營養飲食的非營利組織「健康園」〔Gardens for Health〕），因為克里平格會立刻連到他個人的想法、哲理和解決辦法。

艾瑪親身經歷了父親創業路上的每一次轉折：草創期的興奮刺激、資金來來去去的壓力，一而再、再而三搭上創業雲霄飛車。「我們快成了，快成了……天啊一切全沒了……可怕的員工！可怕的投資人！我恨死這一切了，」她如此總結從小耳濡目染的對話。「每一次我都跟著身歷其境，而且我花了一陣子才認出那個模式。這都是他們投入生命和時間，不成功、便成仁的事。」至於克里平格，他認為他會跟艾瑪的母親離婚，部分原因就要歸咎於這些顛簸。

克里平格創業的重點不在輸贏或快速致富。「我這個創業家從沒賺過大錢，」隔天早上我們在農場露瑩瑩的草地上散步，他向我坦承。「我這輩子從沒華麗退場過……『看啊，約翰的噴射機來了！』」他自嘲道。「有些公司賺錢、有些公司賠錢……有時你做的東西無足輕重但很賺錢，有時影響非同小可卻沒賺頭。」克里平格很瞧不起世人對創業家的盲目追捧：新創公司一夫當關的神話，對創投基金的崇拜，本著恣意妄為的資本主義佯裝救世主的大人物（「艾茵・蘭德那套鬼話」）。他把他在矽谷所見（他在那裡見證了「舉世無雙的貪婪詭詐」）與威瑪時期的柏林相比擬，兩者都有種道德淪喪的紙醉金迷。年紀輕輕的創辦人賺得缽滿盆滿，世界都陷入火海了，他們還淨搞些愚蠢的手機應用程式。

創業關乎一個人在世界上的位置，你又如何自發地運用所長來改善這個世界。「這沒得退場，」他說，並往農田和遠方的山巒一揮手。「我們哪能從這世界退場！」

同輩大半把重心放在高爾夫球和含飴弄孫上了，克里平格卻來到身為創業家所追求的顛峰。他把事業目標對準棘手的氣候變遷，認為這是他畢生所遇最迫切的課題。近年來，克里平格親眼目睹華盛頓山山風之猛烈，像撕下書頁似地輕易把打開的車門吹落。因為蜱蟲和萊姆病肆虐，曾經成群出現的麋鹿正在衰絕（他提到這件事時我們正站在草高及膝的地方，我一聽馬上把褲腳塞進襪子）。鳥類遷徙的模式逐漸轉變，雹暴說來就來，就像我前天開車遇到的那樣，外加破紀錄的熱浪（一星期前在國界另一邊的加拿大魁北克省，一場熱浪害死了十幾人）。地球愈變愈危險，人類是罪魁禍首，通過茶隼農場土地下方的那條輸油管也不例外。得有人做點什麼才行。

「人類正被迫承擔我們沒準備好面對的生態責任，」克里平格在《一人成眾》裡寫道。他覺得自己理應當仁不讓，集創業五十年的功力於大成，盡一分心力。「我怎能在一旁坐視不管？」他問我。「我想要確實做點什麼。」

熟齡創業：創業使人保持年輕

一家科技公司由七旬老翁領導，似乎與新創文化的年輕形象背道而馳，然而像克里平格這樣的高齡創業家並不罕見。美國商界最知名的一些人物都在中年以後才創業，沃爾瑪超市的山姆・沃爾頓（Sam Walton）、英特爾的羅伯特・諾宜斯（Robert Noyce）都是例子。麥當勞、E-Trade金融公司、《赫芬頓郵報》（HuffPost）、可口可樂……創辦人都在四十多歲或更年長時才成立這些企業，實踐他們對漢堡跟部落格文章的商業靈感。隨著已開發世界的人口逐漸高齡化，更多人將在人生下半場成立更多公司，為自己工作。

卡爾・哈沃森（Cal Halvorsen）任教於波士頓學院（Boston College）的社會工作學院，他就記述了這種愈來愈晚創業的變遷。他在二〇一七年指出，美國十六到四十九歲的人口有七%是自雇者，而這比率隨年齡增長躍升，在六十到六十四歲是十六%，七十五到七十九歲是三十%。「超過七十五歲還在工作的人，將近三分之一是自雇者，」哈沃森說。「這是很可觀的比例。」其他已開發國家的數據也相去不遠。這些年來，銀髮族自雇的比率也增加了，而且在經濟背景、種族、性別方面都更多元，這一方面是受經濟大環境影響，像是退休投資在經濟大衰退期間縮水，迫使許多銀髮族不得不另闢財源。「很多人之所以創業是因為別無選擇。」哈沃森說。

銀髮創業家大多無意華麗退場或冒巨大風險，就像克里平格。他們想以斜槓方式補貼家用，工時要有彈性，更重要的是有使命感，因為他們的人生到了這個階段對社會是否還有所貢獻，世人抱著很直接的質疑。對創業家來說，工作代表身分認同，是生活的激勵，早上也有個起床的理由。我父親就告訴每個問他何時打算退休的人：「人停止工作的那一天，就是開始喪失生機的那一天。」哈沃森以自己的祖父為例，他是愛荷華州的牙科教授，在退休後學起低音號，並認為這項樂器的普及程度不如他所想，原因之一是小朋友扛不動它。所以他發明了一種新式的低音管架「低音好幫手」（Tubasist），並透過網路販賣。「他沒賺到錢，搞不好根本虧本。可是他申請了專利，也樂在其中，」哈沃森說。「這不只是為了賺錢，而是改變些什麼、得到人生的使命感和掌控權。或許做這些事最終賺得不會比較多，卻會帶來別的收穫。」

熟齡創業家把一生累積的資本投諸事業：人脈資本、社會資本、甚至是金融資本。比起年輕人，他們和他們打造的事業也因此有了顯著優勢。銀髮創業家透過厚積一生的歷練看世界，他們看待趨勢和市場變遷時，是透過親身經歷的相似狀況來權衡。他們看到有別於後輩晚生所見的契機，例如針對他們自身年齡層所需打造的產品和服務，在解決問題時援用不同的技能組合。他們累積的創業知識不斷疊代，透過每一家公司、每一樁交易、每一天日起有功，涓滴成流。就像克里平格告訴我的，他對嚴重錯誤的最佳防禦，是過去的失誤讓他直覺就感到不對勁。「別往那裡去！」他模仿自己的腦袋怎麼發出警訊。「那種感覺烙印在你大腦皮質裡了。」

「大家應該要知道，你在人生每個階段都能擁有夢想和機會，」安可協會（Encore）傳播副總裁瑪希・艾波赫（Marci Alboher）說，這是個推廣熟齡族群工作機會的組織。「我想他們確實有感時間不多了，覺得投身實現縈繞心頭的想法沒什麼好損失的……他們覺得不做比做點什麼的風險更大。他們人生閱歷豐富，追夢時比較不會惶惑不安。」

我跟克里平格散完步，回到屋裡繼續泡咖啡。他喝黑咖啡當早餐，而且喝的是驚人的海量（他空蕩蕩的冰箱是單身漢生活的寫照）。賀胥堡這時已經起床了，帶著筆電回到環廊上埋頭打字。雖然他比克里平格年輕十歲左右，不過兩人已是多年好友，賀胥堡也將過去創業和身在科技業的經驗貢獻於Swytch，包括他在蘋果草創期跟在賈伯斯手下近十年的歷練。

對這兩個人來說，Swytch無疑都是他們參與過最複雜、也最冒險的公司。這家公司運用區塊鏈架構統整可再生能源的全球市場，企圖將一個尚無定論的科技解決方案與另一個結合。他們得設法說服全世界，這個點子不只在技術上可行，也值得投資。

「我看多了事情的發展模式，有些東西已經習慣成自然了。」賀胥堡邊說邊盯著螢幕繼續打字，任一旁的咖啡放涼。如何擴大市場、如何對投資人提案、為何很多新公司會過度頻繁地軸轉，諸如此類。數十年的親身實務經驗，使人養成一種看出事態走向並加以應對的直覺。昨晚Swytch的首次代幣發行已經結束，進帳比預期來得少（他們希望募到三千萬美元，最後只有大約一千一百萬美元），不過賀胥堡並不擔心。他跟我說，募到多少算多少，還是要用這來發展你的公司。關鍵是要沉得住氣。「Swytch是個非常宏大的想法。有可能搞得一發不可收拾。」儘管在舊金山住了四十年，他那一口曼哈頓腔仍沒怎麼變。「你要怎麼執行一個非常宏大的想法，又要弄得好像世界各地都有很多人支持我們？」

我問他們身為銀髮創業家是什麼感覺？他們顯然都覺得這問題很討厭。「我可不覺得自己是『我六十幾歲，我創業我驕傲！』」賀胥堡說。

「年齡真的是心態問題，」克里平格說，一雙大手在身前猛比畫。「很多年輕人超級保守，這真的是你心胸開不開放的問題！」

他們有沒有覺得創業使他們保持年輕？

「絕對有！」賀胥堡說。

「你會敞開面對各種想法，」克里平格插嘴說。「總是對新的想法保持開放。這是一種生活方式、一種價值觀，你會樂於接受那樣的狀態。」不過這於體力確實是一大考驗。克里平格每次坐飛機必定引發炎症，尤其腳會腫得很明顯，而他幾乎每星期都搭飛機，往返於波士頓、加州、德國、南韓、西班牙、紐約、波多黎各和全球其他地點。所以我等了八個月才等到他兩天空檔，能來茶隼農場拜訪他。通宵熬夜再喝六杯咖啡當早餐，這在二十幾歲是很酷的成年禮，但長此以往累積的影響加上壓力，在一個人趨近所屬族群的平均預期壽命時，成了很真實的健康疑慮。

「是啊，累死人了，」克里平格承認。三隻雞在這時從環廊下方的草坪走過。「可是我這人真的很好奇。我對世事理當如何有我自己的看法。我們現在的處境真是狗屁倒灶！而我看出一個能應對氣候變遷的法子。」

Swytch始於二〇一七年，那時克里平格跟他的外甥女的先生約翰・瑞佩斯(John Redpath)聊到正在興起的區塊鏈科技圈。瑞佩斯在德州開能源交易公司，於是把他的員工伊文・凱隆(Evan Caron)介紹給克里平格認識，凱隆年紀三十五、六歲，一講到區塊鏈和可再生能源就「嗨到快高潮」(這是克里平格自己說的)。他們三個想出Swytch這個點子，認為這能解決綠能市場成長停滯的困境。

綠色能源缺乏一個透明、流動的可再生能源(例如風能或太陽能)交易環境。只要石化燃料依舊更廉價又方便交易，就會繼續污染世界，而且污染速度會快到使氣候災難毫無轉圜餘地。追蹤和測量可再生能源的產量十分困難，也沒有公認的全球標準。數十年來，各國政府和民間機構，甚至各產業都自行推出五花八門的碳信用系統，充斥著矛盾的規則和動機。這妨礙了新型態可再生能源計畫和科技的融資，且情況嚴重到在二〇一八年，全球針對可再生能源的投資減少了七%，是多年來首度下降，反轉了之前大家以為這塊市場將永續成長的動能。

Swytch提供的是一種碳信用加密貨幣。舉個最簡單的例子：你能在自家屋頂裝一塊太陽能板，接上智慧型電表，然後與Swytch應用程式連線。你每生產一千瓦特的太陽能，Swytch的演算法(由克里平格開發）就會在你的戶頭存進一些Swytch代幣。這些代幣能像投資標的一樣儲存起來，或在全球不同的市場上交易，而大家也會在那些市場交換其他加密貨幣。Swytch代幣的價值會根據多種因素自動浮動，可能是某一地區對可再生能源的需求，或為了降低溫室氣體排放做的某項碳中和交易造成的特定影響。

他們希望這能推動投資的良性循環。理論上可再生能源生成得愈多，Swytch代幣就愈值錢，也就是說，你得不斷增產可再生能源才能得到新代幣，所以企業會更有動機投資可再生能源的基礎設施。整個Swytch將是一個流動、去中心且超國家的系統，所以要是哪個國家退出氣候條約（就像美國在那年退出巴黎協定），這個市場也不會受到影響。

「要加速創新循環，得降低成本，」克里平格說。「我們的目標是吸引資金流入最廣大的地區，盡可能以阻力最小的方式減輕高碳排量。」

吃過早餐，我們三人坐上克里平格的小貨卡，開了半小時的車來到華盛頓山腳下知名的布列敦森林會館（Bretton Woods Hotel）。一九九四年，在這間會館舉辦的一場跨國會議確立了全球現行的貨幣金融體系，不過克里平格和賀胥堡是來參加為期兩天的全球經濟願景高峰會（Global Economic Visioning），活動宗旨是探討為了接續現行金融體系，區塊鏈技術在我們建立新體系時能發揮怎樣作用。

接下來兩天，我跟克里平格一同出席各種活動。我們聽了多場演講，有的探討氣候變遷與人類滅絕的交互關係，有的介紹當初那場布列敦森林會議的歷史（國際貨幣基金、世界銀行，以及美元的全球儲備貨幣地位都是透過這場會議定案），爵士鋼琴家ELEW也帶來一場生動的表演。克里平格向數十人解說Swytch的原理，而且跟我去年在首爾初遇他時一樣，興致無比高昂。他告訴潛在投資人目前試行中的專案狀況，合作對象有德國一家公用事業公司、波多黎各一家非營利組織（因為颶風瑪莉亞剛過境，當地很多電網還處於斷線狀態）、巴塞隆納市政府，以及南韓多個地方政府單位。

會議第一天午餐後，克里平格、賀胥堡和凱隆（從奧斯汀搭機北上）齊聚旅館的遮棚陽台上，他們急切地討論Swytch的經營策略，滿口都是專有技術名詞和不知所謂的簡稱，聽得我頭都暈了。「基本上，我們把Swytch發展成一種驗證協議，適用於以歸因為基礎的資產。」凱隆試著向我解釋他們在討論什麼，可惜白費功夫。不過一等他們開始討論，我確實看得出來凱隆跟克里平格有多像，儘管兩人年紀相差了四十歲。克里平格或許有高等學位和家傳財富，又穿著獨樹一格的國民品牌舊衣，不過在反戴棒球帽、打扮神似滑板店老闆的凱隆身旁，兩人平起平坐。嚴格來說，凱隆是Swytch的執行長，克里平格是代幣長，不過他們加上瑞佩斯都是共同創辦人。他們講話和結語的方式、世界觀、小心多疑的態度，都沒有兩樣。凱隆甚至在創辦Swytch之後受到茶隼農場啟發，在奧斯汀市郊買了一間農場並舉家遷入，他太太在那裡照料獲救動物，一家人自耕自食。

「有人一生庸庸碌碌，沒時間思考更宏觀的事，像是地球、道德、太空、時間，」提到克里平格在創業方面帶給他的影響，凱隆這麼說。「你可以不問世事，也能插手管一管。自從我遇見約翰，變得比較算是插手的那種人吧。」

兩人都認為他們跨世代的經營團隊是Swytch的優勢。凱隆、瑞佩斯、賀胥堡和克里平格都把各自的想法、活力、技能和人生歷練帶進團隊，他們的眼界也變得比大多數當紅的新興科技公司更寬廣，後面這些公司大多由不知天高地厚的小夥子當家。Swytch的世界觀有種成熟的氣度，而這是由克里平格定調的。

以創業家的身分生活，代表什麼意義？

克里平格的權威和正當性來自一輩子的鑽研和知識，以及對這個課題的親身經驗。與會的年輕創業家有很多急於速成解決方案、盡快行動、大破大立，不在乎他們的作為對區塊鏈圈外的世界是否造成不良影響。相較之下，克里平格帶來一種更有耐心也更高瞻遠矚的洞察。稍早克里平格曾坦承，年輕人那種直覺衝動是矽谷創業英雄神話的致命傷，那種極度個人化又自私的行事動機簡直「反社會」，因為這忽略了長遠、永續的改變所必需的合作精神。

「就因為你開了一家賺錢的公司，不代表你有那樣的權力，」他在一場氣氛格外緊繃的座談會結束後對我說；現場有好幾個比特幣擁護者公開呼籲把全球金融體系做垮。加密貨幣圈有太多人被快錢、自負和速成技能蒙蔽，然而到頭來，真正改變世界的一直是眾人在培養共識之餘攜手努力，長期合作的成果。不論城市和社會、科學和科技、電腦、網際網路、全球資訊網……這些都不是單憑個人，而是來自團隊合作。

「人生到了某個階段，你就得接受自己是怎樣的人，由不得你挑三揀四。」隔天早上我問克里平格，以創業家的身分過生活代表什麼意義，他這麼回答。那時他在自家環廊上喝著第四杯咖啡，一邊眺望風景。在我開車回波士頓之前，我想知道，即使要冒那麼多風險，對個人健康與財務是那麼大的考驗，前景又渾沌不明，他究竟為何一直想創業？「我是喜歡思考各種靈感的人，」他說。「我靠靈感過日子。我靈感一來就精神百倍！它們刺激我生出多巴胺。我喜歡把東西統整起來解決問題……體系、社群營造、《小即是美》的哲學，關於這一切的討論……我的意思是，我之所以北上到這裡定居，鑽研我做的事情，這就是原因。現在你只是看到這些靈感開花罷了。我看到的是解決辦法，看到的是我的靈感施展開來，最終又會變得怎麼樣！這太刺激了。」

克里平格在四十年前創辦第一家公司時，動機主要為了錢。他每次一冒出什麼靈感，最後都在腦海中想像一缽金子，可是這害他變得過於自負，也扭曲了自我價值感並擾亂了他的家庭，導致他失去了知性的好奇，然而這正是當初帶領他走自己的路的原因。設法實踐了一輩子的靈感之後，克里平格對創業有了一種更宏大的使命感。「我覺得這是一種責任，」他在提到Swytch時這麼說。「你有一個靈感，它有千分之一的成功機會。你怎麼辦？」

對於當今世上最緊要的問題，他有那個優勢、素養、技能與人脈改變現況，而且身為創業家，他自覺有義務採取行動，就像他當年為公民權利遊行或抗議越戰一樣。「我能做點什麼？」他說。「我是不是能改變些什麼？我覺得有種義務……道德義務。這是我存在的唯一理由。」克里平格停下來啜飲咖啡，抬頭看各種雀鳥和蜂鳥繞著餵鳥器打轉，一片啾啁，好不熱鬧。「我喜歡小鳥和燕子，以前這裡有比較多鳥。我喜歡活生生的東西！」

艾瑪雖然希望父親能定下來養隻狗、學學油畫，在農場享受退休生活，不過她知道爸爸的靈感永遠轉個不停，總是在發明、建構理論、把自己的願景推銷給世人，並深信這就是他的天職。克里平格是個創業家，而且就像我父親，鞠躬盡瘁，死而後已。「如果有一天，你一覺醒來不必跟每個人一樣去上班，可以做你自己想做的事，而且成果好到不只是做做而已，還賺得到錢。你會覺得怎麼樣？」她問我。「他讓我看到那不只實際可行，也是一條養活自己的路。這是他的快樂之道，他就是這樣的人。他非得親身這麼活著不可。」

不論是克里平格的多年舊識或這場研討會的新交，我跟這些人聊過之後，可以想見他眼前的路不會好走。大家雖然敬重他的歷練，可是比較年輕的區塊鏈創業家有很多人認為Swytch太過複雜、資金不足，也過於樂觀。另一些人覺得克里平格太有原則又充滿理想，在這個競爭激烈的市場無望成功。他有如在數位世界對付風車的唐吉訶德，想打造能治理世界的完美系統，對自己救世的理念深信不疑。然而他們也都認為克里平格永遠不會停下來休息，也永遠不會光想不做。這場研討會的籌辦人、以色列區塊鏈創業家嘉麗雅．本納濟（Galia Benartzi）說得好，克里平格是個「自由鬥士」，為自己的靈感奮鬥不懈。

「就是靈感，」當我問克里平格最擔心的是什麼，他這麼回答。「我的靈感太多，遠超過我擁有的時間。我想趕快把一些事情做完，才能搞其他有的沒的。我想回頭做藝文創作，寫本小說。我腦袋裡塞太多東西啦，絕對沒時間一一實踐。」創業不過是得用一生實踐的一連串靈感，而且也就像人生，不可能被單一標準界定。創業是他人生的精髓，克里平格會繼續下去，至死方休。

「成功對我來說，是打造出幫我們從石化燃料轉用綠能的金融工具，」克里平格說。「如果我能在其中出一分力，那就……感恩啦各位，我就安心去見上帝了。」

何謂創業家？

這是我剛開始寫這本書時自問的問題，也是這些年向數百名受訪者請教的問題，而沒有一次例外，我總是得到迥然不同的答案。

誰會成為創業家，誰又不會？創業家的共通點是什麼，這些共通點又為何重要？

我們要是信了從矽谷流傳出來的神話，那麼創業家就是百年一遇且必須具備特定條件的人物，他們投入創新和創造性破壞，符合熊彼得著名的理論所設定的典型。這是你在雜誌封面、暢銷傳記會看到的創業家。他們是大膽的夢想家和發明家，催生出全新的科技和產業，總是樂於迎向風險，引領我們進入未來。他年輕無畏且才智超凡，而且幾乎都是男性。他是個英雄，告訴死忠追隨者創業一定要拚上加拚，永不放棄，坦然接受失敗。

這些創業家自稱「創辦人」，他們開的公司叫「新創公司」。新創公司往往誕生於專為育成這些公司打造的孵化器和加速器，或是大專院校和商學院愈開愈多的創業學程，而這些機構傳授的創業學範圍愈收愈窄。新創公司創辦人遵循一條公式化的途徑：把原始靈感包裝成提案素材，向投資人進行一連串這個輪、那個輪募資，憑藉創投資金的加持快速成長，最後來到明確的終點：不是成功退場，就是迅速倒閉。然後他們重複這個過程，晉身連續創業家。

參與其中的人相信新創神話是真實的，然而這套說法只捕捉到單一產業一小撮創業家的樣貌，排除了創立並經營各種公司、組成世界經濟體的絕大多數創業家。

「創業家是偉大的發明家、發起人和英勇的冒險家——這種形象根本不符合事實，」《創業人》的作者寫道。「現實中的創業遠沒有這麼精采。」這本一九六四年在美國出版的研究專書首開先例，試圖定義創業家與旁人有何不同。他們認為創業家是從生活環境取材，結合一點創意，並找到門路據此打造一份事業的人。

這與經濟學家坎蒂隆的定義頗為相似，「創業家」一詞就是因為他在十八世紀初流行起來。不論是農民、工匠或店老闆，坎蒂隆所謂的創業家要符合兩個條件：他們為自己工作，並接受自雇帶來的財務不確定性。如同坎蒂隆在近三百年前所寫，社會分為兩大族群：「創業家和雇員。」雇員領取固定薪資，聽命於老闆，工作時得遵循明確規定。「其他人全是創業家，不論是持有資本並用於自營企業，或沒有資本但付出勞力皆然，且旁人可能會認為他們的生活並不穩定。就連乞丐和土匪都算是創業家。」

現在，在我尋覓身為創業家的意義多年之後，我開始明白，自從前人首度寫下這些字句以來，世事並沒有太大變化。創業家並不是某些學者專家所主張的那樣，由事業規模、所屬產業或任何其他經濟因素來定義。創業家既是軟體新創公司的創辦人，也是開果仁蜜餅店的難民。既是掙扎求存的酪農，也是身價百萬的製造業者。既是社區裡的美髮師，也是酒莊第四代傳人。他擁有的可能是一家小店、中型公司，或巨無霸企業。創業家或獨力經營，或與人合夥，也可能與近親或數千名員工共事。他們穿西裝打領帶進辦公室，或是穿運動長褲在家上班。他們是你的兄弟和父親、妻子和朋友，你社區的鄰居，你天天都會往來的店家的老闆。創業家可富可窮，有黑人也有白人，或年輕或老邁，受過高等教育或大字不識一個。他們之所以創業，可能是受商機吸引或不得不然，也可能兩者皆有。創業的資本靠儲蓄、舉債或外部投資，可能只想短期經營或想長期持守，而且失敗總比成功的時候來得多。他們的共通之處是坎蒂隆在他們身上看到的那兩件事：創業家為自己工作，並承擔必然由此衍生的無常。

不論名片上怎麼寫，創業家都沒有固定薪水可領。他們不是企業的創新長或內部創業家，因為這些人與創業必然帶來的風險和自由完全無涉。他們一點風險也不必承擔，不過是領薪水做事罷了。創業家也不是按需上工的勞工，例如優步（Uber）司機或亞馬遜倉庫的出貨契約工，因為這些人依然是有實無名的雇員，受制於明確的工作規定和報酬機制，無法自主做任何改變。想當創業家，一個人得完全主導自己的工作，對工作方向徹底獨立自決。

我既沒有被分派到我頭上的職責，也沒有薪水或老闆。我為我自己工作，全權決定每天怎麼過、該處理哪些工作又要怎麼處理、何時處理，還有，什麼時候該關掉電腦去划槳板。為了將來可能的回報，要冒多少財務、情感和個人風險，由我自行判斷。我在工作上擁有全面的自由，接受工作帶來的一切喜悅和恐懼，也甘願為自由付出生活缺乏保障的代價。我主宰我的工作，也因為如此，每一次令人頭暈目眩的高低起伏我都切身體會。我把工作時發生的一切都看得很個人，一路走來始終如此，也將永遠如此。

我是個創業家。

如果你的工作方式跟我一樣，那麼你也是創業家。你要知道這件事，大聲說出來，並引以為榮。因為你要是不這麼做，我們要是任憑新創神話流傳下去，繼續把創業家的定義和初心拱手任矽谷左右，那麼創業的不平等將繼續惡化，只有寥寥數人符合那種形象並得益於那套神話，我們其他人全被排除在外。

「大家覺得創業很酷，我是很欣慰，但我覺得普通人應該也要能自視為創業家才對，」考夫曼基金會主席溫蒂・吉莉斯（Wendy Guillies）說；這個基金會是在美國和全球推廣創業最不遺餘力的組織。「因為現實確實如此。普通人對社會有巨大的貢獻，只是沒上報而已。」吉莉斯告訴我，考夫曼基金會奮鬥的宗旨可以說就是美國夢的核心精神。

全世界每個角落都有人創業，不論你是在中國或厄瓜多爾營生，創業家最根本的初心普世皆通，不過從我們衡量創業家的方式，看得出來我們的社會有個基本的特質。美國建國故事告訴世人的一大重點，就是這裡是個有抱負就能來的地方，一貧如洗也無妨，掛上招牌你就能放手一試：「近年來總有人憂心，我國社經環境變遷至斯，新興企業與創業家將成為歷史現象，」《創業人》的兩位作者在五十多年前如此寫道，並說他們擔心「創業家與創業傳統的消逝，意味著向來為美國國風之本的一套價值觀確實消逝了」。

這關乎了資本主義核心精神的存亡。我知道這個詞對很多人來說很嚇人，他們也很有理由這麼認為。如今資本主義會讓人想到大企業對社會的恣意妄為，以及貪婪無度帶來的遺害，導致了像氣候變遷這麼嚴重的問題。不過資本主義的核心是開放市場的經濟架構，以及這帶給世人的希望：每個人都有機會獨闖大千世界並創一份事業。不再等人批准才採取行動，而是成為創業家。

不論他們身在何方，那份希望是所有創業家最基本的共通點。希望你的商業靈感有其價值。希望你的靈感賣得出去。希望你有能力扭轉命運——為自己、為家人、為你所屬社群的同胞，或許還為了這個世界。當我們走向世界、設法實踐自己的創業靈感時，教我們日復一日不斷鼓起信心的就是這份希望。出於這份希望，創業家必然得接受個人風險並讓自己放手應付，即使那些風險可能害他們招架不住。

當世人談起美國夢，他們在說的是創業家最根本的希望。然而，我們可能會抹滅的也是這個希望。當我們將創業的意義限縮於一群益發小眾的菁英，一群泰半身家雄厚、從長春藤盟校畢業、遵循一套標準化指定模式創業的年輕白人男性，那麼對於各地懷抱不同志向、創立各種大小事業的創業家來說，我們就是在抹滅那個希望。我們在告訴他們的是，他們的經驗、想法、事業和夢想一文不值，就因為他們擠不進新創神話狹隘的模版——他們不是真正的創業家。當我們把人杜絕於創業的故事之外，也就剝奪了每一個人的機會。

是時候恢復創業家的初心了。是時候領悟創業不是什麼有如魔術、極其希罕的事，只有一小撮天選之人有資格做。只要有人願意承擔風險，放手一試，創業應該不分對象向任何地方的人開放。是時候恢復這個詞的本意，並回頭重視它指稱的那更大一群創業家了。

為了幫助這群創業家重獲重視，向來只傳講一種創業典型（高成長且高科技）的組織機關得體認那種典型有其極限，並拓寬他們對創業家的定義。大專院校甚而高中都得研究更寬廣的創業世界，不應限於矽谷的獨角獸和單一成功典範，還要教導學生創業其實有無數不同的途徑，沒有標準化這回事。

「這些日常生活中的創業家，聽到『創業家』會立刻否認、覺得自己根本不是的人，才是我們真正該研究的主要對象，我們得了解他們的工作方式，把他們當成榜樣並傳授給學生，」英國學者莎拉。多德（Sarah Dodd）說。她站在第一線呼籲大專院校重新設定，讓創業研究走出經濟系所和商學院（他們往往只把創業視為創造工作和資本的一連串經濟輸入），進入哲學、社會學、人類學領域，這些學門能檢視創業家在社會中發揮了哪些更廣泛的作用。「育成未來的創業家是我們的責任：我們有必要思考他們會是哪些人。而要釐清這一點，最好的方式就是觀察現在正在創業的人、為數好幾百萬的小企業主。他們沒有創投資金、沒有大量媒體曝光，也沒有上《創智贏家》。說到改變個人和集體生活，這些占社會九十九%的民眾的日常創業活動其實更深刻、更豐富、也更有心。」

從考夫曼基金會這類非營利組織，到銀行、政府專案、商業孵化器……與創業家合作的組織機關，得把焦點從打造下一個臉書分散，或是別只著眼於創造工作機會的數據，而是該開發更多工具來支持處於事業各個階段的創業家。這包括為新創公司提倡比創投資金更公平的募資模式，並提供有助於提高創業成功率的商業輔導和教育。我們得把更多注意力放在經常被忽視的創業家身上，例如婦女、少數族群、銀髮族，以及偏鄉居民，因為他們縱然有愈來愈多人創業，依然得面對重重障礙，妨礙了他們發揮無窮的潛力。

最重要的是，創業家需要一群人相挺。他們得知道自己並不孤單。當風險與無常似乎太過沉重時，他們得有人可以傾訴，尤其是其他能感同身受、也是過來人的創業家。要有這樣一群人，得打破討論禁忌話題的障礙，彼此才能暢談心理健康問題、對失敗的恐懼，以及財務困難等等。我們也要讓創業家在為工作承受無常和孤立的處境時，有機會坦承他們的需求。

何謂創業家？

或許比起何謂創業家，我們更應該問：為何創業？為何要當個創業家？為何選擇為你自己工作，又為何終其一生如此？

因為從頭開始一件事，將一個原始的想法推到世人面前，很令人振奮。因為創業給你一個從頭來過的機會，不論事業或生活皆然，即使你被迫遠走他鄉。創業家能根據自己想要的生活方式打造事業，或透過事業壯大自己出身的社群。有人是為了實踐個人理念或改造家族傳承而創業。不論晴雨，創業家都會堅持奮鬥，因為所有的創業在根本上都是出於希望的行動，透過終其一生的努力成為一種使命感和身分認同，再難與我們本人切割。

對我來說，創業家代表了以上的一切。創業是我從家族承襲的行為和價值觀，我對自己在這世上的定義，也為我帶來最大的喜悅和痛苦。

創業不只是一種生財之道。這是一種教人五味雜陳的身分認同，在自豪與自恨，喜悅與憂懼，以及其他意外轉折之間擺盪，誰叫我們隨著日復一日為自己工作，也把自己綁上了那班雲霄飛車。我們沒辦法把自我與那種狀態分開。就像已故的費曼先生，他的家人把他這個選擇銘刻在他的墓碑上，創業家的身分與我們最純粹的初心交織在一起。這份初心經常不安於室、時時充滿新意，且堅持獨立自主。這份初心超越了階級、種族、地理、產業和世代分野，難以用任何單一標準衡量。

當一個普通人相信自己對世界產生的靈感有可為之處，並據此建立一份事業，創業就發生了。有時這些想法龐大而複雜，例如利用科技拯救世界免於生態浩劫，不過這些想法更常是小而簡單，例如克里平格的農場那條路上有一家「水車餐廳」，他們的藍莓鬆餅是我吃過最鬆軟、最美味的。

水車餐廳是我心目中完美的新英格蘭鬆餅屋：手寫看板、厚重的陶咖啡杯、打發奶油、糖壺裡的楓糖漿來自附近農家。菜單上刊登了當地商家的廣告：修理暖通空調的師傅，拖拉機農具行，以及組成這個社區的其他創業家。而當我坐在裡面，用品質絕佳的楓糖漿淹沒盤裡的鬆餅，我突然醒悟到，不論是宏大的氣候變遷解決方案，還是藍莓鬆餅，這兩者都是這個世界所不可或缺的，為我們帶來這兩種產品的創業家也是。倘若我們在討論創業時，能回頭正視真正觸及我們日常生活的各行各業，或許我們就能恢復創業家的初心。

謝詞

我在本書大談獨力工作，但實不相瞞，要是沒有一群人（很大一群人）鼎力相助，這本書絕不可能問世，敝人我銘感在心。

我在初期思考自雇工作的本質時，得益於好友知名經濟學家Greg Kaplan的睿智，他深入的探問使我領悟到這會是一本關於創業家的書。

我的朋友Coralie D'Souza好心介紹我認識她在多倫多布魯克菲創業與創新中心（Brookfield Center for Entrepreneurship）的同事，包括Andrew Do和Matthew Lo這對哥倆好，他們帶我入門創業學和其中無窮盡的主題，功不可沒，而且對美味的午餐總是很感興趣。

Tea Hadziristic認真得令人讚嘆的研究助理，協助我彙整滿坑滿谷的文章、消息來源和線索，目前她走上律師修業之路，將來必定傑出有成。

許多創業家向我敞開自家和公司的大門，還有他們的心房，並忍受我針對他們生活的每個面向打破砂鍋問到底，於我恩重如山：Nikhil Aggarwal和Andrew Chizewer，他們幫我擋掉了積極過頭的史丹佛宣傳處（還讓我請他們喝一杯未成年人不該喝的啤酒）；Alsoufi家和Alsalha家，他們與我分享人生故事與美食（總是額外多準備好幾人份）；Tracy Obolsky借我用她先生的衝浪板，也沒恥笑我蹩腳的划水技術；Jesseca Dupart把我介紹她的美髮師，說我是「人很好的白人記者」；Kevin Mauger有無窮盡的好耐性，即使第四次跟我解釋什麼叫傳送系統也一樣；Iduna Weinert知無不言，讓我與家人見識了正港的門多薩待客之道；Seth Nitschke與我分享他的塔可餅和人生哲學，讓我扮了幾天牛仔；還有John Henry Clippinger在茶隼農場的熱情招待，指點我去哪吃鬆餅，也讓我開了眼界，看到創業家持續一生的熱情。

以下各方人士對我助益良多，為我牽線或提供建議，或在那幾年漫長的研究期間收容我幾晚。其中很多人為了這本書花了一小時或更多時間接受訪談，最終卻未獲得引用（不過他們的想法依然交織在本書內容中）：Roy Bahat、Jon Steinberg（和他的武術道場）、Mara Zepeda、Brian O'Kelley、Derek Lidow、Sigalit Perelson、Jason Meil、Debra Satz教授、Todd Krieger、Howie Diamond、Andrew Blum、Sabina Neagu、Devin Cintron、Jim Scheinman、Kent Lindstrom、Rebecca Bortman、Daniel Jacker、Vivek Wadhwa、Adam Gross、Dan Lyons、Drake Huongo、Jackson Eilers、Marina Gorbis、David Paskowitz、Douglas Rushkoff、Eric Paley、Nathan Schneider、Matt Ruby、Michael Mullany、Jonathan Abrams、Craig Kanarick、Nicholas Bloom教授、AJ Solimine、Sarah Saska、Mike Murchison、Kamal Hassan、Devi Arasanayagam、Vanessa Ling Yu、Dan Bender教授、Jayeeta Sharma教授、Jeffrey Pilcher教授、Len Senater和Cara Benjamin-Pace、Shuguang Wang、Krishendu Ray、Tommy Le、Johanna Mendelson Forman、Natalie White、Rahaf Alakbani、Sam Sifton、Chris Aylett、Marian Yusuf、Sureya Ibrahim與攝政公園外燴聯會（Regent Park Catering Collective）的婦女、Steve Stathis、Rachel Van Tosh、Jessica Feingold、Zoltan Acs教授、Jon Shell、Patrick Clark、Jarrett Woods、Cristina Flores、Jason Berry、A'Lelia Bundles、Brandon Andrews、Alicia Robb、Shaynah Solochek、

Hermione Malone、LaShauna Lewis、Alex Moss、Ginny Vanderslice、Sara Lawrence Minard、Kara Peck與Cecily Mauran、Jenn Rezeli、Jaime與Isaac Salm、Robert Brown、James Steiker、Daniel Goldstein、Raj Sisodia、Nickolas Sypniewski、Gregory Fresh、David Diehl、Corey Rosen、Richard Panico、Amber Pietrobono、Carmen Rojas、Derek Razo、Nathan Schneider、Bradford與Bryan Manning、Kris Maynard、Kathy Steele、Phillip Kim、Jason Fried、Hamsa Daher、Bruce Hendrick、Stewart Thornhill、Jean Pitzo、Michael Burdick、Thea Polanic、Rob Hopkins、Ari Weinzweig、Adres Rosberg、Alejandro Leirado、Antoinette Schoar、Judy Green、Ute Stephan、Liya Schwartzman與Gary Peterson、Brandon Souza、Milena Nikolova博士、Jolanda Hessels、Charles Smith牧師、Tom Orvis與Wayne Zipser、Lynne McBride、Anthony Chang、Gary Soiseth、Ron Manderscheid、Jennifer Fahy、Sej Pandya、Galia Benartzi、Marc Freedman、Charlie Firestone、Sarah Dodd、Samee Desai、Barbara Pruitt、Larry Jacob、Richard與Ronald Smith、Steven Kaplan、Sara Bourdeau、Howard Tam、Josh Lerner、Howard Stevenson、Debi Kleiman、Donald Kuratko、Candida Brush、Vanessa Roanhorse、Richard Florida、Louis Galambos、Josh Dale與Ilana Miller、Asher Lack、Steve Hipple。疏漏之處，本人誠心致歉。

寫書最大的好處之一，就是能與真心在乎內容的人交流，在此感謝Lavin Agency出色的成員，他們的努力讓本書得以出版：David Lavin、Charles Yao、Erin Vanderkruk、Tom Gagnon、Gord Mazur、Cathy Hirst、Ken Calway、Sal Itterly、Holly Caracappa、Ruwimbo Makon、Lucas MacKenzie、Lana Leprich、Abhi Prasad、Stacey Wickens、Linda Cook，以及該公司其他成員。

Levine, Greenberg, and Rostan經紀公司的James Levine是個真正的創業家，從教育界的先驅學者轉型為紐約最傑出的文學經紀人之一，每一天也持續不斷開拓自己的道路（同時又毫無悔意地任憑自己休假）。感謝您在這本書製作的每一階段給予指導建議，讓我沒吃太多苦頭就從自己混亂不成熟的概念理出清晰的想法。

這是我與PublicAffairs出版社合作的第三本書，說他們是我在出版界的大家庭應該不為過。一再與這些才華洋溢又有愛心的人合作，總是令人愉快：Jaime Leifer、Lindsay Fradkoff、Clive Priddle、Susan Weinberg、Melissa Raymond、Miguel Cervantes、Melissa Veronesi、Ian Gibbs，以及穿著打扮總是無可挑剔的Peter Osnos——一位忠於個人理念、行事得體的創業家。

每當我與我在PublicAffairs的編輯Benjamin Adams共事，總是一再感受到那種得體，他在這本書寫到一半時逃離不是人待的曼哈頓，遷居微風習習的新罕布夏，且文字功力仍絲毫不減。Ben，繼續與你合作，一起承擔風險並對回報寄予厚望，並享受過程中的一切大小事（通常是普普通通的午餐），是我人生一大樂事。

最後要感謝對我恩重如山的家人，他們不只以堅定不移的愛與鼓勵支持我，也影響了我對創業的看法。爸爸媽媽，感謝你們為我的人生設下創業的典範，確立了創業的理念並傳授給我，不論我走上什麼方向。Daniel，感謝你對個人經驗開誠布公，忍受我在你拚命工作時還一再拗你去滑槳板。Lauren，感謝妳與我共同承擔人生重擔：持家、育兒，還有自立門戶的心理壓力。我對妳寫下所有的成績、每一天繼續寫下的成績，都感到無比驕傲。我愛你們大家，也得意到不行，因為我也是這個沒人會雇用的一家子的一分子。

參考書目

General

Bronson, Po. *What Should I Do with My Life?: The True Story of People Who Answered the Ultimate Question.* New York: Ballantine Books, 2005.

Collins, Orvis F., David G. Moore, and Darab B. Unwalla. *The Enterprising Man.* East Lansing, MI: Michigan State University, 1964.

Florida, Richard. *The Rise of the Creative Class.* New York: Basic Books, 2019.

Lerner, Josh. *Boulevard of Broken Dreams: Why Public Efforts to Boost Entrepreneurship and Venture Capital Have Failed—and What to Do about It.* Princeton, NJ: Princeton University Press, 2012.

Shane, Scott. *The Illusions of Entrepreneurship: The Costly Myths That Entrepreneurs, Investors, and Policy Makers Live By.* New Haven, CT: Yale University Press, 2008.

Shane, Scott. *Is Entrepreneurship Dead?: The Truth about Startups in America.* NewHaven, CT: Yale University Press, 2018.

Terkel, Studs. *Working: People Talk about What They Do All Day and How They Feel about What They Do.* New York: The New Press, 2011.

前言

Aarons-Mele, Morra. "The Dangerous Rise of 'Entrepreneurship Porn.'" *Harvard Business Review*, January 6, 2014.

Additional statistics courtesy of the US Bureau of Labor Statistics (BLS), the Ewing Marion Kauffman Foundation, and the Global Entrepreneurship Monitor (GEM).

Agrawal, Miki. *Do Cool Sh*t: Quit Your Day Job, Start Your Own Business, and Live Happily Ever*

After. New York: Harper Business, 2013.

Casselman, Ben. "A Start-up Slump Is a Drag on the Economy. Big Business May Be to Blame." *New York Times*, September 20, 2017.

Dinlersoz, Emin. "Business Formation Statistics: A New Census Bureau ProductThat Takes the Pulse of Early-Stage U.S. Business Activity." United States Census Bureau Center for Economic Studies. February 8, 2018.

Guillebeau, Chris. *Side Hustle: Build a Side Business and Make Extra Money—Without Quitting Your Day Job.* London: Pan Macmillan, 2017.

Hipple, Steven F., and Laurel A. Hammond. "Self-employment in the United States." US Bureau of Labor Statistics. March 2016.

Hoffman, Reid, and Ben Casnocha. *The Start-up of You: Adapt to the Future, Invest in Yourself, and Transform Your Career.* New York: Crown Publishing Group, 2012.

Kochhar, Rakesh. "National Trends in Self-Employment and Job Creation." PewResearch Center. October 22, 2015.

Lettieri, John W. "America without Entrepreneurs: The Consequences of Dwindling Startup Activity." Testimony before the Committee on Small Business and Entrepreneurship, United States Senate. June 29, 2016.

Porter, Eduardo. "Where Are the Start-ups? Loss of Dynamism Is Impeding Growth." *New York Times*, February 6, 2018.

Samuelson, Robert J. "The U.S. Has Lost Its Entrepreneurial Advantage." *Wall Street Journal*, October 24, 2018.

Vaynerchuk, Gary. *Crush It!: Why NOW Is the Time to Cash in on Your Passion.* New York: HarperCollins, 2009.

Vaynerchuk, Gary. *Crushing It!: How Great Entrepreneurs Build Their Business and Influence—and How You Can, Too.* New York: HarperCollins, 2018.

Wilmoth, Daniel. "The Missing Millennial Entrepreneurs." *Trends in Entrepreneurship.* US Small Business Administration Office of Advocacy. February 4, 2016.

第一章

Aldrich, Howard E., and Martin Ruef. "Unicorns, Gazelles, and Other Distractions on the Way to Understanding Real Entrepreneurship in the United States."*Academy of Management Perspectives* 32, no. 4 (2017): 458–472.

Alger, Horatio. *Ragged Dick: Street Life in New York with the Boot-Blacks.* Auckland, New Zealand: The Floating Press, 2009.

Auletta, Ken. "Get Rich U." *New Yorker*, April 30, 2012.

Cantillon, Richard. *An Essay on Economic Theory.* Translated by Chantal Saucier. Auburn, AL: Mises Institute, 2010.

Carreyou, John. *Bad Blood: Secrets and Lies in a Silicon Valley Startup.* New York: Random House, 2018.

Clark, Patrick. "Entrepreneurship Education Is Hot. Too Many Get It Wrong."*Bloomberg Businessweek*, August 8, 2013.

Fan, Maureen. "Animating against the Grain." Transcript: Stanford eCorner, October 10, 2018, https://stvp-static-prod.s3.amazonaws.com/uploads/sites/2/2018/10/animating-against-the-grain-transcript.pdf.

Griffith, Erin. "More Start-ups Have an Unfamiliar Message for Venture Capitalists:Get Lost." *New York Times*, January 11, 2019.

"Horatio Alger Association Honors Two California Entrepreneurs and Philanthropists, Elizabeth Holmes and Gilbert Edward LeVasseur Jr., along with Seven National Scholarship Recipients from the State." Horatio Alger Association of Distinguished Americans, Inc. via PR Newswire, March 9, 2015.

Isaacson, Walter. Steve Jobs. New York: Simon & Schuster, 2011.

Johnson, Stefanie K., Markus A. Fitza, Daniel A. Lerner, Dana M. Calhoun, Marissa A. Beldon, Elsa T. Chan, and Pieter T. J. Johnson. "Risky Business: Linking *Toxoplasma gondii* Infection and Entrepreneurship Behaviours across Individuals and Countries." *Proceedings of the Royal Society B: Biological Sciences*, July 25, 2018.

Kerby, Richard. "Where Did You Go to School?" *Medium*, July 30, 2018, https://blog.

usejournal.com/where-did-you-go-to-school-bde54d846188.

Kidder, Tracy. *A Truck Full of Money*. New York: Random House, 2016.

Landes, Davis S., Joel Mokyr, and William J. Baumol. *The Invention of Enterprise: Entrepreneurship from Ancient Mesopotamia to Modern Times*. Princeton, NJ: Princeton University Press, 2010.

Lidow, Derek. *What Sam Walton, Walt Disney, and Other Great Self-Made Entrepreneurs Can Teach Us about Building Valuable Companies*. New York: Diversion Books, 2018.

Lopez, Matt. "The False Promise of Entrepreneurship." *Stanford Daily*, February 26, 2014.

Lynley, Matthew. "Sense Sleep Tracker Maker Hello Is Shutting Down." *Tech-Crunch*, June 12, 2017.

Mallery, Alexander. "Searching for Steve Jobs: Theranos, Elizabeth Holmes, and the Dangers of the Origin Story." *Intersect* 10, no. 3 (2017).

Marwick, Alice. "Silicon Valley Isn't a Meritocracy. And It's Dangerous to Hero-worship Entrepreneurs." wired.com. November 23, 2013.

O'Reilly, Tim. "Supermoney." In *WTF: What's the Future and Why It's Up to Us*. New York: Harper Business, 2017.

Ries, Eric. *The Lean Startup: How Today's Entrepreneurs Use Continuous Innovation to Create Radically Successful Businesses*. New York: Crown Business, 2011.

Rushkoff, Douglas. *Throwing Rocks at the Google Bus: How Growth Became the Enemy of Prosperity*. New York: Portfolio/Penguin, 2016.

Schumpeter, Joseph A. *Capitalism, Socialism, and Democracy: Third Edition*. New York: HarperCollins, 2008.

Schumpeter, Joseph A. *The Entrepreneur: Classic Texts by Joseph A. Schumpeter*. Palo Alto, CA: Stanford University Press, 2011.

"Unicorns Going to Market." *Economist*, April 20, 2019.

Vance, Ashlee. *Elon Musk: Tesla, SpaceX, and the Quest for a Fantastic Future*. New York: HarperCollins, 2015.

Wolfe, Alexandra. *Valley of the Gods: A Silicon Valley Story*. New York: Simon & Schuster, 2017.

第二章

Blau, Francine D., and Christopher Mackie, eds. "The Economic and Fiscal Consequences of Immigration." The National Academies of Sciences. September 2016.

Bluestein, Adam. "The Most Entrepreneurial Group in America Wasn't Born in America." *Inc.*, February 2015.

Cillian O'Brien, "Immigrant-Owned Firms Create More Jobs Than Those with Canadian-Born Owners: StatCan," CTV News, April 24, 2019, www.ctvnews.ca/canada/immigrant-owned-firms-create-more-jobs-than-those-with-canadian-born-owners-statcan-1.4393134?fbclid=IwAR2nQdO5vJpbrd0BUndcFb-6CybXnbcuDeboH8-eXtbN3qlMy3Sbarj6_Qo.

Fairlie, Robert W. "Immigrant Entrepreneurs and Small Business Owners, and Their Access to Financial Capital." US Office of the Small Business Administration. May 2012.

Fairlie, Robert W., and Magnus Lofstrom. "Immigration and Entrepreneurship."Institute for the Study of Labor (IZA). October 2013.

Herman, Richard T., and Robert L. Smith. *Immigrant, Inc.: Why Immigrant Entrepreneurs Are Driving the New Economy (and How They Will Save the American Worker).* Hoboken, NJ: John Wiley & Sons, 2009.

John F. Kennedy's "A Nation of Immigrants" speech to the Anti-Defamation League in 1963 via adl.org, www.youtube.com/watch?v=dBVdpH51NyY. Kerr, William. "International Migration and U.S. Innovation." *National Academies*, 2015.

Kerr, William R., and Sari Pekkala Kerr. "Immigrant Entrepreneurship." National Bureau of Economic Research. July 2016.

Ostrovsky, Yuri, and Garnett Picot. "The Exit and Survival Patterns of Immigrant Entrepreneurs: The Case of Private Incorporated Companies." Statistics Canada. January 2018.

Roberts, Steven. *From Every End of This Earth: 13 Families and the New Lives They Made in America.* New York: HarperCollins, 2009.

Vandor, Peter, and Nikolaus Franke. "Why Are Immigrants More Entrepreneurial?"*Harvard*

Business Review, October 27, 2016.

Wayland, Sarah V. "Immigrant Self-Employment and Entrepreneurship in the GTA: Literature, Data, and Program Review." Metcalf Foundation. December 2011.

第三章

Atkinson, Robert D., and Michael Lind. *Big Is Beautiful: Debunking the Myth of Small Business.* Cambridge, MA: MIT Press, 2018.

Ferriss, Timothy. *The 4-Hour Work Week: Escape the 9–5, Live Anywhere and Join the New Rich.* London: Ebury Publishing, 2011.

Marcketti, Sara B., Linda S. Niehm, and Ruchita Fuloria. "An Exploratory Study of Lifestyle Entrepreneurship and Its Relationship to Life Quality." *Family and Consumer Sciences Research Journal* 34, no. 3 (March 2006): 241.

Marcketti, Sara B., and Joy M. Kozar. "Leading with Relationships: A Small Firm Example." *The Learning Organization* 14, no. 2 (2007): 142–154.

Pahnke, Andre, and Friederike Welter. "The German Mittelstand: Antithesis to SiliconValley Entrepreneurship?" *Small Business Economics: An Entrepreneurship Journal* 52, no. 2 (2019): 345.

Schumacher, E. F. *Small Is Beautiful: Economics as if People Mattered.* New York: Harper Perennial, 2010.

Welter, Friederike, Ted Baker, David B. Audretsch, and William B. Gartner. "Everyday Entrepreneurship—A Call for Entrepreneurship Research to Embrace Entrepreneurial Diversity." *Entrepreneurship Theory and Practice* 41, no. 3 (2016): 311–321.

William Wetzel's "lifestyle entrepreneur" definition via p. 342, *Business Alchemy: Turning Ideas into Gold.* Cobb, William R., and M. L. Johnson, ed. Bloomington,IN: AuthorHouse, 2012.

第四章

Asiedu, Elizabeth, James A. Freeman, and Akwasi Nti-Addae. "Access to Credit by Small Businesses: How Relevant Are Race, Ethnicity, and Gender?" *American Economic Review: Papers & Proceedings* 102, no. 3 (2012): 102.

Austin, Algernon. "The Color of Entrepreneurship: Why the Racial Gap among Firms Costs the U.S. Billions." Center for Global Policy Solutions. April 2016.

Becker-Medina, Erika M. "Women Are Leading the Rise of Black-Owned Businesses."Census.gov. February 26, 2016.

Fairlie, Rob. "Financing Black-Owned Businesses." Stanford Institute for Economic Policy Research. May 2017.

Gill, Tiffany M. *Beauty Shop Politics: African American Women's Activism in the Beauty Industry.* Champaign, IL: University of Illinois Press, 2010.

Gines, Dell. "Black Women Business Startups." The Federal Reserve Bank of Kansas City. 2018.

Harvey, Adia M. "Becoming Entrepreneurs: Intersections of Race, Class, and Gender at the Black Beauty Salon." *Gender and Society* 19, no. 6 (December 2005):789–808.

"Kauffman Compilation: Research on Race and Entrepreneurship." Ewing Marion Kauffman Foundation. December 2016.

"Laying the Foundation for National Prosperity: The Imperative of Closing the Racial Wealth Gap." Insight: Center for Community Economic Development. March 2009.

Mills, Quincy T. *Cutting Along the Color Line: Black Barbers and Barber Shops in America.* Philadelphia: University of Pennsylvania Press, 2013.

Opiah, Antonia. "The Changing Business of Black Hair, a Potentially $500b Industry."*HuffPost*, January 24, 2014.

Sibilla, Nick. "Tennessee Has Fined Residents Nearly $100,000, Just for Braiding Hair." Forbes.com. March 13, 2018.

"The Tapestry of Black Business Ownership in America: Untapped Opportunities for Success." Association for Enterprise Opportunity. Aeoworks.org. 2016.

第五章

Bernstein, Jared. "Employee Ownership, ESOPs, Wealth, and Wages." Esca.us. January 2016.

"Blue-collar Capitalists." *Economist*, June 8, 2019.

Chouinard, Yvon. *Let My People Go Surfing: The Education of a Reluctant Businessman.*New York: Penguin, 2016.

Friedman, Milton. "The Social Responsibility of Business Is to Increase Its Profits."*New York Times Magazine*, September 13, 1970.

Greenleaf, Robert K. *The Servant as Leader.* South Orange, NJ: Center for Servant Leadership, 1970.

Hsieh, Tony. *Delivering Happiness: A Path to Profits, Passion, and Purpose.* New York:Grand Central Publishing, 2010.

Kim, Phillip H. "Action and Process, Vision and Values: Entrepreneurship Means Something Different to Everyone." In *The Routledge Companion to Entrepreneurship*, 59–74. Abingdon, UK: Routledge, 2015.

Mycoskie, Blake. *Start Something That Matters.* New York: Random House, 2011.

"The One-for-one Business Model: Avoiding Unintended Consequences." *Knowledge@ Wharton.* February 16, 2015.

Overman, Steven. *The Conscience Economy: How a Mass Movement for Good is Great for Business.* Abingdon, UK: Routledge, 2016.

Papi-Thornton, Daniela. "Tackling Heropreneurship." *Stanford Social Innovation Review*, February 23, 2016.

Rosen, Corey, John Case, and Martin Staubus. "Every Employee an Owner. Really."*Harvard Busienss Review*, June 2005.

Spears, Larry C. *Reflections on Leadership: How Robert K. Greenleaf's Theory of Servant-Leadership Influenced Today's Top Management Thinkers.* Hoboken, NJ: John Wiley & Sons, 1995.

Wicks, Judy. *Good Morning Beautiful Business: The Unexpected Journey of an Activist Entrepreneur and Local Economy Pioneer.* White River Junction, VT: Chelsea Green Publishing, 2013.

Wirtz, Ronald A. "Employee Ownership: Economic Miracle or ESOPs Fable?" Federal Reserve

Bank of Minneapolis. June 1, 2007.

Yunnus, Muhammad. *Building Social Business: The New Kind of Capitalism That Serves Humanity's Most Pressing Needs.* New York: PublicAffairs, 2010.

Yunnus, Muhammad. *Creating a World without Poverty: Social Business and the Future of Capitalism.* New York: PublicAffairs, 2007.

第六章

Atkin, Tim. "South America's Top 10 Winemakers." *Decanter*, March 23, 2019.

Bhalla, Vikram. "Family Businesses Are Here to Stay, and Thrive." TED@BCG lecture. September 4, 2015. https://www.youtube.com/watch?v=suL-HkP-2Ts.

Bresciani, Stefano, Elisa Giacosa, Laura Broccardo, and Francesca Culasso. "The Family Variable in the French and Italian Wine Sector." *EuroMed Journal of Business* (May 3, 2016).

Catena, Laura. *Vino Argentino.* San Francisco, CA: Chronicle Books, 2010.

De Massis, Alfredo, Federico Frattini, Antonio Majocchi, and Lucia Piscitello."Family Firms in the Global Economy: Toward a Deeper Understanding of Internationalization Determinants, Processes, and Outcomes." *Global Strategy Journal*, December 2018.

F. R. Kets de Vries, Manfred. "Saving a Family Business from Emotional Dysfunction."*Harvard Business Review*, February 1, 2017.

Family Firm Institute. Ffi.org.Jaskiewicz, Peter, James G. Comb, and Sabine B. Rau. "Entrepreneurial Legacy:

Toward a Theory of How Some Family Firms Nurture Transgenerational Entrepreneurship."

Journal of Business Venturing (January 2015).

Lopez Roca, Daniel. "熹UIEN ES EL NUEVO SOCIO DE CAVAS DE WEINERT?"argentinewines.com. March 13, 2013.

Molesworth, James. "A Sit Down with Bodega y Cavas de Weinert: An ArgentineWinery Sticks to Tradition." *Wine Spectator*, November 12, 2009.

Muller, Claudio. "Sustainability in Family and Nonfamily Businesses in the Wine Industry." *International Journal of Wine Business Research* (January 2017).

"Ownership Transitions in the Wine Industry." Silicon Valley Bank. January 2008.

Soler, Ismael, German Gemar, and Rafael Guerrero-Murillo. "Family and Non-family Business Behaviour in the Wine Sector: A Comparative Study." *European Journal of Family Business* 7, nos. 1–2 (2017): 65–73.

Tapia, Patricio. "Zuccardi: Producer Profile." *Decanter*, March 20, 2014.

"Wine Enthusiast's 19th Annual Wine Star Award Nominees." *Wine Enthusiast*, September 6, 2018.

Woodfield, Paul. "Intergenerational Knowledge Sharing in Family Firms: Casebased Evidence from the New Zealand Wine Industry." *Journal of Family Business Strategy* (January 2017).

第七章

Bruder, Jessica. "The Psychological Price of Entrepreneurship." *Inc.*, September 2013.

Carroll, Rory. "Silicon Valley's Culture of Failure…and 'the Walking Dead' It Leaves Behind." *Guardian*, June 28, 2014.

"Drop One Losing Friend." Gary Vaynerchuk Fan Channel. April 21, 2017. www.youtube.com/watch?v=mCElaIhgKeY.

F. R. Kets de Vries, Manfred. "The Dark Side of Entrepreneurship." *Harvard Business Review*, November 1985.

Feld, Brad. "Entrepreneurial Life Shouldn't Be This Way—Should It?" *Inc.*, July/ August 2013.

Fisher, Rosemary, Alex Maritz, and Antonio Lobo. "Obsession in Entrepreneurs—Towards a Conceptualization." *Entrepreneurship Research Journal* (2013).

Fitchette, Todd. "Farmer Suicide: The Topic Few Will Discuss." *Western Farm Press*, June 7, 2018.

Freeman, Michael A., Paige J. Staudenmaier, Mackenzie R. Zisser, and Lisa Abdilova Andresen. "The Prevalence and Co-occurrence of Psychiatric Conditions among Entrepreneurs and Their Families." *Small Business Economics*, August 2019.

Freeman, Michael A., Sheri Johnson, and Paige Staudenmaier. "Are Entrepreneurs Touched with Fire'?" michaelafreemanmd.com. April 17, 2015.

Griffith, Erin. "Why Are Young People Pretending to Love Work?" *New York Times*, January 26, 2019.

Hendrickson, Laura C. "The Mental Health of Minnesota Farmers: Can Communication Help?" University of Minnesota. July 28, 2018.

Lahtia, Tom, Marja-Liisa Halko, Necmi Karagozoglu, and Joakim Wincent. "Why and How Do Founding Entrepreneurs Bond with Their Ventures? Neural Correlates of Entrepreneurial and Parental Bonding." *Journal of Business Venturing* (March 2019).

Lerner, Dan, Ingrid Verheul, and Roy Thurik. "Entrepreneurship & Attention Deficit/ Hyperactivity Disorder: A Large-Scale Study Involving the Clinical Condition of ADHD." IZA Institute of Labor Economics. October 2017.

LiKamWa McIntosh, Wendy, Erica Spies, Deborah M. Stone, Colby N. Lokey, Aimee-Rika T. Trudeau, and Brad Bartholow. "Suicide Rates by Occupational Group—17 States, 2012." Centers for Disease Control and Prevention. July 1, 2016.

Stephan, Ute, Mark Hart, and Cord-Christian Drews. "Understanding Motivations for Entrepreneurship: A Review of Recent Research Evidence." Enterprise Research Centre. February 2015.

Weingarten, Debbie. "Why Are America's Farmers Killing Themselves?" *Guardian*, December 11, 2018.

第八章

Azoulay, Pierre, Benjamin F. Jones, J. Daniel Kim, and Javier Miranda. "Age and High-Growth Entrepreneurship." National Bureau of Economic Research.April 2018.

Burton, M. Diane, Jesper B. Sorensen, and Stanislav D. Dobrev. "A Careers Perspective on Entrepreneurship." *Entrepreneurship Theory and Practice* (2016).

"Civic Ventures: Entrepreneurship Survey" and "Encore Entrepreneurs: Creating Jobs, Solving Problems." Penn, Schoen & Berland Associates. November 8, 2011.

Clippinger, John H. *A Crowd of One: The Future of Individual Identity.* New York:PublicAffairs, 2007.

Clippinger, John, and David Bollier. *From Bitcoin to Burning Man and Beyond: The Quest for Identity and Autonomy in a Digital Society.* Amherst, MA: ID3 and Off the Common Books, 2014.

Halvorsen, Cal, and Yu-Chih Chen. "The Diversity of Interest in Later-Life Entrepreneurship: Results from a Nationally Representative Survey of Americans Aged 50 to 70." *PLoS ONE* (June 5, 2019).

Halvorsen, Cal, and Nancy Morrow-Howell. "A Conceptual Framework on Self-Employment in Later Life: Toward a Research Agenda." *Work, Aging, and Retirement* 3, no. 4 (October 2017): 313–324.

Schott, Thomas, Edward Rogoff, Mike Herrington, and Penny Kew. "Senior Entrepreneurship 2016–2017." *Global Entrepreneurship Monitor* (2017).

"Starting Later: Realizing the Promise of Older Entrepreneurs in New York City."Center for an Urban Future. September 2018.

Yssaad, Lahouaria, and Vincent Ferrao. "Self-employed Canadians: Who and Why?" Statistics Canada. May 28, 2019.

創業家的初心
超越新創神話的工作與人生
The Soul of an Entrepreneur: Work and Life Beyond the Startup Myth

作者　大衛・賽克斯（David Sax）
譯者　林凱雄

總編輯　周易正
特約編輯　林芳如
編輯協力　林佩儀
版型設計　宸遠彩藝
封面設計　丸同連合
印刷　釉川印刷

定價　380元

ISBN　978-626-97308-3-4
版次　2023年07月初版一刷

出版　行人文化實驗室／行人股份有限公司
發行人　廖美立
地址　10074臺北市中正區南昌路一段49號2樓
電話　+886-2-3765-2655
傳真　+886-2-3765-2660
網址　http://flaneur.tw
總經銷　大和書報圖書股份有限公司
電話　+886-2-8990-2588

國家圖書館出版品預行編目資料

創業家的初心：超越新創神話的工作與人生 / 大衛・賽克斯(David Sax)作；林凱雄譯. -- 初版. -- 臺北市：行人文化實驗室, 行人股份有限公司, 2023.07
296面；14.8*21公分
譯自：The soul of an entrepreneur : work and life beyond the startup myth

ISBN 978-626-97308-3-4(平裝)

1. CST: 創業　2. CST: 企業家　3. CST: 職場成功法

494.1　　112008471